# 甲烷氧化菌
## 生物效用与技术应用

邢志林　袁建华　赵天涛　主编

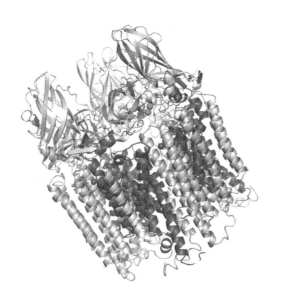

U0228778

化学工业出版社
·北京·

《甲烷氧化菌生物效用与技术应用》阐述了甲烷氧化菌的发现过程、研究进展及未来发展趋势；甲烷氧化菌在甲烷减排和氯代烃生物降解方面的技术应用；甲烷氧化菌在制甲醇、制环氧乙烷、合成甲烷氧化菌素、合成多聚化合物、生产单细胞蛋白及石油勘探领域的应用。本书可供环境工程、环境科学、环境微生物等领域科研人员阅读，还可作为高等院校环境、生物等专业师生的教学参考书使用。

**图书在版编目（CIP）数据**

甲烷氧化菌生物效用与技术应用/邢志林，袁建华，
赵天涛主编. —北京：化学工业出版社，2019.3
ISBN 978-7-122-33775-7

Ⅰ.①甲… Ⅱ.①邢… ②袁… ③赵… Ⅲ.①甲烷
细菌-应用-环境综合整治-教材 Ⅳ.①X3

中国版本图书馆CIP数据核字（2019）第045756号

---

责任编辑：满悦芝　　　　　　　　　　　文字编辑：焦欣渝
责任校对：刘　颖　　　　　　　　　　　装帧设计：张　辉

---

出版发行：化学工业出版社（北京市东城区青年湖南街13号　邮政编码100011）
印　　装：北京市白帆印务有限公司
787mm×1092mm　1/16　印张12¼　字数302千字　2019年9月北京第1版第1次印刷

---

购书咨询：010-64518888　　售后服务：010-64518899
网　　址：http://www.cip.com.cn

---

定　　价：78.00元　　　　　　　　　　　　　　　　　版权所有　违者必究

# 前　言

　　甲烷氧化菌分布广泛，在全球甲烷减排中发挥着十分重要的作用，自 1906 年发现甲烷生物氧化现象至今，关于甲烷氧化菌的研究已超过 110 年。尤其近 50 年来，随着科学技术的不断进步，甲烷氧化菌的研究深度和广度不断加强，其生理生化特性和系统发育信息已十分完善。甲烷单加氧酶是甲烷氧化菌的独特酶系，除甲烷外，可催化氧化多种有机化合物，并生成多种化合物。基于甲烷单加氧酶的催化特性，科学工作者已将甲烷氧化菌应用到包括有机污染物降解（如氯代烃）、生物转化、生物合成及油气藏勘探等许多领域，其显示出很大的应用潜力，系统认识甲烷氧化菌及其生物效用对保护环境和发展生产具有重要价值。

　　针对当前微生物在环境保护及生物合成中的发展现状及重大优势，本书系统介绍了甲烷氧化菌的生物效用和技术应用的特点及适用范围。甲烷氧化菌在甲烷减排和氯代烃生物降解领域应用最广，研究时间最长，本书重点介绍了这两部分内容。此外，本书还专门介绍了甲烷氧化菌在制甲醇、制环氧乙烷、合成甲烷氧化菌素、合成多聚化合物、生产单细胞蛋白及石油勘探领域的应用情况。本书可作为相关专业学者在甲烷氧化菌研究过程中的指导用书，也可作为非专业人员了解认识甲烷氧化菌的工具。

　　全书共分 7 章。第一章概述了甲烷氧化菌的发现、种类、研究方法和现状；第二章系统介绍了好氧甲烷氧化菌的分类、性质及其生物氧化机理和影响因素；第三章系统介绍了厌氧甲烷氧化菌的分类、性质及其生物氧化机理和影响因素；第四章介绍了兼性甲烷氧化菌的发现、代谢特性、应用及未来发展；第五章介绍了甲烷氧化菌在甲烷减排中的应用；第六章介绍了甲烷氧化菌在氯代烃降解中的应用；第七章介绍了甲烷氧化菌在生物转化、生物合成和勘测油气藏方面的应用。

　　本书编写人员分工如下：第一章、第二章由邢志林、袁建华、念海明、全学军编写；第三章、第五章由赵天涛、袁建华、刘帅、封丽编写；第四章、第六章、第七章由邢志林、赵天涛、楚文海、张浩、邹祥编写。本书编写过程中参考了国内外相关文献资料，在此向原作者表示感谢。高艳辉、杨旭、刘向阳、何继杰、艾铄、李宸、罗晓静等在资料搜集及整理方面提供了大量帮助，在此一并表示衷心感谢，同时感谢国家自然科学基金（NO. 51008322，51378522，41502328）和重庆市科委基础科学与前沿技术研究项目（重点，cstc2015jcyjB0015）对本书出版给予的资助。

　　由于编者水平有限，书中难免存在疏漏和不足之处，真诚地希望广大同行、专家和读者批评指正。

赵天涛

2019 年 7 月

# 目 录

# 第一章

# 甲烷氧化菌概述

## 第一节　甲烷氧化菌的发现历程

1906 年荷兰生物学家 Sohngen 发现了微生物分解甲烷的现象，并首次分离了第一株甲烷氧化细菌。对甲烷氧化菌进行全面介绍最早可追溯到 1958 年，Leadbetter 在论文中总结了自 1906 年首次发现甲烷氧化菌以来的研究成果，文章所提及的是甲烷利用细菌，而不是甲烷氧化菌，主要是受当时研究条件限制，研究深度和广度不够，所以并不能给出这一类菌的共同特征。但自二十世纪五六十年代起，甲烷氧化菌就被定性为专一营养菌，即这些菌株只能利用甲烷（$CH_4$）或甲醇（$CH_3OH$）等单碳化合物生长。《伯杰细菌鉴定手册》（第八版）（1984 年）中，将甲烷氧化菌归属于甲基单胞菌科（Methylomonadaceae），并定义这一类菌仅利用单碳有机化合物作为碳源，属于革兰氏阴性菌。1970 年，Whittenbury 等分离和鉴定了 100 多种能利用甲烷的细菌，奠定了现代甲烷氧化菌分类的基础。1996 年，Hanson 发表的论文中对甲烷氧化菌的称谓进行了统一规定，即甲烷氧化菌（methane-oxidation bacteria）和甲烷利用菌（methane-utilizing bacteria），统称为甲烷氧化菌（methanotrophs），其定义特征就是含有甲烷单加氧酶（methane monooxygenase，MMO）。

甲烷氧化菌是甲基营养菌的一个分支，以甲烷作为主要的能源和碳源。由于其能够将甲烷转化成二氧化碳，减缓温室效应，逐渐受到人们的关注。目前关于好氧甲烷氧化菌的结构、功能、生理生化等方面的研究已有很多，但厌氧环境下生长的甲烷氧化菌的研究却进展缓慢。由于好氧甲烷氧化菌细胞倍增时间短，易获得纯培养物，因此，关于甲烷氧化菌代谢途径的研究主要集中于好氧甲烷氧化菌。而厌氧甲烷氧化菌由于生长缓慢，较难获得纯培养物，因此，有关厌氧甲烷氧化菌代谢途径的研究相对较少。近年来，微生物学家对厌氧甲烷氧化菌的关注和研究，也取得了一定的成果。

甲烷氧化菌在环境中分布广泛，包括一些特殊环境，比如在温度低至 4℃ 或高至 72℃ 的环境中均发现了甲烷氧化菌，在诸如温泉、火山等极端环境中也广泛存在。这些甲烷氧化菌不仅可以极大地吸收环境中的甲烷，降低温室效应，而且也是巨大的资源库。人们在各种环境中发现了各式各样的甲烷氧化菌，主要包括极端嗜酸、嗜碱、嗜盐、耐热和耐寒的甲烷氧化菌，这些极端环境状态下的甲烷氧化菌可以进行不同条件下的生物催化，因此，具有这些新功能的甲烷氧化菌菌种的发现备受人们的关注与重视，近几年来陆续有新发现的甲烷氧化菌刊登在 *Nature*、*PNAS* 等重要学术期刊上。

# 第二节　甲烷氧化菌的定义与种类

## 一、甲烷氧化菌的定义

甲烷氧化菌（methanotrophic bacteria，methanotrophs）是一类能够以甲烷作为碳源和能源进行同化和异化代谢的微生物，为革兰氏阴性菌，广泛存在于泥土、沼泽、稻田、河流、湖泊、森林和海洋中，通常生存温度为 $20\sim45℃$。甲烷氧化菌在自然界碳循环和工业生物技术中具有重要的价值，在地球空气甲烷平衡和碳循环方面扮演重要角色。土壤中甲烷氧化菌的氧化作用大约占大气甲烷消耗量的 $10\%$，甲烷氧化菌不仅能减少土壤甲烷排放量，而且在含水量不饱和的土壤中还能利用空气中的甲烷，对于减缓全球温室效应具有显著效果，进一步缓和了气候变化。

甲烷氧化菌的关键酶之一是 MMO，它可以在氧气的作用下催化甲烷氧化为甲醇，甲醇在甲醇脱氢酶（methanol dehydrogenase，MDH）的作用下氧化为甲醛，继而通过丝氨酸途径（serine pathway）或磷酸核酮糖途径（RuMP pathway）进行细胞合成，同时在甲醛脱氢酶（formaldehyde dehydrogenase，FaldDH）和甲酸脱氢酶（formate dehydrogenase，FateDH）的作用下进一步将甲醛氧化为 $CO_2$ 和 $H_2O$，产生还原型辅酶（reduced nicotinamide adenine dinucleotide，NADH）。

## 二、甲烷氧化菌的种类

根据一定原则对甲烷氧化菌进行分类是非常重要的，这对于认识、学习、研究及利用甲烷氧化菌这种微生物资源是有利的。根据甲烷氧化菌在降解甲烷过程中的需氧情况，可将其分为好氧型甲烷氧化菌和厌氧型甲烷氧化菌两类。好氧甲烷氧化菌包括变形菌门（Proteobacteria）和疣微菌门（Verrucomicrobia）两大类，根据形态、GC%（鸟嘌呤、胞嘧啶百分比）、代谢途径、膜结构和主要磷脂酸成分等系列特征，可以将好氧甲烷氧化菌分三大类。第一类包括Ⅰ型（Type Ⅰ）和 X 型（Type X）甲烷氧化菌，共 15 个属 [甲基单胞菌属（*Methylomona*）、甲基杆菌属（*Methylobacter*）、甲基八叠球菌属（*Methylosarcina*）、甲基微菌属（*Methylomicrobium*）、甲基盐菌属（*Methylohalobius*）、甲基球形菌属（*Methylosphaera*）、*Methylosoma*、甲基热菌属（*Methylothermus*）、甲基暖菌属（*Methylocaldum*）、甲基球菌属（*Methylococcus*）、*Methylomarinum*、*Methylovulum*、*Methylogaea*、*Crenothrix Polyspore*、*Clonothrix fusca*]，均属于 γ-变形菌纲，其中 *Methylocaldum* 和 *Methylococcus* 属 X 型，*Methylomarinum*、*Methylovulum*、*Methylogaea* 是从海洋、森林土壤和水稻田中分离发现的，而两类丝状甲烷氧化菌（*Crenothrix Polyspore*，*Clonothrix fusca*）也是Ⅰ型甲烷氧化菌的独特分支。第二类包括Ⅱ型（Type Ⅱ）甲烷氧化菌，属于 α-变形菌纲（α-Proteobacteria），有 5 个属 [甲基弯曲菌属（*Methylosinus*）、甲基孢囊菌属

（*Methylocystis*）、甲基帽菌属（*Methylocapsa*）、甲基细胞菌属（*Methylocella*）及 *Methyloferula*]。第三类属于疣微菌纲（Verrucomicrobia），目前发现有 3 种菌株，分别是 *Methylokorus Infernorum*、*Acidimethylosilex fumarolicum* 和 *Methyloacida kamchatkensis*，它们被统一归为一个新属，即 *Methylacidiphilum*。依据 16S rRNA 基因序列，上述的甲烷氧化菌共分 4 个科，即甲基球菌科（Methylococcaceae）、甲基孢囊菌科（Methylocystaceae）、拜叶林克菌科（Beijerinckiaceae）和甲基嗜酸菌科（Methylacidiphilaceae）。这 4 个科都属于细菌，其中甲基球菌科和甲基孢囊菌科都属于 γ-变形菌纲（γ-Proteobacteria），拜叶林克菌科属于 α-变形菌纲（α-Proteobacteria），甲基嗜酸菌科属于疣微菌门（Verrucomicrobia）。Ⅰ 型甲烷氧化菌均属于甲基球菌科（Methylococcaceae）；甲基弯曲菌属（*Methylosinus*）、甲基孢囊菌属（*Methylocystis*）属于甲基孢囊菌科（Methylocystaceae）；甲基帽菌属（*Methylocapsa*）、甲基细胞菌属（*Methylocella*）及 *Methyloferula* 属于拜叶林克菌科（Beijerinckiaceae）；*Methylacidiphilum* 属于甲基嗜酸菌科（Methylacidiphilaceae）。其中，*Crenothrix*、*Methylocystis*、*Methylocapsa* 及 *Methylocella* 是兼性甲烷氧化菌的代表，既能利用一碳化合物甲烷和甲醇作为碳源和能源，又能利用多碳化合物如有机酸和乙醇作为碳源和能源，使得甲烷氧化菌的研究范围不断拓广。

厌氧甲烷氧化菌由于培养困难，研究内容较少。目前发现的厌氧甲烷氧化菌主要有古细菌和 NC10 门的细菌，根据厌氧氧化原理可以将古细菌中的厌氧甲烷氧化菌分为 3 类：与硫酸盐还原细菌共同完成厌氧甲烷氧化过程的硫酸盐型厌氧甲烷氧化菌；硝酸盐型厌氧甲烷氧化过程的甲烷氧化菌；亚硝酸型厌氧甲烷氧化过程的甲烷氧化菌。NC10 门厌氧甲烷氧化菌中，*Methylomirabilis oxyfera* 是典型代表菌株，能够在厌氧环境中同时进行甲烷氧化和反硝化作用，并产生其氧化甲烷所需要的氧气。

随着分子生物学技术的快速发展，新的甲烷氧化菌不断被发现，传统分类方法越来越不能满足现实的需要。根据目前甲烷氧化菌的研究进展总结了其分类情况，具体见表 1-1。

表 1-1　甲烷氧化菌的分类

| 分类 | 类型 | 纲 | 属 | 特征 |
| --- | --- | --- | --- | --- |
| 好氧甲烷氧化菌 | Ⅰ（X）型甲烷氧化菌 | γ-变形菌纲（γ-Proteobacteria） | 甲基单胞属（*Methylomona*） | 在细胞内膜上利用单磷酸核酮糖途径（RuMP pathway）进行甲醛同化　主要含有 $C_{16}$ 脂肪酸 |
| | | | 甲基球菌属（*Methylococcus*） | |
| | | | 甲基杆菌属（*Methylobacter*） | |
| | | | 甲基微菌属（*Methylomicrobium*） | |
| | | | 甲基球形菌属（*Methylosphaera*） | |
| | | | 甲基热菌属（*Methylothermus*） | |
| | | | 甲基盐菌属（*Methylohalobius*） | |
| | | | 甲基暖菌属（*Methylocaldum*） | |
| | | | 甲基八叠球菌属（*Methylosarcina*） | |
| | | | *Methylosoma* | |
| | | | *Methylomarinum* | |
| | | | *Methylovulum* | |
| | | | *Methylogaea* | |
| | | | *Crenothrix* | |
| | | | *Clonothrix* | |

| 分类 | 类型 | 纲 | 属 | 特征 |
|------|------|------|------|------|
| 好氧甲烷氧化菌 | Ⅱ型甲烷氧化菌 | α-变形菌纲(α-Proteobacteria) | 甲基弯曲菌属(*Methylosinus*) | 在细胞内膜及周质空间利用丝氨酸途径(serine pathway)同化甲醛主要含有 $C_{18}$ 脂肪酸 |
| | | | 甲基孢囊菌属(*Methylocystis*) | |
| | | | 甲基帽菌属(*Methylocapsa*) | |
| | | | 甲基细胞菌属(*Methylocella*) | |
| | | | *Methyloferula* | |
| | 其他甲烷氧化菌 | 疣微菌纲(Verrucomicrobia) | *Methylacidiphilum* | 最适生长温度55℃,在65℃也能生长,极度嗜酸 |
| 厌氧甲烷氧化菌 | 古菌 | 厌氧甲烷氧化古菌(ANME) | ANME-1,ANME-3,ANME-2a,ANME-2b,ANME-2c | 与硫酸盐还原细菌共同完成硫酸盐型厌氧甲烷氧化 |
| | | | ANME-2d | 硝酸盐型厌氧甲烷氧化过程的主要微生物 |
| | 细菌 | NC10门 | *Methylomirabilis oxyfera* | 亚硝酸型厌氧甲烷氧化过程的主要微生物 |

# 第三节　甲烷氧化菌的研究概况

## 一、甲烷氧化菌的研究方法

随着分子生物学和生物信息学的快速发展,特别是近年来刚刚兴起的多组学技术,加速了对甲烷氧化菌的认识,大量基于核酸、脂肪酸等的分子生态学方法被应用于甲烷氧化菌的解析中,主要包括核酸限制性片段多样性分析(RFLP)、荧光原位杂交法(FISH)、变性梯度凝胶电泳(DGGE)、生物芯片、磷脂脂肪酸分析(PLFA)、稳定性同位素探针技术(DNA-SIP)等。分子生态学不需要培养微生物就可以获得环境中菌群的信息,为进一步分离具有特殊功能的甲烷氧化菌提供帮助。

目前对甲烷氧化菌的研究主要有两种途径。第一种途径是使用传统的微生物培养技术,将甲烷氧化菌进行分离纯培养,然后对甲烷氧化菌进行生理生化遗传学特征研究,针对甲烷氧化菌的独立性状进行菌体阐述,发现某些具有特殊应用价值的甲烷氧化菌。第二种途径不需富集和培养甲烷氧化菌,主要是利用分子生物学技术对甲烷氧化菌进行生态学研究,主要利用已报道甲烷氧化菌的特异性引物和探针进行研究,目前最常用的甲烷氧化菌的分子标记物是16S rRNA基因,这些引物与以PCR技术为基础的克隆文库(clone library)、变形梯度凝胶电泳(DGGE)、荧光原位杂交(FISH)等分析技术相结合,在环境微生物生态学研究中发挥重要作用。引物因其特异性不足易造成非特异性扩增,使得功能基因如 *mmoX*、*pmoA*、*mxaF* 逐渐成为研究甲烷氧化菌的强有力工具。DGGE和末端限制多态性研究(T-RFLP)可以快速灵敏地对比大量环境样品中甲烷氧化菌的多样性差异。另一种研究环境中甲烷氧化菌的高通量方法是生物芯片技术,尽管生物芯片最初是作为基因组表达分析的研究工具,但基因诊断芯片已成功应用于环境中好氧甲烷氧化菌的检测。为了定量环境中好氧甲烷氧化菌的数量,可用培养方法(最大释然法,即MPN法)和不依赖培养的分子生物学方法。这两种方法各有利弊，MPN技术依赖于特定培养基中甲烷氧化菌的生长情况，具有较大的偏好性；分子生物学技术虽不需培养，但很大程度上取决于环境样品的类型及其质量好坏。为了检测环境样品中的混合甲烷氧化菌菌群，稳定同位素探针技术（SIP）应运而生。这项应用技术包括DNA-SIP、RNA-SIP、磷脂脂肪酸（PLFA）-SIP以及最新使用的mRNA-SIP。此外，SIP技术也和多组学技术相结合，用于发现新的好氧甲烷氧化菌。

除了以上常用的分子生态学研究方法外，其他研究工具也逐渐被引入环境甲烷氧化菌的研究，例如显微镜放射自显影（MAR-FISH）、同位素芯片、拉曼光谱（Raman-FISH）、纳米二次离子质谱和微流体数字PCR等。这些技术检出限更高，可同时检测多个样品且能直接给出所测定菌株或菌群的功能特征。使用第一种传统的微生物培养技术研究甲烷氧化菌存在许多困难，如大多数甲烷氧化菌生长缓慢，同时加上非甲烷氧化菌在琼脂平板上的大量生长，使得甲烷氧化菌难以用琼脂平板的方法分离出来，客观上阻碍了相关的研究。第二种分子生物技术具有简洁、快速、精确等特点，对仪器设备及技术分析要求较高，这些技术目前广泛应用于微生物生态学研究中。

### 1. 荧光原位杂交法（FISH）

FISH是20世纪80年代研发的一种重要的非放射性原位杂交技术，是将细胞原位杂交技术和荧光技术有机结合而形成的新技术。其原理是将被测细胞体内的染色体上的靶DNA与同源互补的核酸探针经变性、退火、复性，形成靶DNA与探针的杂交体。将核酸探针的某一种氨基酸标记上报告分子如生物素等，利用该报告分子与荧光素标记的特异性亲和素之间的免疫化学反应，在荧光显微镜下对待测的细胞定性或定量分析。核酸探针与同位素标记的放射性探针相比，具有经济、安全、稳定、试验周期短、能迅速得到结果、特异性好、定位准确等优点，但也会因为应用较短的cDNA探针不能达到100%的杂交而使效率下降。FISH在微生物系统发育、微生物诊断和环境微生物生态学研究中应用较多，对于甲烷氧化菌的研究也做出了较大的贡献。

FISH技术的基本操作过程对染色体、细胞和组织切片来说基本相同，主要包括4个步骤：①制备和标记探针；②准备杂交样品；③原位杂交；④信号处理及观察记录。根据不同的实验目的和研究对象，每一步骤的要求和细节会有所变化。

利用对16S rRNA和23S rRNA序列专一的探针进行杂交已经成为甲烷氧化菌鉴定的标准方法。16S rRNA分子存在于所有的细胞生命形式中，它包含高度保守的区域，并穿插着许多可变区域。可变区域允许序列的比对，而保守区域则被认为是古菌、细菌和真核生物的特征序列，可用于设计各种引物或探针，使序列的扩增或鉴定达到种的水平。在3种rRNA（5S，16S/18S和23S/28S）类型中，16S rRNA已成为应用最为广泛的标记基因。从甲烷氧化菌中获得编码一些甲烷代谢酶的关键功能基因，分析这些酶的保守区域，设计对应的特异性引物，扩增来自甲烷氧化菌、富集培养物以及自然环境样品中的基因。

FISH是微生物生态研究中一个有力的工具，使用FISH技术不需分离纯化便可实现在不同环境下对甲烷氧化菌进化亲缘关系确定和对混合菌群中甲烷氧化菌的定量，还可检测以前从未纯培养过的菌。FISH能显示目标微生物是否存在，可以在界、属、种的水平上对环境中的微生物进行检测，甚至阐明微生物活动的区域。Holmes等根据一种已知甲烷氧化菌16S rRNA的序列，合成2个5′端有罗丹明荧光标记的寡核苷酸探针，用FISH技术确定此种生物在培养物中的多少。另外，这些荧光标记探针还用于确定甲烷氧化菌对培养条件改变的反应，据此来优化培养条件和分离策略。与磷脂酸成分分析方法相比，FISH的优点在于可以直接计数。但FISH技术也存在一定的缺陷：有荧光标记的探针与细胞rRNA的拷贝数直接相关，所以与细胞生长速率密切相关，而环境中细胞生长率较低导致目标细胞的检出率偏低，且具有高荧光背景的环境对特定细胞的检测亦有干扰作用。

通过引物发现甲烷氧化菌存在于更广泛的环境中，例如森林土壤、海水、淡水和湿地等。研究人员使用这些引物在沼泽样品中检测到潜在的耐酸性甲烷氧化菌，也在具有高亲和氧化甲烷能力的富集培养物中筛选到一些和甲烷氧化菌类似的序列。如 Dedysh 等利用 FISH 技术对西伯利亚和德国酸性苔藓泥炭中的甲烷氧化菌进行了检测，检测到两个地点泥炭中的甲烷氧化菌数量分别为 $(3.1\pm0.2)\times10^6$ 个/g 和 $(5.7\pm0.4)\times10^6$ 个/g。其中Ⅱ型甲烷氧化菌数量多，如 *Methylocellas* spp. 约占细胞总数的 60%~96%，而Ⅰ型甲烷氧化菌的数量很少（约占 0.1%~1%）。同样，研究者还以 16S rRNA 基因作为标记基因，特异性扩增产甲烷菌 16S rRNA 基因的一些引物对，利用 FISH 技术对自然湿地中产甲烷菌的多样性进行了表征。Kotsyurbenko 等利用 FISH 技术对西伯利亚酸性泥炭沼泽产甲烷菌的多样性进行了研究，发现泥炭中细菌数量随深度的增加（水位以下 5~55cm）而下降（细胞数从 $24\times10^7$ 个/g 下降至 $4\times10^7$ 个/g），而古菌数量略有增加（细胞数从 $1\times10^7$ 个/g 提高至 $2\times10^7$ 个/g），产甲烷菌 *Methanosarcina* spp. 的数量约占古菌细胞总数的 50%。

### 2. 变性梯度凝胶电泳分析（PCR-DGGE）

变性梯度凝胶电泳（polymerase chain reaction-denaturing gradient gel electrophoresis，PCR-DGGE，DGGE），它和 FISH 法一样，也是一种常用的分子生物学技术，在环境生物技术领域常用于分析微生物群落的多样性。其原理是不同碱基组成的 DNA，其双螺旋发生变性所要求的变性剂浓度不同，当双链 DNA 在变性剂浓度呈线性梯度增加的聚丙烯酰胺凝胶电泳中时，泳动到与 DNA 变性所需变性剂浓度一致的凝胶位置时，DNA 发生解链变性，导致电泳迁移速率降低，由于泳动受阻，DNA 分子在凝胶中的不同位置停留，从而使不同DNA 分子得以分离。该技术不是将分子量不同的 DNA 分开，而是将序列不同的 DNA 分开。在现代分子生物学技术中 DGGE 技术已经发展成为研究环境微生物群落组成及亲缘关系的主要分子工具，广泛应用于研究湖泊、海洋、活性污泥、发酵食品及各种土壤等生态环境中的微生态研究中。

DGGE 实验包括几个实验步骤：①PCR 扩增；②准备电泳用凝胶；③电泳；④染色及结果分析。与普通 PCR 的不同之处是 Primer 上要加一个 GC 夹（G clamp），GC 夹的序列为：CGCCCGCCGCGCGCGGCGGGGCGGGGGCGGGGGC。PCR 能扩增特定的 DNA 序列，已经发展成为一项特异的高灵敏度的技术，在检测特定人工条件下难以培养的微生物方面有着得天独厚的优势，PCR 在含量较少的微生物研究中也显示了其应用潜力。基于 sMMO 基因建立的 PCR 技术在对铜离子缺乏环境中的甲烷氧化菌研究中很有用，然而更好的功能基因探针应基于 pMMO 基因，研究者设计出针对 *pmo* 基因的 PCR 引物，成功用于对从许多环境样品中分离的甲烷氧化菌 DNA 的扩增。目前建立的甲烷氧化菌的基因序列的数据库对甲烷氧化菌分子生态学的研究很有帮助，而且 PCR 技术在基因序列数据库的构建中发挥了极大的作用。另一个具有潜在价值的标志基因为 *mxaF*，已经用专一扩增 *mxaF* 基因上一个550bp 片段的 PCR 引物对甲烷氧化菌的 *mxaF* 序列进行延伸，从而构建数据库来鉴定海洋、土壤、湿地等样品的 *mxaF* 序列，*mxaF* 基因亦可作为 RFLP 相关的杂交探针来区分一系列甲烷氧化菌，然而 *mxaF* 基因并非专一针对甲烷氧化菌。许多甲烷氧化菌 16S rRNA 基因序列的分析结果为分子生物学手段应用于甲烷氧化菌的研究提供了很大的帮助。甲烷氧化菌可以被分为一系列具有共同生理特征的进化群，这一发现对应用 16S rRNA 探针技术研究甲烷氧化菌生态很重要。Hanson 等据此设计出对环境样品中发现的甲烷氧化菌有广泛专一性的寡核苷酸探针。目前已经设计出甲烷氧化菌特异的 16S rRNA 探针，可对 *Methylosinus*、*Methylococcus*、*Methylobacter*、*Methylomonas*、*Methylomicrobium* 的特定序列进行检测，然而却很难设计出一套针对全部甲烷氧化菌 16S rRNA 的寡核苷酸探针。迄今为止所设计的探针对甲烷氧化菌不具有专一性，并且不能涵盖大部分的甲烷氧化菌，如近年来新发现的为数众多的 γ-甲烷氧化菌不能被早期的探针所检测。

PCR-DGGE 方法根据片段在凝胶上的移动性差异来区别片段的长短。这个方法可以直接比较来自不同环境的样品，也可以检测来自不同时间和空间环境的样品。该方法已经成功地用于对来自不同土壤样品的甲烷氧化菌群落的进行比较，同时也可以采用这种方法对甲烷氧化菌的特征基因进行分析和比较，例如在土壤富集培养物中对一个不同季节和不同空间的森林土壤进行甲烷氧化菌群落分析。对特征基因的分析主要是应用在带有甲烷氧化菌的群落结构的变化，例如通过对地下水进行原位生物刺激处理来研究甲烷氧化菌的群体结构。目前一个改进的可以分析来自环境中的数量巨大片段的方法就是单链构象多态性，可以用来评价和分析各种环境中甲烷氧化菌的多态性。

DGGE 区段特征为研究环境样品 DNA 和 RNA 的多样性提供快速全面的方法。DGGE 凝胶上的分离片段可以被切割下来，用 PCR 重新扩增和序列分析，为进化的亲缘关系提供证据，而无须经过克隆。然而 DGGE 对一些进化关系相近微生物类群 DNA 的 PCR 产物的分离不彻底，而且是一个普遍的问题，这将导致对实际微生物数量的低估。而由于硝化菌的 *amo* 基因和甲烷氧化菌的 *pmo* 基因具有许多高度相似的片段，在 DGGE 上出现相同的区段，所以必须发展新的 *pmoA* 专一性的 PCR 引物。

### 3. 稳定同位素标记技术（SIP）

近年发展的稳定同位素标记技术（stable isotope probing，SIP）与分子生物学方法结合，能挖掘复杂环境中参与特定生态过程的微生物资源，能快速鉴定土壤中的功能微生物。其原理是环境样品中的功能微生物能够代谢和同化同位素标记（一般为 $^{13}C$）的底物，通过生物标志物如 DNA、RNA 和 PLFA 等进行分离、鉴定和比对分析，来获取介导土壤物质和生态循环过程功能微生物的信息。SIP 技术主要用于研究土壤有机污染物的生物降解、碳氮循环以及参与前两种功能的微生物原位鉴定。

土壤微生物 SIP 鉴定的实验步骤主要包括：①标记底物如 $^{13}C$ 的土壤微生物的培养；②土壤 DNA/RNA 或 PLFA 的提取纯化；③ $^{13}C$ 与 $^{12}C$ 的分离；④利用分子生物学手段分析鉴别。除了 $^{13}C$ 应用于同位素中，近年来 $^{15}N$ 和 $^{18}O$ 也被成功用于 SIP 技术中。

SIP 技术中特定微生物的生物标志物有 3 种，分别是 PLFA、DNA 和 RNA。PLFA-SIP 是以稳定性同位素为探针的磷脂酸标记技术，将 PRLA 从 $^{13}C$ 标记过的环境样品中提取出来，通过 PLFA 图谱来分析微生物群落结构和多样性。分析的基础是活细胞中都含有磷脂酸，细胞死后磷脂酸迅速分解，而活细胞中磷脂酸含量和组成很稳定，并不随胞内膜成分和外界碳源和能源的变化而变化，因此根据磷脂酸的含量可以评估活细胞的生物量。对微生物种群结构的确定和分类非常有用，因为细菌磷脂酸里包含大量不同的脂肪酸，而有些菌含有独特的脂肪酸种类，这些脂肪酸的研究对于推动甲烷氧化菌生态学研究起了重要的作用。可以通过检测这些同位素原子的丰度来了解群落的代谢情况，甚至可以把这些同位素导入微生物细胞或进行生物标记，可以直接研究这些微生物群落。

该方法对甲烷氧化菌群结构的确定和分类非常有用，因为细菌磷脂酸里包含大量不同的脂肪酸,有些菌含有独特的脂肪酸种类,如Ⅰ型和Ⅹ型甲烷氧化菌占优势的为 $C_{16}$ 脂肪酸,而 $C_{18}$ 脂肪酸在Ⅱ型甲烷氧化菌中含量非常丰富,尤其是 18:1ω8C 和 18:1ω7C 脂肪酸,由于其种群特异性,常被用来作为Ⅱ型菌在环境中存在的标志物。用液相色谱/质谱分析PLFA 可以确定相应菌种的存在,PLFA 分析曾被成功应用于湿地环境甲烷氧化菌的检测中。传统的 PLFA 分析可以和目标细胞中的放射性标记结合起来对 $^{13}$C-PLFA 进行分析,从而极大地提高了检测的精确度。虽然 SIP-PLFA 技术具有检测浓度要求低、灵敏度高等优点,但需要丰富的甲烷氧化菌脂肪酸特征的数据,分析所用的仪器相对昂贵,此外不同属甚至不同科的甲烷氧化菌的 PLFA 图谱可能有重叠;依赖于标记脂肪酸来确定土壤微生物群落结构,标记上的变动将导致分析误差,同时细菌和真菌生长条件的改变或环境胁迫都将导致脂肪酸类型的改变,因此在区分关系较近的甲烷氧化菌的应用上有一些困难。所以在 PL-FA 技术被广泛应用于甲烷氧化菌的分类研究之前急需解决的问题是:建立甲烷氧化菌磷脂酸特征的更全面的数据库,并尽快查明甲烷氧化菌的磷脂酸特征在不同的环境条件下是否会发生变化,包括对污染物的反应。

### 4. 实时荧光定量 PCR 技术(RTFQ PCR)

实时荧光定量 PCR(real time fluorescence quantitative PCR,RTFQ PCR)是在常规 PCR 基础上将荧光共振能量转移与荧光标记探针结合,巧妙地将核酸扩增、杂交、光谱分析和实时检测技术融合在一起的创造性技术,它具有快速、灵敏、高通量、特异性强、自动化程度高、重复性好、准确定量等特点。

该技术是以 PCR 原理为基础发展起来的,主要用于环境样品中特定微生物物种、种群的定量分析,能更精确地研究特异微生物的组成和变化规律。近年来,该技术在自然湿地产甲烷菌和甲烷氧化菌的丰度检测中得到广泛的应用。分析时一般可采用 Taq Man 探针法对产甲烷菌和甲烷氧化菌的 16S rRNA 基因或功能基因进行定量检测。此外,还可以采用荧光染料法(SYBR Green),该方法与 Taq Man 探针法相比费用较低,但由于没有探针的特异性作保证,所以准确性较低。

Steinberg 等研发了 SYBR Green(结合于所有 dsDNA 双螺旋小沟区域的具有绿色激发波长的染料)的定量 PCR 法,对编码甲基辅酶 M 还原酶 α 亚基的 *mcrA* 基因进行定量检测分析,他们还设计了靶标为 9 个目标生物的 Taq Man 荧光探针,用于检测酸性泥炭样品中不同系统发育类群的产甲烷菌,检测到的类群包括 *Methanosaetaceae*、*Methanobacteriaceae*、*Methanocorpusculaceae* 和 *Methanosarcina*。此外,Zhang 等利用实时定量 PCR 技术对青藏高原若尔盖湿地土壤中占优势的不可培养产甲烷菌 ZC-I 以及已分离的产甲烷菌 R15 进行了定量检测,发现 ZC-I 的数量约占古菌总数的 30%,土壤中细胞数约为 $10^7$ 个/g;R15 的数量约占古菌总数的 17.2%±2.0%,土壤中细胞数约为 $10^7$ 个/g。Yun 等利用实时定量 PCR 技术对若尔盖湿地土壤中甲烷氧化菌的丰度进行了分析,发现土壤好氧层中甲烷氧化菌的数量是厌氧层中甲烷氧化菌数量的 1.5 倍。

分子检测方法的应用极大地促进了自然湿地土壤产甲烷菌和甲烷氧化菌多样性的研究,为揭示产甲烷菌和甲烷氧化菌的多样性及其生态功能提供了许多可能。鉴于这些分子方法各有其优缺点,在实际研究中还需将 2 种甚至 2 种以上的方法结合起来互相印证,方可起到扬长避短、相互补充的作用,同时还可将分子检测方法与传统的分离和培养方法相结合,以期获得更加丰富而准确的群落结构及种群丰度变化等方面的信息。

## 二、甲烷氧化菌的研究现状

甲烷氧化菌是一类可以利用甲烷作为碳源和能源的细菌，在全球变化和整个生态系统碳循环过程中起着重要的作用。近年来，对甲烷氧化菌的生理生态特征及其在自然湿地中的群落多样性研究取得了较大进展。在分类方面，疣微菌门、NC10门及2个丝状菌属甲烷氧化菌的发现使其分类体系得到了进一步的完善；在单加氧酶（MMO）方面，发现甲烷氧化菌可以利用pMMO和sMMO两种酶进行氧化甲烷的第一步反应，Ⅱ型甲烷氧化菌中甲烷单加氧酶pMMO的发现证实甲烷氧化菌可以利用这种酶氧化低浓度的甲烷；在底物利用方面，已经发现了越来越多的兼性营养型甲烷氧化菌，证实它们可以利用的底物比之前认为的更广泛，其中包括乙酸等含有碳碳键的化合物；在生存环境方面，能在不同温度、酸度和盐度的环境中生存的甲烷氧化菌不断被分离出来。全球自然湿地甲烷氧化菌群落多样性的研究目前主要集中在北半球高纬度的酸性泥炭湿地，Ⅱ型甲烷氧化菌 *Methylocystis*、*Methylocella* 和 *Methylocapsa* 是这类湿地最主要的甲烷氧化菌群，尤其以 *Methylocystis* 类群最为广泛，而Ⅰ型甲烷氧化菌尤其是 *Methylobacter* 在北极寒冷湿地中占优势。随着高通量测序时代的到来和新型分离技术的发展，对甲烷氧化菌的认识将面临更多的机会和发展。

甲烷单加氧酶不仅可以催化甲烷生成甲醇，而且可以降解自然界中普遍存在的有毒污染物——低分子量卤化烃类化合物。因此，科学家认为甲烷氧化菌和氧化甲烷的联合体在卤化物生物修复中起重要作用。研究发现三氯乙烯可以被某些甲烷氧化菌氧化成环氧化合物，也发现 *Methyloinus trichosporium* OB3b 在低铜离子浓度下降解氯代烃的速率要比其他含非特异性单加氧酶的细菌降解的速率高2个数量级。另有研究发现某些甲烷氧化菌可实现低卤联苯的降解，在混合培养物中，中间产物被开环而进一步得到降解，而另外一些甲烷氧化菌可以降解溴代甲烷，其速率与甲烷的含量呈负相关。溴代甲烷被转化为剧毒物质，此化合物作为自杀性底物用来分离不合成MMO的甲烷氧化菌突变株，这些都说明了利用甲烷氧化菌对污染物进行原位降解是可行的，而近年来的研究热点逐渐转移到甲烷氧化菌氧化甲烷方面，目的是促进甲烷循环，缓解温室效应。

甲烷氧化菌含有由特定基因编码的能氧化甲烷和之后一碳单位的酶，包括sMMO羟化酶和MDH，因此，可以用分子生物技术来检测环境样品中的甲基氧化菌。Ⅰ型（Ⅹ型）和Ⅱ型甲烷氧化菌的划分已经得到证实，Ⅰ型（Ⅹ型）甲烷氧化菌似乎是适应不同营养环境的结果，Ⅱ型甲烷氧化菌似乎适合生长于低甲烷浓度的环境，而Ⅹ型菌在高浓度甲烷和低氧气浓度条件下生长更好。

甲烷氧化菌分为好氧甲烷氧化菌和厌氧甲烷氧化菌，好氧甲烷氧化菌在生产实践方面的利用潜能在过去40年里得到了广泛的研究，例如多种有机质的生物转化、环境污染物的生物降解（如对卤代烃的降解）、生产有价值的工业产品（如由丙烯生产环氧丙烷）等。同时，好氧甲烷氧化菌能够减少土壤甲烷的排放，去除大气中的甲烷，在全球碳循环中起到重要的作用，对于好氧甲烷氧化菌的研究进展就不过多赘述了。

对于厌氧甲烷氧化菌，早在20世纪60年代人们就已经发现甲烷厌氧氧化的存在，但参与该过程的微生物直到最近20年才被确定下来，由于生长非常缓慢以及需求的条件苛刻，至今未能获得甲烷厌氧氧化的纯培养物。甲烷的厌氧氧化在地球上也是广泛存在的，各种环境中都检测到了其存在，比如深海沉积物中、冷泉甲烷泄漏区、湖中、垃圾填埋场、受污染的地下水中、被淹没的稻田中等。自然环境中甲烷的厌氧氧化最先在海底沉积物中被发现，当时发现海底产生的甲烷在接触到氧气前便被消耗了，因此人们推测在海底的沉积物中存在厌氧氧化甲烷的微生物，而最早揭示这类微生物的是 Hinrichs 等，他们利用 16S rRNA 基因以及脂类生物标志化合物（lipid biomarkers）确定参与海底沉积物中甲烷厌氧氧化的微生物是与甲烷八叠球菌目（Methanosarcinales）和甲烷微菌目（Methanomicrobiales）等具有亲缘关系的新型古菌。至此人们对甲烷的厌氧氧化有了全新的认识，也揭开了甲烷厌氧氧化研究的序幕。根据最终电子受体的不同，甲烷的厌氧氧化分为 3 种，一种以 $SO_4^{2-}$ 为最终电子受体，被称为硫酸盐还原型甲烷厌氧氧化（sulphate-reduction dependent anaerobic methane oxidation，SAMO）；一种以 $NO_2^-/NO_3^-$ 为最终电子受体，被称为反硝化型甲烷厌氧氧化（denitrification dependent anaerobic methane oxidation，DAMO）；一种是最近才发现的，以 $Fe^{3+}/Mn^{4+}$ 作为最终电子受体的甲烷厌氧氧化。SAMO 是由甲烷厌氧氧化古菌（anaerobic methanotrophicarchaea，ANME）和硫酸盐还原细菌（sulfate-reducing bacteria，SRB）共同完成的，是最先发现的甲烷厌氧氧化途径，研究也最深入。依据系统发育分析，可将参与该反应的 ANME 分为 3 个类群，即 ANME-1、ANME-2 和 ANME-3。这 3 个类群都属于广古菌门（Euryarchaeota），都与甲烷八叠球菌目和甲烷微菌目有着或近或远的亲缘关系，其中 ANME-1 与甲烷八叠球菌目和甲烷微菌目的亲缘关系较远，而 ANME-2 则属于甲烷八叠球菌目，ANME-3 是最近才鉴定出来的新古生菌群，与拟甲烷球菌属（Methanococcoides）的亲缘关系较近。此外，这 3 个类群都可以在紫外线照射下发出荧光，这一特点是产甲烷菌所共有的，因其体内含有辅酶 F420。ANME-1 与 ANME-2 广泛分布于各种产甲烷的厌氧环境中，而 ANME-3 多存在于海底泥火山中，偶尔也可在海底甲烷渗漏区发现。与 ANME-1 和 ANME-2 共生的 SRB 往往属于脱硫八叠球菌属（Desulfosarcina）和脱硫球菌属（Desulfococcus），而与 ANME-3 共生的 SRB 通常属于脱硫叶菌属（Desulfobulbus）。ANME-1 与 SRB 的结合比较松弛，而 ANME-2、ANME-3 一般与 SRB 形成紧密的共生体。此外，越来越多的研究表明，与 ANME 共生的微生物并不仅局限于 SRB，ANME-2 可以和 δ-变形菌纲（δ-Proteobacteria）中的多种菌共生，甚至还可以与 α-变形菌纲中的鞘氨醇单胞菌（Sphingomonas）及 β-变形菌纲（β-Proteobacteria）中的伯克霍尔德菌（Burkholderia）共生，比如在反硝化作用中发现的 ANME-2 就是与 β-变形菌纲共生的。自然环境中发现的 ANME 通常各种类型都会出现，但一般仅有一种占优势，而且 ANME 通常与 SRB 形成聚集体或是呈簇、呈链状出现，当然也会以单个细胞的形式出现。ANME-1 有 2 个亚类 a、b，细胞一般呈圆柱状，并非严格的甲烷氧化菌，除了可以通过氧化甲烷获得能量外，还可以利用乙酸、丙酸或者丁酸进行生长。ANME-2 细胞一般呈球状，有 4 个亚类即 a、b、c、d，各亚类间的进化距离也相距较远，ANME-2d 也被称为 GoMArcI，该亚类成员与其他成员的同源性较远，不具备氧化甲烷的能力，也不与 SRB 组成共生菌群。目前对 ANME 氧化甲烷的机制还不十分清楚，不同的学者根据自己的研究结果提出了 3 种可能的理论模型，即反向产甲烷理论、乙酸化理论和甲基化理论。有关这些理论的具体描述可以参见沈李东等的综述文章。ANME-2 和 ANME-3 利用哪种途径产甲烷还不十分清楚，不过已经可以确定 ANME-1 可以利用反向产甲烷途径进行甲烷的氧化，并且在某些条件下该类微生物也可以生产甲烷。

对厌氧甲烷氧化反硝化过程（denitrifying anaerobic methane oxidation，DAMO）的研究起步相对较晚，虽然在废水处理中早就发现甲烷的氧化可以和脱氮相偶联，但在相当长的时间内并未找到证明 $NO_2^-/NO_3^-$ 可以作为甲烷厌氧氧化最终电子受体的直接证据。在自然环境中首先发现 DAMO 存在的是 Smith 等，他们发现在含有高浓度 $NO_2^-/NO_3^-$ 的受污染地下水中可以进行甲烷厌氧氧化。之后 Islas-Lima 等给出了证明 DAMO 存在的直接证据，他们在缺氧的条件下将甲烷气体通入以反硝化污泥为种泥的人工合成含 $NO_2^-/NO_3^-$ 的废水中，经过长期运行后 $NO_2^-/NO_3^-$ 和甲烷都可以有效地被去除，而未接入甲烷气体的对照组中则没有 $NO_2^-/NO_3^-$ 的去除，但遗憾的是他们并没有对参与该过程的微生物进行分析。最近 Raghoebarsing 等利用从淡水生态系统中获得的甲烷厌氧氧化富集培养物证明了 $NO_2^-/NO_3^-$ 可以作为甲烷厌氧氧化的最终电子受体，对该富集培养物的分析表明，富集培养物中的优势菌是一类属于 NC10 门被称为 *Candidatus Methylomirabilis oxyfera* 的不可培养物，存在的古菌为 AAA，AOM（anaerobic oxidation of methane）-associated archaea，该古菌与 ANME-2（相似性 86%～87%）和产甲烷菌（相似性 86%～88%）都具有较远的亲缘关系，并且对甲烷的氧化不是必需的。Hu 等的研究结果表明，培养温度以及 $NO_2^-/NO_3^-$ 都会影响富集培养物中古菌与 *Candidatus Methylomirabilis oxyfera* 的生存，他们认为高温（35℃）有利于古菌的生存，而低温（22℃）下古菌易被淘汰，*Candidatus Methylomirabilis oxyfera* 更喜欢以 $NO_2^-$ 为底物进行生长，当以 $NO_2^-$ 为底物时，微生物相中的优势菌是与 *Candidatus Methylomirabilis oxyfera* 有关的细菌，而当以 $NO_3^-$ 为底物时，微生物中的优势菌除了与 *Candidatus Methylomirabilis oxyfera* 有关的细菌外还有与 ANME 有关的古菌。由于 $NO_2^-$ 对多种微生物是有毒的，对 *Candidatus Methylomirabilis oxyfera* 也不例外，Hu 等发现，当 $NO_2^-$ 的浓度超过 1mmol/L 时 *Candidatus Methylomirabilis oxyfera* 的活性便受到抑制，但在 Ettwig 等的研究中却未发现类似的现象。由于目前对 DAMO 的研究才刚刚起步，并且缺乏足够的 DAMO 培养物，因此该培养中古菌存在的意义以及外界培养条件对富集培养物的影响及影响机制还有待于进一步的研究才能清楚。对 *Candidatus Methylomirabilis oxyfera* 的最新研究表明，它氧化甲烷的途径与已发现的甲烷氧化菌也是完全不一样的，既不同于已发现的甲烷好氧氧化，也不同于 ANME 可以利用反向产甲烷途径进行的甲烷氧化，而是利用一种被称为内部好氧脱氮（intra-aerobic denitrification）的新途径进行甲烷的氧化，在该途径中，$NO_2^-$ 被分解为 NO 和 $O_2$，生成的 $O_2$ 一部分用于甲烷的活化及氧化，另一部分被终端呼吸氧化酶（terminal respiratory oxidases）用于正常的呼吸。Wu 等对该类微生物的细胞结构分析表明，该微生物与已发现的甲烷氧化菌有明显的区别，细胞形状非常奇特，呈多边形，而已观察到的甲烷氧化菌的形状多为杆状、球状、弧状以及梨状，此外没有胞内膜结构（该结构是变形菌纲中甲烷氧化菌的共同特征），并且胞外具有由蛋白质构成的外鞘。由于对这种内部好氧脱氮途径发现得较晚，人们对参与该途径的基因和酶都还不清楚，不过甲烷好氧氧化途径中的典型基因都可以在 *Candidatus Methylomirabilis oxyfera* 的基因组中找到，因此用来检测好氧甲烷氧化菌存在的探针和基因序列也可以用来直接或稍微修改后检测该类微生物的存在。Luesken 等以编码 pMMO 蛋白复合体一个亚基的基因即 *pmoA* 基因为标志，对荷兰 10 个污水处理厂中的污泥进行检测，发现 9 个污水厂中都检测到与 *Candidatus Methylomirabilis oxyfera* 相似度达 98% 的 NC10 门菌的存在，对其中一个污水厂中的污泥进行富集培养后发现，在不控制温度的情况下可以获得有效的脱氮与甲烷厌氧氧化。因此可以推测，用污水厂中的污泥应该可以启动 DAMO 反应器的运行。对 *Candidatus Methylomirabilis oxyfera* 的进一步研究表明，该微生物对 $O_2$ 的生产和消耗是严格控制的，当环境中有多余的 $O_2$ 存在时，该微生物的多种活性都会受到抑制，包括甲烷的氧化以及硝酸盐的还原，即使 $O_2$ 被消耗完后，其活性也不能恢复到原有的程度。然而自然环境中发现的 *Candidatus Methylomirabilis oxyfera* 和类 *Candidatus Methylomirabilis oxyfera* 多存在于各种淡水体系的好氧与缺氧交界区，这类微生物是如何适应这种环境以及此类环境中存在的甲烷氧化和 $NO_2^-/NO_3^-$ 还原有何意义人们还不清楚，不过可以推测，由于 *Candidatus Methylomirabilis oxyfera* 的生长需要 $NO_2^-/NO_3^-$ 作为电子最终受体，而自然环境中 $NO_2^-/NO_3^-$ 的来源之一便是通过好氧氨氧化菌对氨的氧化，因此其在自然环境中的生态位可能有利于对 $NO_2^-/NO_3^-$ 的利用。$NO_2^-/NO_3^-$ 可以作为甲烷厌氧氧化电子受体的发现促使人们考虑是否还有其他电子受体存在。Beal 等的研究表明，在海洋生态系统中甲烷的厌氧氧化可以与 $Fe^{3+}$ 和 $Mn^{4+}$ 的还原相偶联，参与的主要微生物是名为 marine benthic group-D（MBGD）的不可培养微生物，同时发现 ANME-1 和 ANME-3 也参与了该反应。由于每年经河流进入海洋的铁、锰量是非常大的，因此该反应过程对全球海洋甲烷厌氧氧化的贡献可能是很大的。由于该反应发现较晚，其反应的条件、菌种的鉴定以及反应的微生物学机制还有待于进一步的研究。

国外对甲烷厌氧氧化的研究开始得较早，国内对甲烷厌氧氧化的研究相对较少。2005年，浙江大学吕镇梅、闵航等研究了在不同环境条件下水田土壤中甲烷好氧氧化活性和甲烷厌氧氧化活性，以此计算水田土壤甲烷厌氧氧化对整个甲烷氧化的贡献率。2006年，中国科学院广州地球化学研究所吴白军、周怀阳等以珠江河口淇澳岛、桂山岛、南海沉积物为研究对象，揭示了该区域沉积物甲烷厌氧氧化（AOM）过程的发生，并利用沉积物有机质的变化探讨 AOM 作用的影响因素。

甲烷氧化菌及其酶是重要的多功能微生物催化剂，应用潜力巨大，受到众多研究机构的关注。通过 SCI 检索发现，自 1990 年以来关于甲烷氧化菌或 MMO 的研究报道已经超过1600篇。虽然甲烷氧化菌具有重要的工业应用潜力，但是在应用过程中还存在一些亟待解决的问题。首先，目前的甲烷氧化菌细胞生长速度慢、细胞密度低、发酵周期长，导致其在工业应用中不能满足大规模生产的需要，其主要原因是甲烷氧化菌生长所需的底物（甲烷和氧气）均为气体，且二者在水中的溶解度很低，严重限制了细胞利用底物的速度；其次，在利用 MMO 进行生物催化的过程中，酶活性受 $Cu^{2+}$ 浓度的影响并不稳定，且有活性的 MMO 难于纯化；再次，催化氧化过程需要还原性辅酶的参与，辅酶再生问题也是制约其应用的因素；最后，已有的甲烷氧化菌种类有限，不足以满足工业生物催化的需要。

根据甲烷氧化菌和 MMO 的特性，应该从两方面考虑其在工业上的应用而进行深入研究：一方面是利用其转化甲烷，生产大宗化学品；另一方面是利用其生产高附加值的精细化学品，如手性脂肪醇、环氧烷烃等。

对于甲烷氧化菌应用方面的研究应该从以下几方面着手：

① 提高甲烷氧化菌的生长速度、细胞量及 MMO 的表达量，以期用于大宗化学品的生产。对甲烷氧化菌进行基因工程和代谢工程改造，强化 MMO 基因的表达，促进更多的 MMO 蛋白产生；强化氧气、甲烷传递速率，提高甲烷氧化菌的生长速度；在常用的基因工程菌中异源过量表达 MMO 蛋白，利用宿主生长的优势和辅酶再生系统，获得大量高活性的 MMO 蛋白，用于生物催化过程。

② 建立对甲烷氧化菌或 MMO 进行改造的方法和技术平台，用以生产高附加值的化学品。利用代谢工程技术，在甲烷氧化菌胞内重构或强化高附加值化学品的生产途径，以廉价的甲烷为原料生产精细化学品；对 MMO 进行定点突变，以提高酶活性或改变 MMO 的底物范围，从而生产高附加值的化学品；在自然界中，特别是极端条件下，发现新的甲烷氧化菌种和 MMO 基因，以满足有机相催化、高温催化等特殊的催化反应条件。

# 第二章

# 好氧甲烷氧化菌

## 第一节　好氧甲烷氧化菌的定义与分类

好氧甲烷氧化菌是在有氧条件下以甲烷作为唯一碳源和能源的微生物，是甲基营养细菌（methylotrophs）的一个分支，基本都是革兰氏阴性菌。好氧甲烷氧化菌于 1906 年首次被荷兰微生物学家 Sohngen 分离出来。由于好氧甲烷氧化菌在生产实践方面的利用潜能，在过去 40 年里得到了广泛的研究，例如多种有机质的生物转化、环境污染物的生物降解（如对卤代烃的降解）、工业产品的生产（如由丙烯生产环氧丙烷）等。另外，好氧甲烷氧化菌能够减少土壤甲烷的排放，去除大气中的甲烷，据估计，仅在土壤中好氧甲烷氧化菌每年能消耗掉约 3000 万吨甲烷。好氧甲烷氧化菌在甲烷碳循环方面做出了极大的贡献。

好氧甲烷氧化菌在自然界中分布广泛，主要存在于湿地、沼泽、农田、森林和城镇土壤、米稻田、地下水、垃圾填埋场覆盖层等。绝大多数好氧甲烷氧化菌仅依靠甲烷生长，也有一些好氧甲烷氧化菌可以利用甲醇、甲酸、甲醛和甲胺。起初，好氧甲烷氧化菌被认为是专一营养的，即它们可以利用 $C_1$ 化合物，不能利用含有碳碳键（C—C）的化合物，近年来发现了兼性营养甲烷氧化菌，可以利用除 $C_1$ 化合物以外的底物，使得好氧甲烷氧化菌的研究范围不断扩大。

## 第二节　好氧甲烷氧化菌的性质

### 一、好氧甲烷氧化菌的生态分布和生理特性

#### 1. 好氧甲烷氧化菌的生态分布

好氧甲烷氧化菌在自然环境中分布广泛，通过富集培养和现代分子生物学手段，科研工

作者已从土壤、淡水和海洋沉积物、泥炭沼泽、热泉、海水、农田、森林、草地、垃圾填埋场、湖泊、地下水等各个环境中检测到甲烷氧化菌的存在。此外，多数甲烷氧化菌可进入休眠状态，一些甲烷氧化菌的外生孢子和孢囊也能在干旱和营养缺乏的环境中存在。

类型不同的甲烷氧化菌在环境中的分布并不相同，Ⅰ型甲烷氧化菌在高氧、低甲烷浓度和富营养的环境中占优势，Ⅱ型甲烷氧化菌在低氧、高甲烷浓度和贫营养环境下能存活得更好，从而有较广泛的分布。Roslev 等发现一种Ⅱ型甲烷氧化菌在甲烷缺乏和缺氧条件下能存活 6 周，并且在加入甲烷和氧气数小时内恢复对甲烷的氧化。虽然有机质含量多的土壤可能会有利于细菌的生长，但甲烷、氧气及结合态氮的浓度才是环境中两种类型甲烷氧化菌分布的决定性因素。从甲烷氧化菌对环境的适应性来说，已发现的甲烷氧化菌大多数为喜中性菌，但在许多极端环境中如高温、高酸碱、高盐的条件下也检测到甲烷氧化菌的存在。研究者认为，极端环境中甲烷氧化菌的作用是参与甲烷循环，同时为环境中共生微生物的生长提供一碳中间物和各种代谢底物。

甲烷的微生物氧化主要发生在相对较浅的次表层土壤，通常是 5～10cm 深，此深度土壤里甲烷氧化菌数量最大，活性也最强，这个最大活性区随土壤类型和耕作方式发生变化。甲烷需要从大气扩散到这个土层才能达到最大氧化速率，而扩散通量主要由土壤的透气性所控制。土壤的质地、含水量、土壤表面植被种类及覆盖物厚度等因素决定了土壤透气性。水稻田土壤的甲烷氧化（包括甲烷氧化菌种群及其氧化活性）受到包括土壤质地、含水量、pH 值、温度、土壤甲烷含量、土壤矿物质元素、有机质、可用性氮源等因素的影响。土壤甲烷氧化菌氧化甲烷分两个阶段：第一阶段以非常低的速率氧化甲烷，经过诱导阶段进入高速氧化甲烷的第二阶段。可能在诱导阶段合成相关酶，激活休眠的甲烷氧化菌使甲烷氧化菌种群数增长。研究者测量土壤里 $^{14}CH_4$ 的氧化发现，部分甲烷同化为微生物生物量，即使是大气中的低浓度甲烷也如此。甲烷氧化产物在土壤里短暂的停留对土壤碳库的碳循环具有重要意义。

过去几十年中，不依赖于培养菌体进行分析的分子生态学方法已经被广泛用于各种环境中好氧甲烷氧化菌的多样性、分布及丰度研究，如稻田、垃圾填埋场、淡水和淡水沉积物、海水、山地土壤以及极端环境。

稻田是大气甲烷的主要来源之一，全球人口激增导致大米需求增加，故稻田甲烷排放量呈增加趋势。稻田中好氧甲烷氧化菌多样性较高，主要包括 *Methylomonas*、*Methylobacter*、*Methylomicrobium*、*Methylococcus*、*Methylocaldum*、*Methylocystis* 和 *Methylosinus* 属。有关稻田中何种好氧甲烷氧化菌占据优势，各地研究结果并不一致。有研究发现水稻根部Ⅰ型甲烷氧化菌更为丰富，且水稻物种对Ⅰ型甲烷氧化菌的偏好没有影响，原因在于其能适应较广的碳氢范围。然而，Luke 等发现这些水稻根系中以Ⅱ型和Ⅹ型好氧甲烷氧化菌为主，并且水稻根部的好氧甲烷氧化菌群落组成受水稻基因型影响很大且显示出极大的多样性。郑勇等研究发现Ⅱ型甲烷氧化菌在长期施肥的水稻土壤中占优势，定量 PCR 结果显示Ⅱ型甲烷氧化菌的数量是Ⅰ型菌的 1.88～3.32 倍。除 *Methylocaldum* 属的好氧甲烷氧化菌多在热带地区被发现外，稻田中的好氧甲烷氧化菌在全球范围内并没有明显的地域性特征。

稻田中甲烷氧化菌的分布和丰度受很多因素的影响，如氧气的可用性及水稻的生长时期等因素。在稻田土壤中，高氧气浓度、低甲烷浓度的环境利于Ⅰ型甲烷氧化菌的生长，反之则利于Ⅱ型甲烷氧化菌的生长。研究发现，无论施肥与否，在水稻各个生长阶段，根际土壤中好氧甲烷氧化菌以Ⅱ型为主，而水稻根部则以Ⅰ型为主。

淡水和淡水沉积物是大气甲烷的又一重要来源，该类环境中好氧甲烷氧化菌主要以Ⅰ型甲烷氧化菌中的 *Methylomonas*、*Methylobacter*、*Methylosarcina*、*Methylococcu* 和 *Methylosoma* 属为主。在对华盛顿湖沉积物的研究中发现，Ⅰ型好氧甲烷氧化菌比Ⅱ型好氧甲烷氧化菌多1~2个数量级。另外，在康士坦茨湖中，Ⅰ型甲烷氧化菌占 *pmoA* 的克隆文库序列的90%。Dumont 等利用 DNA-SIP 和 mRNA-SIP 相结合的方法，发现在 Stechlin 湖中也以Ⅰ型甲烷氧化菌为主要菌群。张洪勋等通过对我国两处淡水沼泽湿地研究发现，我国青藏高原若尔盖永冻土湿地中好氧甲烷氧化菌仅有 *Methylobacter* 和 *Methylocystis* 两个属，且以Ⅰ型甲烷氧化菌为优势菌群，不同植被覆盖的泥炭沼泽中好氧甲烷氧化菌数量有所不同；对我国东北地区松嫩平原向海湿地中好氧甲烷氧化菌多样性进行研究，发现向海湿地中好氧甲烷氧化菌的多样性与淡水湖泊相似，较若尔盖高寒湿地种类多，但仍以Ⅰ型甲烷氧化菌的 *Methylobacter* 属为优势菌群。研究的两个湿地中均有与 *Methylococcus* 属甲烷氧化菌相似度较高的新的甲烷氧化菌存在。另外，这两个湿地中 *Methyfobacter* 属的甲烷氧化菌亲缘关系相近，表明我国自然湿地中甲烷氧化菌具有地域性特点。对海水和海洋沉积物中甲烷氧化菌的研究相对较少，虽然从海水中分离到了 *Methylomonas* 属和 *Methylomicrobium* 属的甲烷氧化菌，但分子生态学方面的研究却证明不可培养的好氧甲烷氧化菌（Methylococcaceae 科的甲烷氧化菌）在海洋水体中占主导地位。在黑海浅海中发现了好氧甲烷氧化菌，Ⅰ型和Ⅱ型好氧甲烷氧化菌各占细菌总数的 2.5%，在深海中参与甲烷氧化的菌群则主要是 ANME-1 和 ANME-2 厌氧甲烷氧化菌。

山地和森林是大气甲烷主要循环的场所，这些环境中的好氧甲烷氧化菌对大气甲烷有很高的亲和力，并以Ⅱ型的 *Methylocystis* 属为主。Kolb 等发现Ⅱ型甲烷氧化菌是酸性森林土壤中的主要菌群，而Ⅰ型则在中性森林土壤中占优势，研究者认为这两种甲烷氧化菌能适应低甲烷浓度环境主要是由于其细胞特异性的甲烷氧化能力。Horz 等在加利福尼亚山地土壤中发现3个不同的甲烷氧化菌分支，这些分支与已报道的 RA14 或 VB5FH-A 种群类似，这些甲烷氧化菌菌群是典型的大气甲烷氧化菌群，其对气候变暖的响应程度与Ⅱ型甲烷氧化菌不同。Mohanty 等研究发现，森林中的甲烷氧化菌以Ⅱ型的 *Methylocystis* 属为主，且有Ⅰ型 *Methylomicrobium* 属和 *Methylosarcina* 属甲烷氧化菌存在。Menyailo 等对西伯利亚森林中不同树种的土壤中好氧甲烷氧化菌的菌群组成及丰度进行了调查，发现该地土壤中以Ⅱ型甲烷氧化菌为主要甲烷氧化菌群，树种的不同并不会影响甲烷氧化菌的菌群组成，但会影响土壤中甲烷的氧化速率，造成这一结果的原因可能是树种的不同会影响甲烷氧化菌的细胞活性，但并不会影响其周围土壤中甲烷氧化菌的种类，有研究者推测，该类菌属于不可培养的可在大气低浓度甲烷下生长的甲烷氧化菌。另一种解释则为在高山和森林中的好氧甲烷氧化菌以木质素降解产物甲醇作为能源和碳源。直到近期，Baani 和 Liesack 发现在 *Methylocystis* sp. SC2 中存在一种特殊的 pMMO 酶，该酶对甲烷的亲和力不同，由此可解释为什么 *Methylocystis* 属的甲烷氧化菌能在山地、森林以及其他环境中普遍存在。

垃圾填埋场是重要的甲烷排放源，填埋场中由于有机物降解每年排放的甲烷约有36~73Tg（$1Tg=10^{12}g$），占全球甲烷排放总量的 6%~12%。这些甲烷主要靠填埋场土壤覆盖层 5~10cm 深处中的好氧甲烷氧化菌降解，降解率从 10% 至 100% 不等。经研究发现，其中的好氧甲烷氧化菌包括Ⅰ型甲烷氧化菌如 *Methylobacter*、*Methylosarcina*、*Methylomi-*

*crobium* 和 Ⅱ型甲烷氧化菌中的 *Methylocystis* 和 *Methylosinus* 属，并以Ⅰ型甲烷氧化菌 *Methylobacter* 和Ⅱ型甲烷氧化菌 *Methylocystis* 属为主。Yang 等研究了不同剂量铵态氮对垃圾填埋场表层土壤好氧甲烷氧化菌群落组成的影响，发现不同剂量铵态氮显著影响Ⅰ型/Ⅱ型甲烷氧化菌的比值，在每千克干重土壤中施加 100mg 铵态氮时，该比值达到最大，说明铵态氮的施加对Ⅱ型甲烷氧化菌有抑制作用，对Ⅰ型甲烷氧化菌的生长有促进作用，并指出适当施加铵态氮对减少垃圾填埋场的甲烷排放有显著作用。

极端环境中的好氧甲烷氧化菌研究一直备受关注，主要包括极端嗜酸、嗜碱、嗜盐、耐热、耐寒的甲烷氧化菌，它们可以满足在不同条件下进行生物催化的需要，因此，具有新功能的甲烷氧化菌菌种的发现备受人们的关注与重视。如从酸性泥炭沼泽土壤和酸性森林土壤中分离出的属于 *Methylocella* 属和 *Methylocapsa* 属的好氧甲烷氧化菌；从嗜盐和嗜碱环境中分离到的属于 *Methylomicrobium* 属和 *Methvtlohalobius* 属的好氧甲烷氧化菌；从永冻土地区分离出的嗜冷甲烷氧化菌 *Methylobacter*、*Methylosphaera* 和 *Methylomonas*，这些Ⅰ型甲烷氧化菌生长于低温（5～15℃）环境中，并且 G＋C 含量较低；以及从热泉中分离的嗜热甲烷氧化菌 *Methylococcu capsulatus* Bath、*Methylocaldum* spp. 和 *Methylothermus thermalis*。最为引人瞩目的是从世界不同区域火山中分离的疣微菌门（Verrucomicrobia）的 3 株极端嗜热嗜酸甲烷氧化菌，这些好氧甲烷氧化菌细胞内含有与其他菌株不同的 *pmoA* 基因，表明它们对碳的代谢和吸收可能有另外的途径。

甲烷是地球大气中仅次于二氧化碳的第二号温室气体。多年来对大气甲烷的产生、转运、循环以及调控的研究表明，80％以上的甲烷是通过微生物的活动产生的，一部分在进入大气前被甲烷氧化菌吸收利用，减少了甲烷排入大气中的量。大气中甲烷的净含量绝大部分是产甲烷微生物和甲烷氧化菌相互作用的结果。甲烷氧化菌引起了生态学家的关注，对其在各种生态环境中的分布及其对环境的影响进行了研究，随着研究的深入，更多区域及新菌将陆续被发现。

## 2. 好氧甲烷氧化菌的生理特性

好氧甲烷氧化菌催化甲烷氧化的主要过程为：好氧甲烷氧化菌首先利用自身携带的 MMO 催化甲烷氧化为甲醇，甲醇接着被甲醇脱氢酶催化氧化生成甲醛，最后好氧甲烷氧化菌通过丝氨酸途径（serine pathway）或单磷酸核酮糖途径（RuMP pathway）将甲醛转化为细胞物质。

根据上述特性，好氧甲烷氧化菌可以分为三类。其中，第一类Ⅰ型和X型甲烷氧化菌具有扁平型的细胞内膜，附着颗粒型甲烷单加氧酶（pMMO）进行甲烷的氧化，具有特征：胞内膜成束分布，利用单磷酸核酮糖途径同化甲烷，特征磷脂脂肪酸长度为 14～16 个碳。第二类主要是Ⅱ型甲烷氧化菌，均属于 α-变形菌纲，含有 $C_{18}$ 脂肪酸。第二类好氧甲烷氧化菌的溶解性酶（ICM）结构通常与细胞膜类似，除了 *Methylocella* 以外，该属细菌不具备完整的 ICM，含有可溶性甲烷单加氧酶（sMMO），具有特征：胞内膜沿细胞质膜排列，利用丝氨酸途径同化甲烷，特征磷脂脂肪酸长度为 18 个碳。第三类其他类型甲烷氧化菌主要由嗜热嗜酸菌组成，属于疣微菌门（Verrucomicrobia），如 *Methylacidiphilum* 属，先将 $CH_4$ 转化成 $CO_2$，再利用卡尔文循环（CBB 循环）同化 $CO_2$，该属细菌不形成 ICM，而是形成羧酶体。X型甲烷氧化菌具有Ⅰ型甲烷氧化菌的一些特征，比如特征磷脂脂肪酸长度为 16 个碳，既有单磷酸核酮糖循环，也有丝氨酸循环，偶尔也存在核酮糖-1,5-二磷酸循环，生长温度常高于Ⅰ型和Ⅱ型甲烷氧化菌。

## 二、好氧甲烷氧化菌的特征酶

好氧甲烷氧化的特征酶为加氧酶，加氧酶是一类能高效而专一地催化分子氧转化各种有机化合物的酶，根据加氧方式的不同，可分为单加氧酶和双加氧酶。甲烷单加氧酶（methanemonooxygenase，MMO，EC 1.14.13.25）是单加氧酶中非常重要的一种酶，可以将分子氧中的一个氧原子插入极稳定的甲烷分子的碳氢键中，另一个氧原子则还原成水。因此，对于以甲烷为唯一碳源生长的甲烷氧化细菌来说，MMO 在分子氧的作用下催化甲烷氧化成甲醇，是甲烷氧化细菌代谢过程中的重要酶系，甲烷氧化细菌通过 MMO 氧化甲烷释放出的有机物可以作为污水脱氮过程中的电子供体。除了催化甲烷进行单加氧反应外，MMO 还可以将氧原子插入其他烃类的碳氢键中，MMO 催化烯烃生成的环氧化合物是化学合成制药工业的重要中间体，催化卤代烃类和芳香烃类在环境污染的控制中具有潜在应用价值。MMO 是一类含有双核铁活性中心的非血红素蛋白酶，可从 6 种不同的能氧化甲烷的细菌（*Methylosinus trichosporium*、*Methylococcus capsulatus*、*Methylosinus sporium*、*Methylocystis* sp.、*Methylomonas methanica*、*Methylobacterium* sp.）中提取到无细胞的具有 MMO 活性的制剂。

MMO 有 2 种不同的类型：一种是颗粒状或膜结合甲烷单氧酶（particulate methane monooxygenase，pMMO），存在于除 *Methylocella* 以外的已发现的所有甲烷氧化细菌中；另一种是可溶性甲烷单氧酶（soluble methane monooxygenase，sMMO），存在于大部分甲烷氧化细菌中。两种类型 MMO 的结构都比较复杂，都含有多个亚基和辅助因子，但它们在催化底物特异性上存在差异：pMMO 的底物范围相对较窄，只能氧化 $C_1$ 化合物；相反地，sMMO 催化的底物范围更广，包括含 C—C 的烷烃、烯烃、芳香族化合物和卤代烃等。

### 1. 特征酶的结构

sMMO 和 pMMO 在细胞内具有相似的功能，但这两种酶的基因或结构都不相同。sMMO 是一种含铁的非血红素酶复合体，主要包含 3 个部分：蛋白 A 羟基化酶（MMOH）、蛋白 B 调节酶（MMOB）和蛋白 C 还原酶（MMOR）。蛋白 A 是一种羟化酶，含 3 对亚基形成 α2β2γ2 构型，每个亚基含有一个非血红素和一个羟基桥连接的双核铁中心，在这个中心甲烷和氧气相互作用形成甲醇，这是酶的活性中心；蛋白 B 协助电子转运与蛋白 A 和蛋白 C 的相互作用；蛋白 C 是 sMMO 的还原酶部分，接受来自 NADH 的电子，通过 2Fe-2S 和 FAD 辅因子将其传递给 MMOH 的双核铁中心活性位点。天然状态下，MMOH 中的双核铁中心处于氧化态，即 2 个 Fe（Ⅲ），这 2 个 Fe（Ⅲ）通过由一个羟基、一个谷氨酸和一个水分子的外源桥构成的三重桥彼此连接，此时氧化态的 MMOH 没有活性。在催化循环中，这个双核铁中心首先被还原为混合态即 Fe（Ⅲ）、Fe（Ⅱ），开始表现 MMO 活性，当 MMOH 进一步被还原时，双核铁中心就被还原为 2 个二价铁离子即 Fe（Ⅱ），二者是以 μ-O 连接的，电子通过还原酶从 NADH 转移到 MMOH 上。每个铁原子都有 6 个配位子，1 个配位子来自组氨酸的氮原子，5 个配位子来自谷氨酸残基、羧基、羟基和水分子的氧原子，双核铁中心通过氢键将 Thr（苏氨酸）嵌入酶活性腔内。氧化态的双核铁中心可以改变它的外源性配位子的连接和形状，这对催化性循环中的 sMMO 而言非常重要。研究发现 sMMO 可能只被甲烷诱导产生，因为在以甲醇为基质培养的甲烷氧化菌中检测不到 sMMO 的存在。

只有少数甲烷氧化菌属（某些Ⅱ型菌、Ｘ型菌和几种Ⅰ型菌如 *Methylomonas* 和 *Meth-*

*ylomicrobium*）能产生 sMMO 基因，在低铜离子浓度（低于 1μmol/L）的条件下，sMMO 基因表达并产生活性。sMMO 主要存在于细胞质中，不含卟啉铁，底物广泛，许多烃类化合物和芳香族化合物都能被其氧化。

到目前为止，研究者对 pMMO 了解甚少，主要是因为其在胞外异常不稳定且对氧气高度敏感。Zhan（1998 年）从 *Methylococcus capsulatus*（Bath）中分离纯化到活性的 pMMO 酶复合体，包含 3 条肽链，但其详细信息并不清楚。有证据表明，含有 pMMO 的甲烷氧化菌比含有 sMMO 的甲烷氧化菌具有更高的生长速率和更大的甲烷亲和力，因此有人认为某些甲烷氧化菌合成 sMMO 只是因为在许多环境条件下铜离子限制 pMMO 的活性而由细菌产生的一种生存机制。2005 年，研究者对从 *Methylococcus capsulatus*（Bath）中分离到的 pMMO 的 X 线结构的研究是 pMMO 结构研究上的一次突破。pMMO 是由 3 个亚基构成的三聚体结构，pmoA、pmoB 和 pmoC 等 3 个亚基暴露于反式膜区域上部，组成了一个环。之前的研究没有预测出这个三聚体结构，通过电子显微镜观测到了 pMMO 的形状和容积，证明了其与三聚体结构的生物学关联性。MMO 的整体结构如图 2-1 所示。在上述 pMMO 的晶体结构中存在 3 个金属位点，如图 2-2 所示。一个金属位点是单核铜离子，位于膜上 2.55nm 处，该铜离子配位了 2 个组氨酸 His[48] 和 His[72]，其中 His[48] 残基并不保守，这个位置多为天冬酰胺残基，而组氨酸则由谷氨酰胺替代，而 His[72] 存在于许多 pmoB 中，相应的位置是精氨酸，但这个结构并不是完全保守的。第二个金属位点是锌离子，存在于反式膜区域（锌这个位点可能是偶发的，因为结晶介质需要这种金属，在纯化的 pMMO 中不含有锌），该锌离子被 pmoC 上的 Asp[156]，His[160] 和 His[173] 以及 pmoA 上的 Glu[195] 配位，这 4 个残基坚固。还有一个金属位点是双核铜离子簇，2 个铜离子的间距为 0.26nm，其中一个铜离子连接了 2 个组氨酸（His[137] 和 His[139]）和咪唑，另一个铜离子连接了 1 个咪唑以及 pmoB 亚基的 N 端。与上述从 *Methylococcus capsulatus*（Bath）中分离的 pMMO 的晶体结构不同，从 *Methylosinus trichosporium* OB3b 中分离到的 pMMO 的晶体结构中缺少单核铜离子位点，而且锌离子也被铜离子取代，双核中心通过与

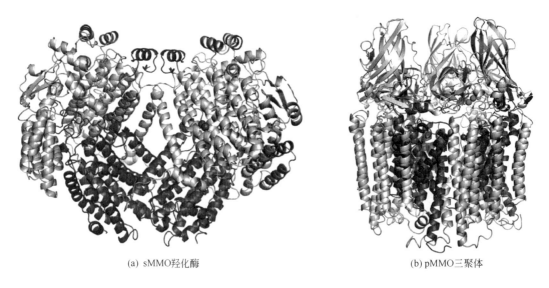

(a) sMMO羟化酶        (b) pMMO三聚体

图 2-1　MMO 的整体结构

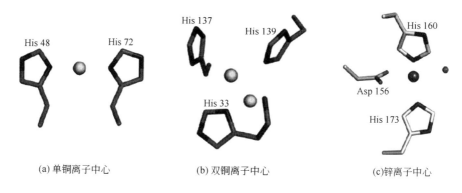

(a) 单铜离子中心　　　　　　(b) 双铜离子中心　　　　　　(c)锌离子中心

图 2-2　三个金属位点

其他残基结合而被牢牢固定。pMMO 在进化上和氨氧化单氧酶（ammonia monooxygenase，AMO）密切相关，它们有高度相似的氨基酸序列、相似的蛋白复合体结构、广泛相似的底物和相似被抑制的特性。

### 2. 特征酶的调控

甲烷单加氧酶既是甲烷氧化菌代谢甲烷过程中的重要酶系，又是生物体系中唯一能够在常温常压下催化氧化甲烷转化成为甲醇的酶系，为化学工业催化甲烷制取甲醇提供重要的生物催化路径。此外，由于甲烷氧化菌的代谢过程涉及很多物质，在自然界碳循环中也扮演了非常重要的角色。从工业利用和生态保护的角度考虑，甲烷氧化菌及甲烷单加氧酶都具有很重要的研究价值。

原始菌中，MMO 的表达受 $Cu^{2+}$ 浓度的调控，当 $Cu^{2+}$ 浓度低（<0.8$\mu$mol/L）时，sMMO 表达；当 $Cu^{2+}$ 浓度高（约 4$\mu$mol/L）时，sMMO 的表达关闭，pMMO 表达。高 $Cu^{2+}$ 浓度会导致 sMMO 的 mRNA 减少，说明 sMMO 的转录受 $Cu^{2+}$ 抑制。相反，pMMO 的 mRNA 会随着 $Cu^{2+}$ 浓度的增加而增加。这些数据表明有与 $Cu^{2+}$ 结合的抑制蛋白或激活蛋白存在于 MMO 的表达过程中。这些蛋白虽然没有被证实，但与 sMMO 调控有关的新的基因目前已被发现。与 sMMO 表达调控的情况相比，pMMO 的表达调控机理至今了解得非常有限，*Methylosinus trichosporium* OB3b 中 pMMO 和 sMMO 的调控模型如图 2-3 所示。

研究表明，$Cu^{2+}$ 既是调控 sMMO 或 pMMO 表达的开关元件，又是合成 pMMO 所必需的金属元素。但是在自然环境中，低 $Cu^{2+}$ 浓度的情况下仍有大量的 pMMO 存在，人们发现这是由于在特定的情况下甲烷氧化菌可以产生一种叫 methanobactin 的荧光色素肽，推测它可以通过 3 种方式对 pMMO 的表达起到促进作用：①作为促进 $Cu^{2+}$ 进出细胞的传递体，帮助 pMMO 合成；②可以帮助细胞从环境中富集微量的 $Cu^{2+}$，提高甲烷氧化菌周边 $Cu^{2+}$ 的浓度；③保护甲烷氧化菌受到高浓度 $Cu^{2+}$ 的毒害。

### 3. MMO 的基因工程研究

甲烷氧化菌能够利用甲烷来进行自身的生长代谢，人们长期以来一直期望使用甲烷氧化菌来生产高附加值的化工产品。目前的主要思路有 2 类：一是通过基因突变等手段，对甲烷氧化菌编码 MMO 等蛋白的基因进行改造；二是通过代谢工程的手段，向甲烷氧化菌内部引入外源基因，以表达生产蛋白等生物产品。为了满足不同工业催化的需要，如何提高

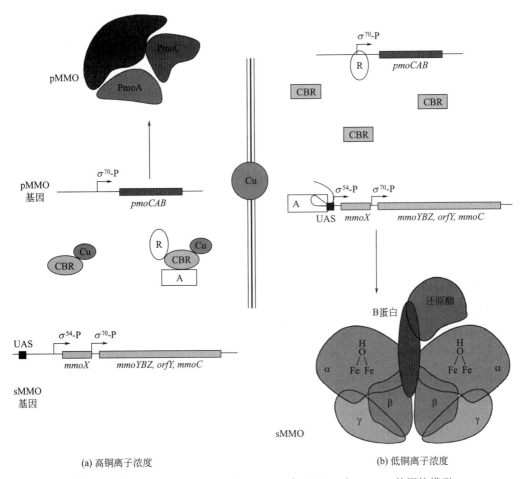

(a) 高铜离子浓度　　　　　　　　　　　　　(b) 低铜离子浓度

图 2-3　*Methylosinus trichosporium* OB3b 中 pMMO 和 sMMO 的调控模型

MMO 的活性，改变 MMO 的底物范围，提高其对金属离子的耐受性等问题成为关键，而这些问题的解决首先需要深入理解甲烷氧化菌 MMO 的结构和功能，于是人们尝试着用定点突变的技术来研究该酶。1995 年，Martin 等通过"marker-exchange-mutagenesis"的方法将卡那霉素基因插入到 sMMO 的羟化酶基因上，得到了一株只能依赖 pMMO 基因表达生存而不能表达 sMMO 基因的甲烷氧化菌的突变体，首先建立起了在甲烷氧化菌内部进行基因工程改造的方法，该突变体染色体上羟化酶基因由于插入了一个卡那霉素基因盒而失去了功能。随后，Lloyd 等把携带有完整 sMMO 基因的质粒导入该突变株，获得了高活性表达 sMMO 的菌株。在这一方法的基础上，使得人们可以对 sMMO 进行定点突变，对该酶的酶活和底物作用范围的变化进行了探索。随着这种方法的应用，甲烷单加氧酶作用机制和功能会被更加深入的研究和了解，人们就可以在甲烷氧化菌内部对该酶进行改造，进而提高该酶利用甲烷的效率，提高该酶对某些金属离子的耐受性，获得高效表达该酶的且具有应用价值的甲烷氧化菌。

以分布广泛且廉价的甲烷为原料，通过代谢工程的手段对甲烷氧化菌进行改造，阻断代谢支路或引入新的代谢途径，就可以更好地以甲烷氧化菌为载体来生产高附加值的工业产品。美国杜邦公司在利用甲烷氧化菌生产虾青素的研究方面做了一系列的研究工作，选用甲烷氧化菌 *Methylomona* sp. 16a 作为表达虾青素的宿主菌，选用 *M.* sp. 16a 内源的启动子，表达了外源β-胡萝卜素酮酶基因 *crtW*、β-胡萝卜素羟化酶基因 *crtZ* 和3种不同的血红素基因，得到了具有较高选择性的虾青素生产菌株。批式发酵培养实验显示，该菌的初始比生长率能达到 $0.26h^{-1}$，在生长阶段虾青素的选择性可达到 $40\%\sim60\%$，在该菌生长平稳期时对虾青素的选择性可达到 $90\%$。

MMO虽然可以在常温常压下破坏 C—H 键，氧化甲烷。但在通常的培养条件下甲烷氧化菌生长缓慢，MMO在甲烷氧化菌内的表达量有限，其浓度和反应速度无法满足工业生物催化的要求。如果能够通过基因工程的手段，在可利用甲烷以外的有机物快速生长的宿主中表达MMO并且可以利用基因工程宿主的辅酶再生系统，则可能实现利用异源表达MMO的工程菌株进行生物催化，为MMO的工业应用提供新的方法。早在1992年时，West等就使用 T7 聚合酶表达系统使来自 *M.capsulatus*（Bath）的 sMMO 的调控蛋白 B 和还原酶 C 在大肠杆菌内得到了活性表达，但是羟化酶组分却表达不出活性，这可能是由于大肠杆菌缺乏 sMMO 表达所需的组装因子。将来自于 *M.trichosporium* OB3b 的 sMMO 在恶臭假单胞菌（*Pseudomonas putida* F1）、苜蓿根瘤菌（*Rhizobium melloti*）和根癌农杆菌（*Agrobacterium tumefacens*）中分别表达，获得了初步成功，但却不能检测出 MMO 催化丙烯生成环氧丙烷的活性。将 sMMO 分别在 2 株不含 sMMO 的甲烷氧化菌 *Methylomicrobium album* BG8 和 *Methylocystis parvus* OBBP 中成功地进行了异源表达。虽然到目前为止还没有报道能在大肠杆菌中表达有活性的 sMMO，甚至在甲烷氧化菌中表达也并不容易，但是随着人们对甲烷氧化菌研究的深入，期望在不远的将来 sMMO 的高效表达技术能够获得突破。

pMMO 是存在于甲烷氧化菌细胞膜上的甲烷单加氧酶，几乎所有的甲烷氧化菌都含有 pMMO 基因，相对于 sMMO 来说，它的表达不会受环境中的 $Cu^{2+}$ 抑制，更适合于工业应用，如果能异源表达高活性的 pMMO，将具有重要的意义。近年来，膜蛋白的异源表达技术研究成为生物技术领域的热点课题，研究建立 pMMO 的表达技术具有重要的意义。pMMO 基因由 *pmoCAB* 组成，但是这些 *pmo* 基因簇只能通过重叠 DNA 片段来克隆，主要是因为部分 *pmo* 基因对大肠杆菌宿主具有毒性，在大肠杆菌中表达 pMMO 基因时，无法获得有活性表达的转化子。有学者从 *M.trichosporium* OB3b 染色体中扩增得到 *pmoCAB*，构建了利用红球菌脱硫基因启动子调控 *pmoCAB* 的新型表达质粒，并导入红球菌，利用乙烷作为唯一碳源，筛选得到了表达颗粒型甲烷单加氧酶的重组菌株。荧光原位杂交验证了重组菌中 *pmoCAB* 基因被成功地转录，摇瓶培养实验发现重组菌具有 pMMO 活性。虽然重组菌 pMMO 的活性远低于原始甲烷氧化菌，但首次实现了 pMMO 蛋白异源表达的结果暗示通过进一步的优化宿主和表达载体有望突破 pMMO 的异源高效表达的技术瓶颈。随着 DNA 测序技术和生物信息学的发展，大量的微生物的基因图谱绘制完成，其中Ⅰ型甲烷氧化菌的典型菌株 *M.capsulatus*（Bath）的基因组测序也已经完成，Ⅱ型甲烷氧化菌的典型菌种 *M.trichosporium* OB3b 的全基因组测序工作目前也正在进行，这些基因信息将有助于我们更好地了解与利用甲烷氧化菌及 MMO。

## 三、好氧甲烷氧化菌的分离与培养

### 1. 稻田

水稻田土壤是大气中甲烷生物学来源的重要发生地之一，由水稻田产生并进入到大气的甲烷量可占到大气中生物学来源甲烷总量的 $33\%\sim49\%$。然而，水稻田土壤形成的甲烷并不全部进入大气，有相当一部分被处于土壤和表面水层中的甲烷氧化菌所氧化，进入大气的甲烷仅是被甲烷氧化菌氧化后的剩余部分。许多研究者已证实，在水稻生长期间有相当数量的甲烷释放入大气，这表明水稻田土壤中的甲烷形成量大大超过甲烷的被氧化量。从微生物学角度出发，要减少由水稻田土壤释放入大气的甲烷数量，可以有2种途径，即减少水稻田土壤中的甲烷形成量，增加水稻田土壤和表面水层中的甲烷氧化量。有研究表明，水稻田土壤中的甲烷氧化菌数量在水稻生长期间并不比产甲烷菌低，在某些时期甚至更高，这表明就细菌细胞单体来说，甲烷氧化菌的甲烷氧化能力可能远较产甲烷菌的甲烷形成能力弱。因此，水稻田甲烷释放量取决于水稻根际的产甲烷菌数量及其产甲烷活性和甲烷氧化菌的数量及其甲烷氧化活性。

水稻田中甲烷氧化菌的分离纯化对于丰富甲烷氧化菌种属具有重要意义。水稻田甲烷氧化菌分离及培养的培养基组成：$NaNO_3$ 1.0g/L，$NH_4Cl$ 0.25g/L，$KH_2PO_4$ 0.26g/L，$K_2HPO_4 \cdot 3H_2O$ 0.74g/L，$MgSO_4 \cdot 7H_2O$ 1.0g/L，$CaCl_2 \cdot 2H_2O$ 0.2g/L，$FeSO_4 \cdot 7H_2O$ 0.004g/L，EDTA 0.01g/L，微量元素10mL，土壤浸出液100mL，琼脂18g，pH=7。培养基的配制方法：将上述组分的好氧性培养基分装于可密封的厌氧试管中，每管5mL，塞上异丁基胶塞，灭菌备用；采取新鲜水稻田土壤，以100倍稀释液用灭菌注射器接种0.25mL于装有熔化的4.5mL甲烷氧化菌培养基的密闭厌氧试管中，在旋涡混合器上混匀，滚管，注入用MI llex-GS型MI llpore气体无菌过滤器滤过的甲烷4mL，在35℃下培养7d；然后挑取单菌落移接入装有5mL甲烷氧化菌液体的培养基中，同法注入4mL甲烷培养；镜检细胞是否一致，如不一致，再稀释该管，获取单菌落直至纯化。

### 2. 矿化垃圾

垃圾填埋场是大气甲烷的重要生物源之一，其甲烷排放量占全球甲烷排放总量的6%～12%，控制和减少垃圾填埋场的甲烷排放量对减少全球的温室气体排放有重要的意义。国外对填埋场终场覆盖层甲烷氧化行为的研究表明，终场覆盖层中的甲烷氧化菌可在适当条件下将$CH_4$转化成$CO_2$、水和生物质，从而减少甚至完全消除填埋场的甲烷释放。为了减少填埋场的甲烷排放，国内许多学者对填埋场覆盖层的甲烷氧化作用做了大量研究。已有的研究主要集中在填埋场覆盖层甲烷氧化影响因素的研究、强化填埋层甲烷氧化能力的研究、生物过滤器技术用于填埋场甲烷减排的研究和准好氧填埋技术研究等方面。填埋场的矿化垃圾是一种微生物数量种类繁多、多相多孔的生物活体。垃圾填埋场中的有机物长期处在厌氧富含甲烷的环境中，因此，填埋垃圾稳定化产生的矿化垃圾中也含有甲烷氧化菌。同济大学赵由才课题组的已有研究发现，矿化垃圾作为填埋场的覆盖材料能有效氧化填埋气中的甲烷。

有学者进行了矿化垃圾中甲烷氧化菌的富集、甲烷氧化菌菌液的制备方法和条件优化方面的研究。实验材料所用矿化垃圾取自上海老港生活垃圾填埋场。填埋场中挖掘出来的矿化垃圾先分选出体积较大的器具、钢缆等物品，然后用滚筒筛或者振动筛将开采出来的矿化垃圾进行筛分，筛出粒径<15mm的细料备用。主要内容包括以下几方面：

（1）甲烷氧化菌的富集研究　选取填埋年份不同的填埋单元中的矿化垃圾，筛除矿化垃圾中大块的碎石、碎玻璃片、小枝条、碎树叶片等杂物；筛分好的矿化垃圾调至适宜甲烷氧化的条件，其中pH值为6～8，湿度10%～30%；将调节后的矿化垃圾装入血清瓶，通入甲烷和空气的混合气体，在30℃左右的温度下进行甲烷氧化菌的富集培养；培养时间2周，测定血清瓶中甲烷含量。

（2）甲烷氧化菌菌液的制备研究  把富集培养后的矿化垃圾过 2mm 筛子，分别称取矿化垃圾 0.5g、1g、2g 装入 500mL 血清瓶内，加入 NMS 培养液 100mL；调节混合液 pH 为中性，通入甲烷配制气、空气（$CH_4$ 和 $O_2$ 的通入量比例为 1∶1）后密封，血清瓶在 30℃ 左右、约 130r/min 的条件下摇床培养；定期分析血清瓶中的甲烷含量，以监测甲烷氧化菌的生长状况。

pH 值对甲烷氧化菌培养的影响实验：按照矿化垃圾和培养液的配比为 1g∶100mL 将矿化垃圾和培养液加入血清瓶中，分别调节混合液的 pH 值为 5、6、7、8、9 等不同条件进行甲烷氧化菌的培养，研究 pH 值对甲烷氧化菌培养的影响。

甲烷氧化菌培养中不同添加剂的效果实验：选取橡胶片、过氧化钙和 $H_2O_2$ 等作为甲烷氧化菌培养的添加剂，分别加入矿化垃圾和培养液的配比为 1g∶100mL 的甲烷氧化菌培养混合液中，研究不同添加剂对甲烷氧化菌培养的作用。

### 3. 煤矿土壤

煤层气的主要成分为甲烷气体，甲烷的大量排放会造成严重的温室效应，导致气候变暖，影响全球环境，如何高效、洁净地利用煤层气是当今国际上研究的热点之一。筛选到能高效降解甲烷的甲烷氧化菌可为解决煤矿瓦斯灾害，从而为煤矿的微生物治理技术提供一条新的途径。

有学者从江苏徐州夹河煤矿土壤中分离筛选到一株好氧型甲烷氧化细菌，命名为 ZMH。此菌摇床培养 10d 后甲烷浓度从 35.94% 下降到 10.00%，甲烷的利用率达 64.18%。除甲烷以外，该菌还能利用葡萄糖、蔗糖、麦芽糖作为碳源进行生长。另外，此菌可利用多种化合物作为氮源，如 $NO_3^--N$、$NH_4^+-N$ 和酵母膏，还可以利用空气中的氮气。对该菌的培养条件研究发现，其生长的 pH 值范围为 5.5～9.0，最适 pH 值为 6.5；适宜的生长温度为 30～34℃。该菌在液体培养基表面形成白色薄膜，这说明此菌是一种好氧菌；显微观察，其细胞形态为球状，有的以二球体结合，细胞形态同一。培养 3 周后菌落形态为：白色略透明，凸起，圆形，边缘整齐，表面光滑，菌落直径 2mm 左右。革兰氏染色呈红色，是革兰氏阴性细菌。以气相中加甲烷和不加甲烷进行培养发现，加入甲烷的一组该分离物生长良好，而不加甲烷的一组，该分离物不能生长。说明此菌确实能利用甲烷，能以甲烷作为碳源进行生长，是一种甲烷利用细菌。菌体生长状况的研究发现：在接种后的 0～48h 内为菌体的生长滞后期，细胞增殖很慢；48～96h 为对数生长期，菌体大量增殖；之后进入稳定期，菌体数量稳定在 $2×10^8$ 个/mL 左右；132h 以后，随着培养基中营养物质的消耗及其他外界因素的影响，菌体进入衰亡期，数量开始减少。

煤矿土壤甲烷氧化菌的筛选和分离过程如下：

（1）土样的预处理  称取 1.0g 土壤样品，迅速倒入带玻璃珠的 99mL 无菌水锥形瓶中，摇床振荡 5～10min，即成为浓度为 $10^{-2}$ 的土悬液。进行常压过滤，得到土壤清液。

（2）富集、分离和纯化  移取上述土壤清液至培养瓶中，接种 1%，密封后注入 50% 的甲烷气体。28℃ 下富集培养 15d 后，进行转接培养，至肉眼可见培养液浑浊，重复 3 次。经多次富集后得到的菌液进行平板涂布和划线分离，如此重复 2 次得到纯化菌株。

### 4. 油田土壤

有学者从胜利油田土壤中筛选了一株甲烷氧化菌，通过气相色谱对该菌株氧化甲烷的能力进行了测定，发现甲烷气体的消耗率达到 27.70%，二氧化碳浓度增加到 2.08%，进一步证明了该菌可以利用甲烷生长，生成二氧化碳。

油田土壤甲烷氧化菌筛选和分离过程如下。用于筛选甲烷氧化菌的土样采自东营市胜利油田采油现场，菌株的筛选时称取 1.0g 土样加入 250mL 烧瓶中，然后加入 100mL 蒸馏水，振荡均匀，静置 10min，然后用移液枪吸取 10mL 上清液，接种至装有 50mL 培养基的培养瓶中，培养瓶体积为 150mL，用橡胶塞密封。然后用注射器抽出 50mL 空气，再注入 50mL 甲烷气体，放置在摇床上培养。摇床条件：120r/min，温度 30℃。在这种培养条件下，除甲烷气体可以提供碳源供微生物利用以外，接入的土壤上清液中也存在微量的营养物质，所以能够生长的细菌除了甲烷氧化菌以外还应该存在其他菌株，所以要进行多次转接。10 天后取 2mL 上述培养液接入同样的培养基并以同样的培养条件再次进行富集培养，如此进行富集培养若干次，得到纯化菌株。把液体培养筛选的菌株进行对照实验，以确定其是利用甲烷作为唯一碳源进行生长的。

### 5. 天然气库

天然气是一种重要的能源，它是埋藏在地下的古生物经过亿万年的高温和高压等作用而形成的可燃气，其主要成分为甲烷，还含有少量的乙烷、丁烷等。在天然气藏压力的驱动下，天然气藏的轻烃气体持续向地表做垂直扩散和运移，在油气藏正上方的地表土壤中微生物发育异常，研究这种异常现象可作为地下轻烃渗漏的指标，对这种高度专属性细菌的检测可为判别土壤中是否存在甲烷提供依据。通过运用传统的稀释涂平板方法对天然气库的 15m、110m、115m 和 210m 深度土层中微生物数量计数发现，同一采样点位土壤中的细菌数量随着土层的加深而逐渐减少，15m 浅层土壤中微生物的数量级在 $10^7$，1m、1.5m 和 2m 土层中微生物的数量级在 $10^6$、$10^5$ 和 $10^4$；甲烷氧化菌的数量分布规律与此基本相同，0.5m 浅层土壤中甲烷氧化菌的数量级在 $10^5$，1m、1.5m 和 2m 土层土壤中甲烷氧化菌的数量级在 $10^4$、$10^4$ 和 $10^3$。在天然气库不同采样点位处，甲烷氧化菌数量有所差别，尤其是天然气库深度最大处甲烷氧化菌数量最大，综合细菌数量的垂向分布和水平分布以及甲烷氧化菌的垂向分布和水平分布规律得知，在天然气库土壤中会出现微生物异常，这种异常现象可以用于检测和预测下伏油气藏的存在。

# 第三节　好氧甲烷生物氧化过程

## 一、好氧甲烷生物氧化的机理

甲烷氧化菌利用甲烷的方式如下：首先由 MMO 将甲烷活化生成甲醇，再氧化为甲醛；然后通过丝氨酸途径或单磷酸核酮糖途径同化为细胞生物量，或者在氧化为甲酸后转变为二氧化碳。甲烷单加氧酶在这些过程中起关键性的作用，该酶以 2 种形式存在：与膜结合、含有铜离子和铁离子的颗粒状甲烷单加氧酶（pMMO）和分泌在周质空间中的可溶性甲烷单加氧酶（sMMO）。在现已发现的好氧甲烷氧化菌中，除 *Methylocella* 和 *Methyloferla* 以外，都含有 pMMO，而只在一些 II 型甲烷氧化菌（如 *Methylosinus* sp.）和几种 I 型甲烷氧化菌（如 *Methylomonas* sp. 和 *Methylomicrobium* sp.）中能检测到编码 sMMO 的基因。

细胞中铜离子的浓度可以在转录水平上调节这两种单加氧酶的表达，当铜离子浓度小于$0.8\mu mol/L$时，sMMO可以表达，当铜离子浓度大于$4\mu mol/L$时，sMMO停止表达，只有pMMO表达。高浓度的铜离子浓度可以抑制sMMO基因的转录，而铜离子浓度的升高可以促进pMMO基因的转录。另外，铜离子是合成pMMO必需的金属元素。除了氧化甲烷外，pMMO还能氧化5个碳以内的一些短链化合物，sMMO则有更广泛的底物利用能力，能氧化种类多样的烷、烯和芳香族化合物。

好氧甲烷氧化菌氧化甲烷的过程：甲烷（$CH_4$）→甲醇（$CH_3OH$）→甲醛（$HCHO$）→甲酸（$HCOOH$）→二氧化碳（$CO_2$）。第一步的化学反应式如下：$CH_4 + O_2 + NADH_2 \longrightarrow CH_3OH + NAD + H_2O$。

## 二、好氧甲烷生物氧化的影响因素

### 1. 温度

温度能显著影响众多微生物的生长代谢过程。Stein和Scheutz的研究表明，甲烷氧化的最适温度为30℃；Einola等通过研究位于寒带的填埋场覆盖土的甲烷氧化情况，得出其最适温度为19℃；而Borjesson、Park等认为甲烷氧化的最适温度分别为20~25℃和25~35℃。此外，在低温条件下，甲烷氧化也可以发生。Einola等研究表明，在1℃的情况下，填埋场覆盖层中的微生物仍具有一定的氧化甲烷能力；Omelchenko等在北极沼泽地的酸性土壤中分离出了最适温度为10℃或者更低的甲烷氧化菌。由此可以推断，即使在冬季，填埋场中的甲烷氧化菌仍然可以氧化一定的甲烷，进而减少甲烷排放。

温度虽然是甲烷氧化的重要影响因素，但是不同温度区间对甲烷氧化过程的影响能力不同。Castro等发现，在-5~10℃时，温度是甲烷氧化的重要控制条件；但在20~30℃时，温度对甲烷氧化没有重要影响；在10~30℃之间，甲烷氧化速率及$Q_{10}$（$Q_{10}$指在最适温度之下，温度每升高10℃，甲烷氧化速率提高的倍数）呈指数增长，其中$Q_{10}$从1.7增长为4.1；而温度超过40℃之后，甲烷氧化速率明显下降。此外，不同类型的甲烷氧化菌对于温度的适应性存在差异。Ⅰ型甲烷氧化菌易于生长在低温环境中，例如在10~20℃之间，Ⅰ型甲烷氧化菌占主导地位。而Ⅱ型氧化菌更容易生长于高温环境中。在填埋场中，Ⅰ型氧化菌的最适温度低于Ⅱ型甲烷氧化菌。以上结论说明，随着季节变化，填埋场中甲烷氧化菌的群落结构会发生变化，甲烷氧化菌对于季节变化具有一定的适应性。

### 2. 含水率

含水率是影响甲烷氧化过程的重要影响因素之一。含水率过高或者过低都不利于甲烷氧化。研究发现，当含水率低于5%（W/DW，DW指干基）时，甲烷氧化速率接近零；而当土壤含水率达到35%（W/DW）时，甲烷氧化过程也受到抑制。空气中分子扩散速率远高于水中，因此，含水率过高会抑制甲烷和氧气的扩散，从而影响甲烷的氧化过程。而含水率过低，微生物将出现水分胁迫导致其生理活性较低。

因此，甲烷氧化过程存在最适含水率。Scheutz等用粉沙质土壤和壤砂土作为研究对象的研究表明，粉沙质土壤甲烷氧化的最适土壤含水率为20%（W/DW），而壤砂土最适含水率为25%（W/DW），这说明最适含水率和土壤质地有关。何品晶等认为最适含水率为15%（W/DW）；而Park等和Einola等的研究表明，最适含水率是一个范围，前者认为最适含水率为10%~15%（W/DW），后者则认为是21%~28%（W/DW）。综上所述，可推测甲烷氧化过程的最适含水率大概在 $10\%\sim25\%$（W/DW）之间。

细菌功能发挥的最低生理含水量为其细胞干物质质量的 $232\%\sim566\%$，介质增加含水量可使氧化菌由休眠状态转化为活化状态。对某种土壤测定发现，当含水量小于 $8\%$ 时无甲烷氧化，此值为细胞中最低含水量的 10 万倍。维持甲烷氧化菌的最佳含水量是强化甲烷氧化的重要举措。

### 3. 氨氮

氨氮（$NH_3$-N）对甲烷氧化过程的影响比较复杂，同时具备正面及负面影响。Scheutz 和 Kjeldsen 研究发现，氨氮浓度低于 $14mg/kg$，甲烷氧化速率基本不变，而高于 $14mg/kg$ 时，甲烷氧化明显受到抑制。Hutsch 也得到相似的结论，当氨氮浓度（以 N 质量计）高于 $40mg/kg$ 时，将会抑制 $96\%$ 的甲烷氧化进程。但是，Bodelier 等发现投加（$NH_4$）$_2HPO_4$ 可以刺激水稻根际区的甲烷氧化菌的活动和生长。目前存在多种假设解释氨氮对甲烷氧化抑制的机理，包括氨和甲烷竞争甲烷单加氧酶功能位点的酶竞争机制、氮转化抑制及盐效应抑制等。但是以上每种假说都存在一定的不足，且大多结果是在实验室中取得的，故氨氮抑制机理目前仍然不清楚。

对于氨氮的投加可以促进甲烷氧化，这可能是因为甲烷氧化菌生长及体内蛋白质合成需要氮元素，在氮元素缺乏的情况下，微生物机能受到抑制导致甲烷氧化水平降低，而此时加入氨态肥料则可以缓解氮元素缺乏从而加强甲烷氧化。

此外，不同甲烷氧化菌对 $NH_4^+$ 浓度的反应也不同。Borjesson 发现 I 型甲烷氧化菌比 II 型甲烷氧化菌对氨氮的适应性更好。II 型甲烷氧化菌一般具有固氮功能，故其可以通过固氮来克服低氮环境带来的不利影响。

### 4. pH 值

研究指出甲烷氧化的最适 pH 值介于 $4\sim7.5$ 之间，即中性偏微酸性环境适合甲烷氧化。Hilger 等研究发现，添加石灰可以促进甲烷氧化。填埋场缓冲能力较强，其中 pH 值对甲烷氧化过程的影响不大。

### 5. 甲烷和氧气浓度

对于好氧甲烷氧化菌来说，甲烷和氧气浓度是最重要的影响因素之一。Gebert 等在生物滤池中的研究发现，当氧气浓度超过 $1.7\%\sim2.6\%$ 时，甲烷氧化过程才会发生。Czepiel 等发现，当氧气混合比小于等于 $3\%$ 时，甲烷氧化速率随氧气混合比减小而降低；当氧气混合比大于 $3\%$ 时，甲烷氧化速率对氧气混合比不敏感。而且在高氧浓度条件下，甲烷氧化菌主要利用甲烷合成生物质，而非氧化生成 $CO_2$。

此外，根据甲烷氧化菌对甲烷和氧气浓度的不同响应，可以将甲烷氧化菌分为 2 类：①甲烷限制型，这类甲烷氧化菌对甲烷的亲和力高，喜爱低 $CH_4$ 高 $O_2$ 的环境，表观半饱和常数（$K_m$）及甲烷降解速率（$v_m$）较低；②氧气限制型，这类甲烷氧化菌对甲烷的亲和力低，喜爱高 $CH_4$ 低 $O_2$ 的环境，$K_m$ 及 $v_m$ 较高。Amaral 和 Knowles 研究发现，I 型甲烷氧化菌适应于低 $CH_4$ 高 $O_2$ 的环境，II 型甲烷氧化菌与之相反。

### 6. 土壤有机质

土壤中有机质含量也是影响甲烷氧化的原因之一。Scheutz 等对比了有机含量对甲烷氧化菌活性的影响。研究发现，在相同进气量的情况下，有机质含量为 $1.7\%$ 的填埋场覆土中，甲烷平均氧化速率为 15mol/(m² · d)，最大氧化速率为 18mol/(m² · d)；有机质含量为 1% 的填埋覆土中，甲烷最大氧化速率仅为 12mol/(m² · d)。Kightley 等的研究也发现，增加土壤有机质含量，可以明显提高甲烷氧化菌的活性，甲烷最大氧化速率可达 166g/(m² · d)，与对照相比，添加污泥的覆土甲烷氧化能力提高了 26%，而添加 $K_2HPO_4$ 的填埋覆土甲烷氧化能力变化则不大。Barlaz 等利用堆肥改良填埋覆土，试验结果表明，改良覆土区的甲烷氧化速率（55%）明显高于普通黏土区（21%）。

### 7. 植被

填埋场覆土层的植被可以有效提高甲烷氧化效率。原因可能是覆土层植被的根系可疏松土壤，形成气体传输通道，增加气体扩散，从而形成适于甲烷氧化菌生长的环境来提高其甲烷氧化能力。Bohn 等在覆土中种植豆科植物发现，与对照组相比，甲烷氧化能力显著提高，这应该与豆科植物的固氮作用有关，同时他还认为植物的蒸腾作用可以减少垃圾渗沥液，从而调节了覆土的含水率。

### 8. 孔隙率

填埋场覆盖层的孔隙率直接影响着氧气的扩散，氧气的含量对好氧甲烷氧化菌的甲烷氧化影响很大。研究表明，覆盖层的甲烷氧化能力与材料的粒径大小之间存在正相关性关系，高孔隙率的覆盖层使得甲烷和氧气在覆盖层中保持较长的接触时间，从而显著提高了覆盖层的甲烷氧化速率。

### 9. 铜离子浓度

研究表明，铜离子浓度在一定程度上对甲烷氧化菌的分布具有重要影响。Graham 等对 Ⅰ 型（*Methylomonas albus* BG8）和 Ⅱ 型（*Methylosinus trichosporium* OB3b）甲烷氧化菌在连续流反应器中的竞争生长研究表明，在较低浓度 $Cu^{2+}$ 或无 $Cu^{2+}$ 时，Ⅱ 型甲烷氧化菌为优势菌。Gebert 等对填埋场生物滤池中甲烷氧化菌群落的分析结果显示，在渗沥液中 $Cu^{2+}$ 浓度为 3.5μg/L 的生物滤池中，Ⅱ 型甲烷氧化菌（*Methylosinus* 和 *Methylocystis*）占了很高比例，是优势菌群。Ha 等研究发现，在分别添加不同浓度 $Cu^{2+}$（0.1μmol/L、1.0μmol/L 和 10μmol/L）的条件下，均以 Ⅱ 型甲烷氧化菌为主，且不同 $Cu^{2+}$ 浓度未造成 Ⅱ 型甲烷氧化菌群组成结构的显著差异，均以 *Methylomonas* sp. 为主。由此可推测，无论是在实验室反应器中，还是在自然生境中，较低的 $Cu^{2+}$ 浓度（≤10μmol/L）可能是导致 Ⅱ 型甲烷氧化菌占主导的重要因素之一。但不同研究体系中，低铜离子浓度下 Ⅱ 型甲烷氧化菌的分布同时还受其他环境因素的影响，如非甲烷类挥发性有机物等。

铜离子除了影响甲烷氧化菌群的分布外，亦会对其氧化活性产生影响，其影响程度主要与铜离子浓度有关。Ha 等在研究铜离子对混合甲烷氧化菌群活性的影响中发现，加入 0.64mg/L $Cu^{2+}$ 可提高 1.5~1.7 倍的甲烷氧化率。Lee 等对垃圾填埋场覆盖土的研究结果表明，当 $Cu^{2+}$ 的加入量小于或等于 100mg/kg 时，铜的加入对甲烷氧化活性可产生促进作用，而当土样中铜离子浓度提高到 250mg/kg 时，甲烷氧化活性将受到抑制，但继续添加铜，抑制效果并不会进一步增强。Lontoh 等在研究 *M. trichosporium* OB3b 的甲烷和三氯乙烯（trichloroethylene，TCE）降解能力中发现，当培养基中 $Cu^{2+}$ 浓度从 2.5μmol/L 增加至 20μmol/L 时，其最大甲烷氧化速率从 300nmol/(min · mg) 下降至 82nmol/(min · mg)，但 *M. trichosporium* OB3b 与 TCE 的亲和力却随 $Cu^{2+}$ 浓度的增加而有所增加，$Cu^{2+}$ 浓度为 2.5μmol/L 时，未监测到 TCE 的降解，但当 $Cu^{2+}$ 浓度为 20μmol/L 时，可实现

TCE 的降解。由此可见，铜离子含量的变化不仅会改变甲烷氧化菌菌群的分布及氧化甲烷的活性，而且会影响其对非甲烷类有机物的降解能力。只有通过系统的原位调查，才能更全面地把握环境中铜含量与甲烷氧化菌群的生态分布及其活性之间的关系，进而有助于了解铜在原位甲烷生物氧化及非甲烷类有机物污染修复中发挥的作用。

# 第三章
# 厌氧甲烷氧化菌

## 第一节 厌氧甲烷氧化菌的发现、定义及分类

### 一、厌氧甲烷氧化菌的发现及定义

多年来，人们一直认为沉积物中甲烷氧化的过程大都是在有氧条件下进行的，但是越来越多的科学研究者发现，甲烷也可以在无氧或缺氧的条件下被氧化，他们把这个过程叫作甲烷厌氧氧化（anaerobic oxidation of methane，AOM）。1976 年，Wihiam Reeburgh 在海洋沉积物的缺氧层中发现甲烷的含量急剧下降，而在含氧沉积层中却没有甲烷消耗的现象存在，这说明甲烷的减少只可能是由于甲烷的厌氧消耗。1985 年，Mare Alperin 和 Wihiam Reeburgh 证实甲烷的消耗是在厌氧条件下完成的，有硫酸盐存在时，会使甲烷被氧化。1994 年，Toil Hoehler 等通过抑制试验证实促成沉积物中甲烷厌氧氧化的生物是甲烷氧化古菌和硫酸盐还原细菌组成的共生体。当向沉积物中加入抑制甲烷氧化古菌生长的底物时，甲烷厌氧氧化作用就会停止；当沉积物中没有硫酸盐时，甲烷厌氧氧化作用也会停止。2000 年，Boetius 与合作者通过分子方法证实甲烷厌氧氧化共生体是互养共栖的，它们存在于有组织的聚集体中，具体结构为古菌在中央，硫酸盐还原菌在周围环绕。这些研究证明了甲烷厌氧氧化过程是在甲烷氧化古菌和硫酸盐还原菌共生体的驱动下完成的。2006 年，荷兰研究者在对一个微生物群落的研究中发现，该微生物群落在完全无氧的条件下能利用硝酸盐的脱硝作用氧化甲烷。该生物群落包括 2 种微生物：一种是从未被培养过的细菌；另一种是古细菌，但它与海洋中以甲烷为生的古细菌具有较远的亲缘关系。该研究证明甲烷厌氧氧化可以与硝酸盐反硝化共同进行，用化学方程式可以表示为：$5CH_4 + 8NO_3^- + 8H^+ \longrightarrow 5CO_2 + 4N_2 + 14H_2O$。以上的研究虽然证实了甲烷厌氧氧化功能菌的存在，并对它们进行了分离鉴定，但是在反应机制上，都只表述了甲烷厌氧氧化的化学机制，而对于甲烷厌氧氧化的生物学机制研究还未见报道。

### 二、厌氧甲烷氧化菌的分类

根据甲烷氧化菌的形态、特征相似性、代谢途径及膜结构等，可将其分为Ⅰ型、Ⅱ型和

其他。Ⅰ型甲烷氧化菌适合生长于足氧、富营养环境中；Ⅱ型甲烷氧化菌适合生长于稀氧、贫营养环境中，一般来说厌氧型甲烷氧化菌属于Ⅱ型菌。目前，厌氧甲烷氧化菌主要分为兼性厌氧型、有氧耐受厌氧型、专性厌氧型三类。

由于厌氧甲烷氧化菌具有生长缓慢、细胞倍增时间长等特性，对于厌氧甲烷氧化菌的研究进展比较缓慢，到目前为止，已知的厌氧甲烷氧化可以分为以下3类：

（1）硫酸盐型厌氧甲烷化（SAMO） 甲烷厌氧氧化过程是厌氧甲烷氧化古菌（anaerobic methanotrophic archaea，ANME）和硫酸盐还原细菌（sulfatereducing bacteria，SRB）构成共生体系共同完成的，该过程以 $SO_4^{2-}$ 作为最终电子受体，产物为 $HCO_3^-$ 和 $HS^-$，整个过程的主要特点是甲烷厌氧氧化的同时伴随硫酸盐的还原。

（2）硝酸盐型或亚硝酸盐型厌氧甲烷氧化（denitrification dependent anaerobic methane oxidation，DAMO） 能进行该过程的微生物主要是厌氧甲烷氧化古菌（ANME）和一种不可培养的归属于NC10门的细菌（以 *M. oxyfera* 为代表），该甲烷厌氧氧化过程的特点是以 $CH_4$ 为电子供体、以 $NO_3^-/NO_2^-$ 为电子受体进行氧化还原反应。

（3）铁、锰依赖型厌氧甲烷氧化 该过程以 $CH_4$ 为电子供体，分别以 $Fe^{3+}$ 或 $Mn^{4+}$ 为电子受体进行氧化还原反应，目前对于进行该过程的微生物尚无定论，有可能是ANME，也有可能是拟甲烷球菌属（*Methanococcoides*），更有可能是与古菌、细菌共同完成的。

根据系统发育分析，目前可以将厌氧甲烷氧化古菌（ANME）分为3大类：第一类是ANME-1，这类菌属与产甲烷微菌目（Methanomicrobiales）和产甲烷八叠球菌目（Methanosarcinales）有较远的亲缘关系；第二类是ANME-2，它们属于产甲烷八叠球菌目（Methanosarcinales）；第三类是ANME-3，这类菌属与拟甲烷球菌属（*Methanococcoides*）亲缘关系较近。ANME-2又可以分为ANME-2a、ANME-2b、ANME-2c和ANME-2d这4小类，其中归属于ANME-2d的 *Candidatus Methanoperedens nitroreducens* 是目前发现唯一能够以甲烷为电子供体、以硝酸盐为电子受体进行甲烷氧化的古菌。

这三类古菌彼此间的进化距离较远，序列相似度仅为 $75\%\sim92\%$，即使在ANME-2中，分支 ANME-2a、ANME-2b 与 ANME-2c 相似度也较低。因此，虽然 ANME-1、ANME-2、ANME-3属于不同的目或科，但是都具有在各种生境厌氧氧化甲烷的能力。然而，研究表明，与ANME-2的同源性较高的ANME的一个新的分支GoM并不具备氧化甲烷的能力，也不与硫酸盐还原菌（SRB）组成共生菌群，因此，此类厌氧甲烷氧化菌在甲烷的生物地球化学循环过程中的作用还有待进一步研究。研究表明，ANME-1可以单细胞形式存在，也可以与硫酸盐还原菌以共生体的形式存在，在黑海中甚至以编绕式存在；ANME-2往往与硫酸盐还原菌以外壳型或者混合型共生体存在；ANME-3同样可以单细胞形式存在，或者与硫酸盐还原菌形成外壳型或者混合型的共生体。硝酸盐厌氧甲烷氧化菌（DAMO）能够在完全无氧的情况下和反硝化偶联将甲烷氧化，它的电子受体是 $NO_2^-$ 和 $NO_3^-$。到目前为止，所有与反硝化过程偶合的甲烷厌氧氧化富集培养中都含有一定量（$30\%\sim80\%$）NC10门细菌，而且无论生境的地理差异多大都与 *Methylomirabilis oxyfera* 有较高的同源性，可能是同一菌属的不同菌株（16S rRNA 同源性$>97.5\%$）。而NC10门中其他种类的细菌是否具有甲烷厌氧氧化的能力不得而知。根据16S rRNA系统发育树，*M. oxyfera* 代表了新的甲烷营养型细菌分支。*M. oxyfera* 和 *Verrucomicrobia* 是目前已知的2类非变形菌门的甲烷营养型细菌。厌氧甲烷氧化菌的分离与鉴定是未来长期的研究重点。

# 第二节　厌氧甲烷氧化菌的性质

## 一、厌氧甲烷氧化菌的生态分布及生态学

早在 20 世纪 60 年代人们就已发现甲烷厌氧氧化的存在，但参与该过程的微生物直到最近 20 年才被确定下来，甲烷的厌氧氧化在地球上广泛存在。研究人员运用富集培养和现代分子生物学手段，已经从森林、草地、垃圾填埋厂、沼泽、地下水、海洋等多种环境的土壤、沉积物或水样中检测到了厌氧甲烷氧化菌的存在。2005 年，荷兰 Nijmegen Radboud 大学 MareStrous 与合作者以淹没在水中的泥炭藓属苔藓为研究对象，发现了甲烷厌氧氧化过程的存在。泥炭藓在泥炭沼中是优势植物，它与部分内部寄生的甲烷厌氧氧化细菌共生消耗甲烷。用 $^{13}C$-$CH_4$ 培养这些细菌，可在原位快速地将甲烷氧化成二氧化碳，最终被泥炭藓固定，研究结果表明，甲烷是泥炭藓主要的碳源和能源。现存的厌氧甲烷氧化菌大多数为喜中性菌，但也存在于许多高温、高酸碱、高盐的极端环境下。2006 年，荷兰 Nijmegen Radboud 大学 Arjan Polml 与合作者在泥火山的硫质喷气孔中检测到了厌氧甲烷氧化菌的存在，这种细菌在限制氧的条件下生长，将甲烷作为唯一的碳源和能源，pH 值低至 0.8，比前面所述的任何甲烷氧化菌的最适 pH 值都要低很多。目前的研究表明，甲烷厌氧氧化作用可能广泛存在于自然界中，并且在全球性甲烷收支平衡中起到了不容忽视的作用。

## 二、厌氧甲烷氧化菌的研究现状

由于土壤中微生物群落及环境因子极其复杂，能够被培养并分离出的微生物只是非常小的一部分，因此，传统上依赖于培养的方法仅能反映不到 1% 的微生物种类多样性。由于在富集培养条件下厌氧甲烷氧化菌生长速率慢，倍增时间长达数月，并且因其须在严格厌氧的条件下富集培养、工艺条件严格和影响因子复杂，客观上阻碍了对厌氧甲烷氧化菌功能和作用机理的研究。

许多科学家曾认为无法富集纯化依赖于硝酸根的厌氧甲烷氧化菌。Ettwig 课题组最先从新西兰淡水底泥中富集得到硝酸盐厌氧甲烷氧化菌，此后陆续有来自其他淡水生境和人工污水处理系统中富集培养的报道。与硝酸盐厌氧甲烷氧化菌不同，硫酸盐厌氧甲烷氧化菌大多富集培养于海洋底泥，如 Eckernfrde 海湾沉积物、Aarhus 海湾沉积物、Monterey 海湾沉积物。到目前为止，能富集培养有限生境中的厌氧甲烷氧化菌仍然比较困难，不能充分描述厌氧甲烷氧化菌的多样性。

现代分子生物学技术应用于厌氧甲烷氧化菌研究取得了许多重要结果。以硫酸盐为电子受体的厌氧甲烷氧化菌系统发育分析、同位素标记等方法证明Ⅰ型、Ⅱ型甲烷氧化菌和硫酸盐还原菌参与了海洋沉积物中的甲烷厌氧氧化反应。对其 PCR 产物进行测序，得到了与 *Methylosinus trichosporium* 的同源性为 99.9% 的甲烷氧化菌。通过 FISH 试验，Boetius 从生物学角度证明甲烷氧化古菌与硫酸盐还原菌存在共生关系，研究发现二者是以特定的形式存在互养共栖关系，甲烷氧化古菌位于菌群中央，周围环绕硫酸盐还原菌。与厌氧甲烷氧化菌共生的脱硫菌一般属于脱硫球菌属。结合 $^{14}C$ 甲烷同位素示踪分析，从海洋沉积物中也检

测出能够与硫酸盐还原菌共生的Ⅰ型甲烷氧化菌。同时，在一些甲烷氧化伴随硫酸盐减少的体系中，如河流、海湾的沉积层，也发现了不与硫酸盐菌共生的Ⅰ型和Ⅱ型甲烷氧化菌。此外，16S rRNA系统发育证明，从能够发生甲烷氧化的体系中富集的类似培养物中不存在甲烷氧化古菌，只存在一种NC10门的细菌。这些研究表明，厌氧甲烷氧化菌在自然界中具有多种存在形式，厌氧甲烷氧化菌的深入研究仍是今后重要的课题。

# 第三节　厌氧甲烷生物氧化过程

## 一、厌氧甲烷生物氧化的特点

硫酸盐厌氧甲烷氧化菌（SAMO）的主要特点是甲烷厌氧氧化的同时伴随硫酸盐的还原，该过程是以$SO_4^{2-}$作为最终电子受体，其产物为$HCO_3^-$和$HS^-$。

硝酸盐厌氧甲烷氧化菌（DAMO）甲烷氧化过程中，甲烷氧化古菌首先转化生成的中间产物（主要是可溶性有机物）进入到液相中，一部分有机物被微生物同化吸收，缺氧环境下反硝化细菌利用剩余有机物进行反硝化作用，最终将甲烷转化为$CO_2$。DAMO过程可以有古菌的参与，但古菌的存在并非是必需的，$NO_2^-$和$NO_3^-$均可作为DAMO的最终电子受体，但优先利用$NO_2^-$。

DAMO与反硝化型甲烷的好氧氧化不同，因为DAMO不需要氧气的参与。此外，DAMO也不同于SAMO，因为DAMO过程既可通过细菌与古菌协作完成，也可由NC10门的细菌独立完成，即DAMO过程并不一定需要古菌的参与；SAMO是由2种菌协同完成的，而DAMO则是一种菌独立完成的，这两种过程中功能微生物的关系存在较大差异。

目前，DAMO的研究尚处于起步阶段。到目前为止仅有4种DAMO的富集培养物被分离出来，由于缺乏足够的DAMO富集培养物，所以相关机理研究较为滞后。Raghoebarsing等认为DAMO的发生机理类似于反向产甲烷，即古菌首先通过反向产甲烷将甲烷氧化，释放出的电子被NC10细菌利用。但Ettwig等并不认同此观点，他们通过研究发现，当溴乙烷磺酸（一种产甲烷菌的抑制剂）浓度达到20mmol/L时，DAMO速率并没有受影响，而在此浓度的溴乙烷磺酸作用下，由古菌诱导的甲烷厌氧氧化则明显受抑制。这表明DAMO并不依赖于反向产甲烷过程，而是通过某种未知的生化机理完成的。同时，在后期的DAMO富集培养物中并没有检测到古菌的存在，只有NC10细菌占据了主导地位，而DAMO的反应速率依然保持稳定，这又进一步证明了DAMO过程并不需要古菌的参与，反向产甲烷理论便与实际情况不相符。换言之，即使DAMO中存在反向产甲烷过程，也只能解释富集初期DAMO的发生机理（此时有古菌的存在），却无法解释整个富集过程中DAMO的发生机理。

目前，有关DAMO富集培养物中古菌和NC10门的细菌所扮演的真正"角色"尚不明晰。不过Hu等研究发现，在有古菌存在的富集培养物中，硝酸盐的还原速率明显比只存在NC10门细菌的富集培养物快很多，由此推测，古菌在硝酸盐还原为$NO_2^-$的过程中起了重要作用，而细菌则在$NO_2^-$还原成氮气的过程中起了关键作用。因此，当富集培养物中存在古菌，并且含有大量 $NO_2^-$ 时，古菌必须通过细菌的协助去除培养物中的 $NO_2^-$ 才能得以生存（$NO_2^-$ 对大多数微生物都具有抑制作用）。这就可以解释为什么目前发现的含有古菌的 DAMO 富集培养物中都含有 NC10 门的细菌。

Ettwig 等在 DAMO 的机理研究中发现了地球上第四种生物产氧途径。他们发现在没有氧气源，也没有光照的情况下，DAMO 的功能微生物 NC10 门细菌可以将 $NO_2^-$ 分解为 NO 和 $O_2$，然后用生成的 $O_2$ 来氧化甲烷获取能量，并将此类微生物命名为 *Candidatus Methylomirabilis oxyfera*。他们的研究表明，在植物出现之前细菌就已在地球上制造氧气。Ettwig 等利用宏基因组方法对 *Candidatus Methylomirabilis oxyfera* 进行研究，完整的基因组序列分析表明，这些序列中缺少还原 $NO_2^-$ 的特定基因，而且 *Candidatus Methylomirabilis oxyfera* 对氧气有依赖，可以认为细菌使用特殊途径产生氧气来氧化甲烷是 DAMO 机理的合适解释。

## 二、厌氧甲烷生物氧化的机理

目前公认的硫酸盐还原型甲烷厌氧氧化发生机理主要有 3 种：反向产甲烷理论、乙酸化理论、甲基化理论。

### 1. 反向产甲烷理论

反向产甲烷理论认为 SAMO 过程与产甲烷过程密切相关，其依据是 SAMO 过程涉及了产甲烷过程相关的微生物、代谢途径和所需的酶。两个过程的主要区别在于反应的方向，产甲烷过程的终产物是甲烷，而 SAMO 过程则是以甲烷作为起始反应物，最终被氧化为 $CO_2$。研究发现，产甲烷过程涉及的大部分酶所催化的反应都是可逆的，即在不同反应条件下，同一反应在酶的催化下可向不同方向进行，这为反向产甲烷理论提供了理论支持。如产甲烷八叠球菌目的古菌（一类重要的产甲烷菌）能利用甲醇和甲胺等有机物反向进行产甲烷过程，产生生命活动所需的能量。反向产甲烷理论的基本假设是甲烷经 ANME 的作用使甲烷最终转化为 CO（反向产甲烷），该过程所释放的电子通过某种电子传递体转移到 SRB 中，从而使硫酸盐发生还原作用。

Zehnder 和 Broc 首次利用同位素示踪试验发现，产甲烷过程与 SAMO 存在着一定的联系，所试的 9 种产甲烷菌都能在厌氧条件下产甲烷的同时氧化少量的甲烷，并产生 $CO_2$、甲醇或乙酸等物质，他们的研究表明 SAMO 过程极可能涉及了产甲烷过程所特有的发生机制和中间产物。Widdel 等的研究同样支持反向产甲烷理论，他们认为通过辅助的酶催化步骤或其他机制可活化甲烷并将甲烷氧化，进而引发反向产甲烷过程。与此同时，一些研究者还发现 SAMO 过程中的确存在某种酶能够催化甲烷的活化，这种酶非常类似产甲烷过程的关键酶——甲基辅酶 M 还原酶（methyl-coenzyme m reductase，Mcr），该酶在产甲烷过程中能够催化甲烷的形成。如 Kruger 等和 Thauer 等在 SAMO 系统中得到了大量分子量 951 的含镍蛋白（Ni 蛋白 I），其吸收光谱与产甲烷菌中的 Mcr（Ni 蛋白 II）$F_{430}$ 辅因子极为接近，因此，他们认为此 Mcr 类似酶在引发反向产甲烷过程中发挥了重要作用。

另一方面，环境基因组数据为 SAMO 的反向产甲烷理论提供了进一步的证据。如 Hallam 等利用分子生物学方法（全基因组鸟枪法和 Fosmid 文库法）分析了取自埃河（Eel River）盆地沉积物中的 ANME，提出了反向产甲烷的理论模型。

由于反向产甲烷过程中往往会伴随着硫酸盐的还原，这就可以解释大多数环境（尤其是海洋环境）中所发生的 SAMO 过程或多或少会有硫酸盐的减少。如 Hoehler 等利用海洋沉积物作为研究对象，原位监测了加利福尼亚北部 Cape Lookout Bight 沉积物甲烷氧化和 $CO_2$ 还原速率随季节的变化，结果表明，甲烷的氧化速率在夏季是极低的，此时沉积物中硫酸盐含量基本不变，而在冬季甲烷的氧化速率相对较高，硫酸盐的含量也随之降低。因此，Hoehler 等一致认为，在富甲烷和硫酸盐的区域，通过反向产甲烷作用，甲烷极有可能被还原菌氧化，同时以水作为电子受体产生 $H_2$ 被 SRB 利用。这说明，只要环境中存在硫酸盐，同时 $H_2$ 的浓度能够保持足够低，SAMO 过程就有可能发生。

### 2. 乙酸化理论

乙酸化理论目前有 2 种解释：第一种是甲烷氧化菌同时利用甲烷和 $CO_2$ 生成乙酸，同时硫酸盐还原菌将硫酸盐和前面生成的乙酸转化为碳酸氢盐和氢硫酸盐，从而共同完成了甲烷厌氧氧化反应；第二种是甲烷氧化菌将甲烷转化为氢气与乙酸，与此同时硫酸盐还原菌利用氢气和乙酸将硫酸盐还原为硫酸氢盐。

乙酸化理论的研究者对反向产甲烷理论提出了质疑，主要包括：首先，有研究者尝试采用低 $H_2$ 高甲烷含量的环境（反向产甲烷发生的理想条件）诱导反向产甲烷过程的发生，但实验并未确定成功；其次，反向产甲烷所释放的热力学能量极低，仅为 16 kJ/mol，如此低的能量必须被两种菌共享，目前并不清楚这两种菌是采用何种机理在如此低能量的环境中共存的；有研究还发现，在有些 SRB 脂质中明显存在 C 的亏损，而这只能通过种间碳传递才可解释；并且通过系统发育分析和显微镜观察发现，产甲烷八叠球菌目的古菌可以在某些条件下参与 SAMO 过程，但大部分产甲烷八叠球菌目的古菌在产甲烷过程中并不能利用 H，只能利用甲基化合物和乙酸，这个结论又与反向产甲烷理论矛盾。由此可见，假设 SAMO 过程可通过反向产甲烷进行，但该机理也并非适用于所有类型的 SAMO 过程。这些结果推动了乙酸化理论的研究。

针对上述矛盾，Valentine 和 Reeburgh 提出了 SAMO 发生的乙酸化理论模型，该模型包括了 2 种乙酸化途径。乙酸化理论从能量角度分析更易进行，并且与先前的富集培养研究、细菌脂质同位素分析和 ANME 系统发育分析结果一致。

乙酸化理论的一种代谢途径是 ANME 能够将 2 分子的甲烷氧化生成 H 和乙酸，反应过程如式（3-1）所示，产生的 H 和乙酸被 SRB 利用，如式（3-2）和式（3-3）所示。综合 3 个反应式，可得到 SAMO 的净反应式（3-4）。另外，由于存在种间的碳传递（乙酸作为种间电子传递体），使得 SRB 脂质中明显亏损，这与先前的质疑是吻合的。

$$2CH_4 + 2H_2O \longrightarrow CH_3COOH + 4H_2 \tag{3-1}$$

$$4H_2 + SO_4^{2-} + H^+ \longrightarrow HS^- + 4H_2O \tag{3-2}$$

$$CH_3COOH + SO_4^{2-} \longrightarrow 2HCO_3^- + HS^- + H^+ \tag{3-3}$$

$$2CH_4 + 2SO_4^{2-} \longrightarrow 2HCO_3^- + 2HS^- + 2H_2O \tag{3-4}$$

另一种代谢途径则是 ANME 利用 $CO_2$ 和甲烷生成乙酸，如式（3-5）所示，随后再被 SRB 利用，如式（3-6）所示。这两种代谢途径的存在与否都可通过试验进行验证，如通过监测共生菌群中已知的产甲烷菌所消耗的甲烷量、SRB 所消耗的 $H_2$ 和乙酸的量判断 SAMO 过程中是否存在乙酸化途径。由于大多数自然环境中乙酸含量极低，并且转化速度极快，使得研究者难以检测由同位素标记的甲烷产生的乙酸量。尽管目前尚缺乏充分的证据证明乙酸化途径的存在，但这些结果却较好地解释了反向产甲烷所不能回答的问题。

$$CH_4 + HCO_3^- \longrightarrow CH_3COO^- + H_2O \tag{3-5}$$

$$CH_3COO^- + SO_4^{2-} \longrightarrow 2HCO_3^- + HS^- \tag{3-6}$$

### 3. 甲基化理论

Moran 等为 SAMO 共生菌群中基质的转移提出了一个全新的理论——甲基化理论，甲基化理论与上述两种 SAMO 的发生机理差异较大。该理论认为古菌能够将 $CO_2$ 还原成甲基化合物并进行能量储备，并由甲基化合物充当种间电子传递体进行后续的生化反应。

该理论认为甲基化理论的基本过程是 ANME 和 $CO_2$ 还原古菌在完全无氧的条件下将甲烷转化为甲基硫化合物，如式（3-7）所示，随后此化合物可转移到 SRB 中被利用，如式（3-8）所示，甲基硫充当种间电子传递体。Moran 等接种了取自 Eel River 盆地和 Hydrate Ridge 的沉积物，对沉积物中所通入的甲烷进行了 C 同位素标记，分别在含有和不含 $H_2$ 的情况下示踪了甲烷在 SAMO 系统中的去向。结果表明，即使在高 $H_2$ 浓度下，SAMO 也不会受抑制，而从热力学角度分析，在标准的海洋环境下，当 $H_2$ 浓度达到 0.29nmol/L 时就会导致 SAMO 无法进行，这一结果表明 H 并不是 SAMO 过程交换的中间体。因此，Moran 等认为 SAMO 系统中应该存在着其他的电子传递体，而并非是普遍认为的那种情况。

$$3CH_4 + HCO_3^- + 5H^+ + 4HS^- \longrightarrow 4H_3CSH + 3H_2O \tag{3-7}$$

$$4H_3CSH + 3SO_4^{2-} \longrightarrow 4HCO_3^- + 7HS^- + 5H^+ \tag{3-8}$$

甲基化理论还认为，当甲烷与辅酶 M（coenzyme M，COM）结合形成甲基辅酶 M（$CH_3$-COM）时甲烷可被活化，然后释放出代谢所需的电子，并为 ATP 的合成建立质子梯度。在该电子转移过程中，$HCO_3^-$ 是净电子受体，它极易在碳酸酐酶的作用下转化为 $CO_2$，$CO_2$ 的还原过程类似于产甲烷过程中 $CO_2$ 的还原，但此时并不产生甲烷，而是在 ANME 作用下形成甲基化合物结合到 COM 上。当甲基辅酶上结合的甲基化合物转运到硫化物中时会再次产生 COM，用于甲烷的活化和 $CO_2$ 的还原，通常 $CO_2$ 的还原途径需要 $H_2$。SRB 进行的硫酸盐还原净产物为 $HCO_3^-$ 和 $HS^-$，这两种产物随后又可被甲烷氧化的起始步骤利用，产生的 H 和 CSH 又可作为 SRB 的基质。目前已发现的能够利用甲基硫化物的 SRB 种类较少，这在一定程度上解释了某些 SAMO 共生体系中（即存在能够利用甲基硫化合物 SRB 的 SAMO 共生系统）SRB 种类的有限性。

总之，不同的研究者根据自己的试验结果提出了上述三种 SAMO 理论模型，但目前仍缺乏一个普适模型。不同的理论模型可能与 SAMO 发生的环境条件（样品采集地的生物地球化学参数）和实验条件密切相关，而不同的研究中这些因素往往明显不一致，因而可能会导致 SAMO 机理的差异。因此，未来的研究中可以设法将这些微生物的生理生化特性结合环境条件置于各自的实验条件下综合分析，将这些理论综合并提出一种新的更为适用的模型。2006 年，*Nature* 杂志发表了荷兰科学家有关以硝酸盐为电子受体的甲烷厌氧氧化的研究成果之后，多家研究期刊相继报道了类似的研究结果。

目前以硫酸盐为电子受体的甲烷厌氧氧化途径有 3 种假说，即逆甲烷生成途径、乙酰生成途径以及甲基生成途径。逆甲烷生成途径最早被提出，也是目前关于甲烷厌氧氧化途径研究最多的假说。在甲烷单加氧酶的作用下，甲烷首先被氧化为甲醇，再经过一系列脱氢酶的作用，最终转化为 $CO_2$。早在 1979 年，采用放射性同位素示踪的方法，通过标记甲烷的 $^{14}C$，发现在甲烷减少的过程中，产生含有 $^{14}C$ 的甲醇、甲酸、$CO_2$ 等物质，甲烷的氧化经过了甲醇、甲酸等中间产物。1994 年，Hoehler 等正式提出了逆甲烷生成途径，在这个过程中，$H_2O$ 得到甲烷氧化所释放的电子后还原为 $H_2$，而 $H_2$ 被硫酸盐还原菌所利用。2004年，Hallam 等应用全基因组鸟枪测序和基因组文库从酶学角度支持了逆甲烷生成途径的推测。根据逆甲烷生成途径，甲烷经过一系列的中间反应最终被氧化为 $CO_2$，反应步骤和中间产物较多，并且反应速率缓慢。因此，该种假说从反应动力学角度解释了甲烷厌氧氧化反应速率极低的原因。

随后，有研究者发现甲烷八叠球菌目的部分菌种在产甲烷时，并不是利用二氧化碳和氢气，而是直接利用乙酸和甲基化合物，并且，在用同位素示踪法研究海底沉积物中的甲烷厌氧氧化时，也发现在电子的传递过程中有逆甲烷生成途径以外的其他含 C 的中间体存在。因此逆甲烷生成途径并不能囊括所有甲烷的厌氧氧化过程，于是 Valentine 提出了乙酰生成途径，作为逆甲烷生成途径的补充。根据参与反应的物质，乙酰生成途径主要包括 2 种：第一种途径，甲烷氧化菌氧化 2 分子的甲烷生成氢气和乙酸，氢气和乙酸被硫酸盐还原菌所利用，将 $SO_4^{2-}$ 还原为 $HS^-$；第二种途径，甲烷氧化菌利用 $CO_2$ 将甲烷氧化为乙酸，硫酸盐还原菌利用乙酸生成 $HCO_3^-$ 和 $HS^-$。

2008 年 Moren 发现即使反应体系中 $H_2$ 的浓度高达 33%，也不会抑制甲烷的氧化，说明在该反应条件下，$H_2$ 不是甲烷氧化的产物。而当向反应体系中加入甲基硫醚时，甲烷的氧化速率下降了 68%，说明甲基硫醚对甲烷氧化有明显影响。类似地，Zehnder 在富集培养甲烷氧化菌时，在产物中发现了大量的甲基硫醚。因此，Moren 提出了一种新的甲烷氧化途径假说——甲基生成途径。甲烷氧化菌利用甲烷和 $HS^-$ 生成甲基硫醚（$CH_3SH$），$CH_3SH$ 被脱硫菌利用，生成 $HCO_3^-$ 和 $HS^-$，硝酸盐为电子受体。

## 三、厌氧甲烷生物氧化的影响因素

在厌氧氧化甲烷的过程中，参与反应的甲烷、硫酸盐或硝酸盐等电子受体的浓度、反应环境中有机质的数量以及环境条件都会影响甲烷的氧化反应。

1985 年，Alperin 和 Reeburgh 的研究证明了沉积物中的甲烷是在厌氧条件下有硫酸盐存在时才会发生氧化，且在沉积物中存在着甲烷-硫酸盐的消耗带。在消耗带中，底层沉积物厌氧产生的甲烷遇到水流带来的硫酸盐，一旦条件合适就会发生甲烷的氧化反应。这一过程中，有机质的含量会影响甲烷-硫酸盐消耗带在沉积层中的位置。在海洋沉积物中，物质的混合主要靠扩散作用，甲烷主要产生于沉积层下部的厌氧层中，并且从下层逐渐向上层扩散，甲烷浓度在沉积层中呈现显著的梯度分布。沉积物中甲烷浓度是甲烷氧化的主要影响因素，有机质含量高则沉积物中甲烷浓度高。研究海底甲烷水合物矿藏渗漏区发生的甲烷氧化反应时发现，在高甲烷浓度区域甲烷厌氧氧化反应更加活跃。虽然渗漏区微生物的种类较少，但是由于甲烷的浓度很高（其分压将近 100atm，1atm＝101325Pa），甲烷氧化速率却很快。探究不同深度的海洋沉积物中甲烷浓度的变化规律时，有的研究者还发现不仅在厌氧区域能够发生甲烷厌氧氧化，而且以硫酸盐为电子受体的甲烷氧化反应同样也可以发生在一些缺氧水体中。这一结论随后通过放射性同位素示踪、稳定同位素分布以及海洋流体模型等方法得以证明。但是在缺氧水体中，由于甲烷浓度极低，而硫酸盐浓度较高，反应发生非常困难。

在陆地水体如沼泽、泥炭藓中，硝酸盐的浓度远高于硫酸盐，因此，在这些区域发生的甲烷厌氧氧化反应更倾向于利用硝酸盐作为电子受体。20 世纪 70 年代，研究者采用通入天然气的方法净化含硝酸盐的地下水，研究甲烷作为外加碳源的反硝化。在溶解氧小于 1mg/L，甲烷浓度高于90％时，地下水中的硝酸盐能够被去除。但是在相当长的时间内，没有直接的证据能够证明硝酸盐可以作为甲烷厌氧氧化的电子受体。直到21世纪初，多位研究者通过试验证实在地下水中甲烷的厌氧氧化可以与反硝化过程协同发生。此外，温度也是重要的影响因素，温度对甲烷厌氧氧化的影响试验显示，甲烷的氧化只能发生在35℃的反应器中，此时能够在该条件下检出甲烷厌氧氧化古菌，在22℃时却不能检测到，这表明这类氧化菌在较低温度下不能存活。Raghoebarsing研究表明，富集以硝酸盐为电子受体的厌氧甲烷氧化菌的最佳温度为25℃，当将温度由25℃升至30℃时，甲烷的氧化现象消失，甲烷氧化菌的活性明显降低。发生在地下水体中的甲烷厌氧氧化，其反应温度通常在10℃以下。在不同体系中，参与氧化的甲烷氧化菌的种类不相同，适宜反应发生的温度差别也较大。与大部分发生在海洋沉积物层的以硫酸盐为电子受体的甲烷氧化不同，以硝酸盐为电子受体的甲烷厌氧氧化主要发生于淡水沉积物层和人工污水处理系统中。以硝酸盐为电子受体的甲烷厌氧氧化不仅受温度的影响，而且受氧浓度、甲烷浓度以及微生物生成环境条件的影响。

# 第四章

# 兼性甲烷氧化菌

## 第一节　兼性甲烷氧化菌的发现过程

### 一、兼性甲烷氧化菌的发现

与专性甲烷氧化菌相比，兼性甲烷氧化菌能够利用甲烷或一些多碳化合物作为碳源和能源，在有机物降解领域具有更大的优势。虽然兼性甲烷氧化菌在 20 世纪 70 年代就有报道，但时至今日，兼性甲烷氧化菌的存在才被广泛地认可。已发现的兼性甲烷氧化菌包括了变性菌纲的甲基细胞菌属（*Methylocella*）、甲基孢囊菌属（*Methylocystis*）和甲基帽菌属（*Methylocapsa*）。现在已有不少关于甲烷氧化菌可以多碳化合物为生长底物的报道，因此，兼性甲烷氧化菌似乎比原来想象中的应用要更普遍。

兼性甲烷氧化菌的发现过程如表 4-1 所列。早在 1970 年，Whittenbury 就发现 *Sporium*、*Methanica* 和 *Albus* 属的甲烷氧化菌能够在苹果酸盐、乙酸盐或者琥珀酸盐存在的甲烷培养基中加速生长，由此推测了兼性甲烷氧化菌存在的可能性。此后不久，第一个兼性甲烷氧化菌从淡水湖的沉积物和水中分离出来结果被报道。这些菌能够以许多各种不同的多碳化合物为基底，包括许多有机酸［苹果酸酯（2-羟基丁二酸）、丁二酸酯、反丁二烯酸酯、乙酸酯］和糖类（葡萄糖、半乳糖、蔗糖、乳糖、核糖）。之后被描述为嗜有机甲基菌（属于 α-变形菌纲）的一株，有完整的三羧酸循环机制。然而，当这种菌株多次栽培在葡萄糖的培养基中时会失去氧化甲烷的能力，一些学者随后也没能使它们在甲烷中恢复生长。总的来说，这些发现表明这种菌株并不是最初推测的兼性甲烷氧化菌。

其他研究报道了从中国南方的稻田和美国东北部的炼油厂所收集的泥土中分离的兼性甲烷氧化菌。这些菌株有完整的三羧酸循环，其中的两株（菌株 R6 和 761H）仅能生长在葡萄糖中，但不能在果糖、半乳糖和蔗糖等糖类中生长。另外，菌株 761H 的一个变种（菌株 761M）不能把葡萄糖作为单一碳源而生长，但是葡萄糖、乙酸酯和 2-羟基丁二酸能够促进其在甲烷中生长，其他的糖类要么抑制菌株在甲烷中生长，要么对菌株在甲烷中的生长没有影响。菌株 761M，根据它的 16S rRNA 基因序列，后来被发现是和 γ-变形菌纲共同生长的共聚体。

**表 4-1　兼性甲烷氧化菌的发现过程**

| 菌株 | 发现者 | 发现时间 | 发现地 | 代谢特性 | 最终结论 |
|---|---|---|---|---|---|
| 革兰氏阴性的,严格需氧甲烷利用菌 | Whittenbury R.、Phillips K. C.、Wilkinson J. F. | 1970年 | — | 这些菌株中的 Sporium、Methanica 和 Albus 能够在苹果酸盐、乙酸盐或者琥珀酸盐存在的甲烷培养基中加速生长 | 可能存在兼性甲烷氧化菌 |
| Methylobacterium organophilum | Patt T. E. 等 | 1974~1976年 | 双季对流混合湖水湖中 | 该菌株能利用多种有机和糖类,但当以次培养基在含有葡萄糖的培养基中时会失去氧化甲烷的能力,且无法恢复 | 最终确认不是兼性甲烷氧化菌 |
| Methylobacterium ethanolicum strain R6 | Patel R. N.、Hou C. T.、Felix A. | 1978年 | 美国东北部炼油厂土壤中 | 该菌株仅能够在葡萄糖中生长,但不能在其他如果糖、半乳糖和蔗糖等糖类中生长 | 不能进行重复培养和基因鉴定,最终无法验证 |
| Methylobacterium ethanolicum | Lynch M. J.、Wopat A. E.、O'Connor M. L. | 1980年 | 淡水湖河床 | 该菌株不仅能利用甲烷,而且以酪蛋白氨基酸、营养琼脂,各种有机酸和糖类作为碳源和能源 | 后来被鉴定为是由2种菌株组 Methylocys 和 Xanthobacter 组成的稳定共营养体;之后未有报道 |
| Methylomonas sp. strain 761M/761H | Zhao S. J.、Hanson R. S. | 1984年 | 中国南方水稻田 | 761M仅能在葡萄糖中生长,变种761H不能把葡萄糖作为单一碳源而生长,但是葡萄糖、乙酸酯和2-羟基丁二酸能促进其在甲烷中的生长 | 未找到相同菌株,最终无法验证 |
| Methylocella palustris | Dedysh S. N. 等 | 1998年 | 水藓泥炭沼泽 | 一种嗜酸型甲烷氧化菌,该菌株氧化甲烷,琥珀酸盐等物质中生长该菌株的发现将来了新动力 | α-变形菌纲中的新菌株 |
| Methylocella silvestris BL2 | Dunfield P. F. 等 | 2003年 | 德国马尔堡的酸性森林形成沼层中 | 能够在甲烷和甲醇等在乙酸盐、丙酮酸盐、琥珀酸盐等多碳化合物的底物中生长 | 2005年第一次确认 Methylocella 为兼性甲烷氧化菌 |
| Methylocella tundrae | Dedysh S. N. 等 | 2004年 | 酸性苔藓原泥炭 | 能够在甲烷、甲醇等一碳化合物中生长,也能在乙酸盐、丙酮酸盐、琥珀酸盐等多碳化合物的基质中生长 | |
| Methylocapsa aurea | Dunfield P. F 等 | 2010年 | 2003年3月在德国马尔堡森林季节性小溪下收集到的土样中 | 能够在甲烷、甲醇和乙酸盐底物中生长,只能表达 pMMO | Methylocapsa 是一种兼性甲烷氧化菌的新属 |
| Methylocystis strain H2s/heyeri H2 | Belova S. E 等 | 2011年 | 含有大量水藓的湿地中 | 含有 sMMO 和 pMMO 基因的耐弱酸菌株,不仅能利用甲烷和甲醇生长,而且能在乙酸盐中较好地生长 | Methylocystis 也是一种兼性甲烷氧化菌的新属 |
| Methylocystis strain SB2 | Im J 等 | 2011年 | 春季密歇根州东南部的泥沼中 | 该菌株能够在甲烷、甲醇和乙酸盐中生长,只表达 pMMO | |
| Methylocystis strain H2s$^T$ / Methylocystis strain S284 | Belova S. E. 等 | 2012年 | 德国 Teufelssee 一个酸性水藓泥炭沼泽湖和俄罗斯的酸性沼泽中 | 有 sMMO 和 pMMO 两种酶,优先在甲烷和甲醇中生长,缺少 C1 底物时能利用乙酸盐缓慢生长 | |

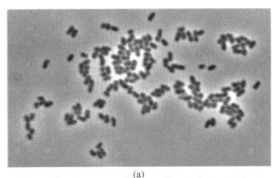

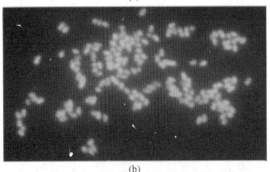

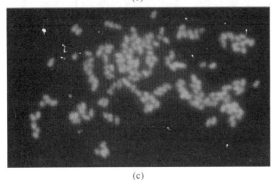

图 4-1　以乙酸为底物菌株 *Methylocella silvestris* 的全细胞杂交

(a) 图为相差对照图；(b) 图为以 Mcell-1445 为探针 *Methylocella silvestris* 的全细胞杂交图；(c) 图为以 Mcell-1024 为探针 *Methylocella silvestris* 的全细胞杂交图

随后，研究者从淡水湖沉积物中分离出 2 种具有兼性氧化性的甲烷氧化菌，不仅能利用甲烷，而且也能以酪蛋白氨基酸、营养琼脂、各种有机酸和糖类为碳源和能源。然而，其中的一个菌株 *Methylobacterium ethanolicum* 之后被发现实际是由 2 种甲烷氧化菌的一个稳定的共生团组成，其中 *Methylocystis* 菌株能够利用甲烷生长，*Xanthobacter* 菌株能够利用各种多碳化合物生长。

总结起来，最初分离的所谓兼性甲烷氧化菌有的在纯化培养后便失去氧化甲烷的能力；有的无法确定其系统发育分类；有的无法进行重复实验和其他基因工程方面的验证；还有的在后续研究中被证实是由 2 株菌组成的稳定共营养体。由于缺乏目标菌株氧化甲烷的基因证据和酶学机理，同时又出现了可疑的培养物纯度等问题，导致在随后 20 年内该领域研究受到严重的限制。直到 1998 年发现的属于 α-变形菌纲中的 *Methylocella palustris* 菌株，重新燃起了科学家对该类菌株的研究热情。

随后相继发现的 *Methylocella silvestris* 和 *Methylocella tundrae* 通过一套严格的化学和生物分析步骤后证实为纯菌，这其中包括：①将分别生长在甲烷或乙酸中的上万细胞进行相差分析；②将分别以乙酸和甲烷培养菌株的 16S rRNA 基因的 50 个克隆质粒进行序列分析和比较；③用针对 *Methylocella* 的特定探针对上万单细胞进行全细胞杂交。所有情况下都没有发现污染。实时 PCR 分析表明 *mmoX* 基因（编码 sMMO 的羟化酶亚基）增加，与直接显微细胞计数得到的细胞增加比例非常接近。*Methylocella silvestris* 在以甲烷为唯一碳源和能源驯化培养的基础上，以乙酸为底物培养并进行全细胞杂交，结果如图 4-1 所示。比较可知，培养物为纯菌株。因此，以上研究明确证实了兼性甲烷氧化菌的存在。

此后不久，*Methylocapsa* 和 *Methylocystis* 也被发现并被确认为兼性甲烷氧化菌。新发现的嗜酸甲烷氧化菌 *Methylocapsa aurea* 与 *Methylocapsa silvestris* 相比，*M. aurea* 只能表达 pMMO 并且有发育良好的 ICM 体系，*M. aurea* 在甲烷中生长较之在多碳底物中更好（光密度 $OD_{600nm} = 1.2$，最大细胞比生长速率 $\mu_{max} = 0.018h^{-1}$）。值得一提的是，*M. aurea* 在无甲烷的乙酸或乙醇中存活，在利用这些多碳化合物生长的同时，pMMO 可以被表达。2010 年，Belova 发现 *Methylocystis* 属（Methylocystaceae 科）的其他嗜酸甲烷氧化菌能够利用甲烷和乙酸生长，具有 sMMO 和 pMMO 的功能基因，不但能利用甲烷和甲醇，而且可以利用乙酸生长，在甲烷和乙酸中生长的最大 $OD_{600nm}$ 分别为 $0.8 \sim 1.0$ 和 $0.25 \sim 0.30$，$\mu_{max}$ 分别为 $0.06h^{-1}$ 和 $0.006h^{-1}$，这些数据说明甲烷是 *Methylocystis* H2s 的优势生长底物。但 M. H2s 和其他嗜酸甲烷氧化菌一样，也无法在其他有机酸或糖中生长。随后，Belova 等筛选得到了一株兼性甲烷氧化菌 *Methylocystis heyeri* H2，在乙酸盐中也可显著生长。此外，Im 等报道了一株兼性嗜常态的菌株 *Methylocystis* SB2，该菌株只能表达 pMMO，能够以甲烷、乙醇或乙酸为生长底物。在甲烷中生长最快，其次是乙醇和乙酸（最大 $OD_{600nm}$ 分别是 0.83、0.45 和 0.26），这些兼性甲烷氧化菌的底物利用特性如表 4-2 所列。

表 4-2　α-变形菌纲兼性甲烷氧化菌的可用底物和一般特性

| 项目 | *Methylocella silvestris* | *Methylocella palustris* | *Methylocella tundrae* | *Methylocapsa aurea* | *Methylocystis* strain H2s | *Methylocystis* strain SB2 |
|---|---|---|---|---|---|---|
| 生长基质 | | | | | | |
| 甲烷 | ＋ | ＋ | ＋ | ＋ | ＋ | ＋ |
| 甲醇 | ＋ | ＋ | ＋ | ＋ | ＋ | － |
| 甲酸盐 | － | － | ± | ± | － | － |
| 甲醛 | ND | ND | ND | － | － | ND |
| 甲胺 | ＋ | ± | ＋ | ND | ND | － |
| 尿素 | － | － | － | ND | ND | ND |
| 葡萄糖 | － | － | － | － | － | － |
| 果糖 | － | － | － | － | － | － |
| 蔗糖 | － | － | － | － | ND | － |
| 乳糖 | － | － | － | － | － | ND |
| 半乳糖 | － | － | － | － | ND | － |
| 木糖 | － | － | － | ND | ND | － |
| 山梨糖 | － | － | － | ND | ND | ND |
| 麦芽糖 | － | － | － | － | － | － |
| 棉子糖 | － | － | － | ND | － | ND |
| 阿拉伯糖 | － | － | － | － | － | － |
| 核糖 | － | － | － | ND | ND | ND |
| 乳酸盐 | － | － | － | ND | ND | ND |
| 草酸盐 | － | － | － | － | － | － |

| 项目 | *Methylocella silvestris* | *Methylocella palustris* | *Methylocella tundrae* | *Methylocapsa aurea* | *Methylocystis strain H2s* | *Methylocystis strain SB2* |
|---|---|---|---|---|---|---|
| 柠檬酸盐 | − | − | − | − | − | − |
| 乙酸盐 | + | + | + | + | + | + |
| 丙酮盐 | + | + | + | − | ± | + |
| 琥珀酸盐 | + | + | + | − | − | − |
| 苹果酸盐 | + | + | + | − | − | − |
| 乙醇 | + | + | + | ND | ± | + |
| 甘露醇 | | | | ND | | ND |
| 山梨醇 | | | | ND | | ND |
| 报道的增长率 | | | | | | |
| 甲烷 | 0.033 | ND | ND | 0.018 | 0.06 | 0.052 |
| 乙酸盐 | 0.053 | ND | ND | 0.006 | 0.006 | 线性/指数[①] |
| 乙醇 | ND | ND | ND | ND | ND | ND |
| 一般特性 | | | | | | |
| 菌科 | *Beijerinckiaceae* | *Beijerinckiaceae* | *Beijerinckiaceae* | *Beijerinckiaceae* | *Beijerinckiaceae* | *Beijerinckiaceae* |
| 固碳作用途径 | 丝氨酸循环 | 丝氨酸循环 | 丝氨酸循环 | 丝氨酸循环 | 丝氨酸循环 | 丝氨酸循环 |
| sMMO | + | + | + | − | + | − |
| pMMO | − | − | − | + | + | + |
| 最适 pH 值 | 5.5 | 5.5～6.0 | 5.0～5.5 | 6.0～6.2 | 6.0～6.5 | 6.8 |
| 分离位点 | 酸性森林始成土 | 水藓泥炭沼泽 | 苔原水藓泥炭地 | 酸性森林土壤 | 水藓泥炭沼泽 | 春天的沼泽地 |

① *Methylocystis* strain SB2 在乙酸盐上的生长可以模拟为线性或指数生长，因此未计算增长率。

注：＋为显著性增长；±为微量生长；—为没有增长；ND 为未确定。

pH 值能影响甲烷氧化菌的活性，大多数甲烷氧化菌为嗜中性的微生物，也有少数嗜酸甲烷氧化菌。对已报道的兼性甲烷氧化菌的发源地的生长特性总结（图 4-2），发现 *Methylocella silvestris* BL2 的生长 pH 值范围为 4.2～7.0（最适 pH 值为 5.5）；*Methylocella tundrae* 的生长 pH 值范围为 4.2～7.5（最适 pH 值为 5.5～6.0）；*Methylocapsa aurea* KYGT 的生长 pH 值范围为 5.2～7.2；*Methylocystis* H2s 是一株温和的嗜酸菌，最佳生长 pH 值为 6.0～6.5；*Methylocystis heyeri* H2 的最优生长 pH 值为 5.8～6.2；*Methylocystis* SB2 的最佳生长 pH 值是 6.8；*Methylocystis* strain H2s 和 S284 的最适生长 pH 值为 6.0～6.5。可以基本推断出兼性甲烷氧化菌易在酸性环境富集，最适 pH 值为 5.5～6.5。

## 二、兼性甲烷氧化菌的最新研究进展

在伯杰细菌手册关于甲基单胞菌科的介绍中有另一个重要的信息，即"许多细菌是能利

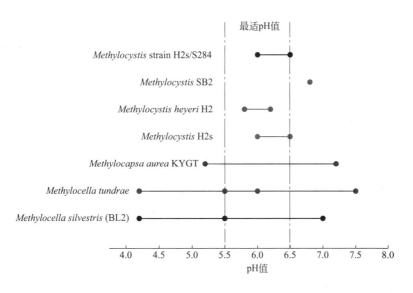

图 4-2　特征兼性甲烷氧化菌最佳生长 pH 值

用多碳化合物以及单碳化合物，而不是专依靠甲烷或甲醇作为碳源和能源"。由于经典生物学研究在培养基优化中很少关注以甲烷为碳源，而且当时甲烷以及温室效应并未受到科学家的重视，因此能够利用甲烷以及其他碳源的细菌并未受到关注。

目前，已有一些文献提到了可以氧化甲烷的甲基营养菌、这其中包括了细菌、酵母菌和古细菌。Wolf 早在 1979 年就发现了可以利用甲烷的酵母菌。经过单细胞的抗生素筛选确定其属于嗜甲烷酵母，并通过观察菌体的超微结构确定了其属于真核生物。遗憾的是，相关研究没有继续进展下去。直到 2006 年发现了菌株 *Trichosporon cutaneum* 可以甲烷为唯一碳源和能源生长。该酵母菌是在波兰当地被石油严重污染的土壤中分离得到的，它可以利用甲醛以及多种多碳化合物，其中包括：葡萄糖、甘油、乙醇以及苯酚。由此可以推断，这类酵母菌有广泛的底物范围。1999 年，Hinrichs 在 *Nature* 上发表了文章 "Methane-consuming archaebacteria in marine sediments"，论文中提及一些还未能鉴定但可以确信有甲烷降解能力的古菌。

重庆理工大学赵天涛课题组近 5 年以来一直致力于生活垃圾填埋场等人为源的甲烷减排，采用了生物抑制和生物氧化等手段，有效控制了填埋场前期的甲烷生成和填埋后期的甲烷排放。2009 年，课题组从填埋了 10 年的矿化垃圾中分离得到一株兼性甲烷氧化菌 *Methylocystis* strain JTA1。将其 16S rDNA 碱基序列与已报道的其他兼性甲烷氧化菌进行比较，发现 *Methylocystis* strain JTA1（GenBank：KC129107）与 *Methylocystis* strain H2s 和 SB2 的相似度达到 97.13% 和 97.45%（图 4-3）。

*Methylocystis* strain JTA1 生长的最适 pH 值为 6.0～6.5。基于均衡生长假设，科研人员以 Monod 方程为基础，推导了底物消耗模型并用以表征菌株的甲烷亲和氧化能力。在低密度的菌体培养条件下，考察了不同甲烷含量的甲烷消耗速率。拟合结果符合 Monod 方程假设，推演其半饱和常数 $K_{m(app)} = 7.08$ mmol/L（$R^2 = 0.982$）。$K_m$ 越小，表明菌体和底物的亲和力越高。从以往的报道中可知，甲烷氧化菌的 $K_m$ 一般为 60mmol/L 左右，这说明菌株 JTA1 对甲烷有较强的亲和力，可以高效降解甲烷。兼性甲烷氧化菌具有更广泛的底

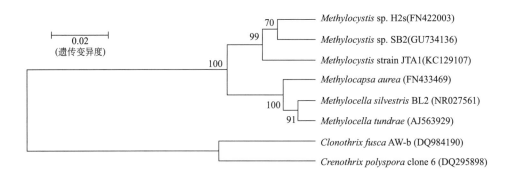

图 4-3 基于 *Methylocystis* strain JTA1 16S rDNA 序列的系统发育树

物范围，可利用较为低廉的碳源实现富集和扩大培养，因此有助于甲烷生物氧化技术在生活垃圾填埋场等人为源温室气体减排中的工程化应用。

# 第二节　兼性甲烷氧化菌的代谢特性

## 一、兼性甲烷氧化菌中的基因表达

近年来关于兼性甲烷氧化菌的研究发现，菌株在没有甲烷的多碳化合物中生长时会产生MMO。有趣的是，乙酸酯能够抑制 MMO 在一些兼性甲烷氧化菌中的产生，另外一些甲烷氧化菌在任何基质下都能结构性表达 MMO。当用乙酸酯作为生长基质时，无论甲烷存在与否，均会显著抑制 *Methylocella silvestris* 表达 sMMO（该菌株只能表达 sMMO）。如 Dedysh 等研究所示，相比甲烷而言，*Methylocella silvestris* 更喜好乙酸酯作为它的生长基底，可能原因：①乙酸酯可为甲烷氧化为甲醇提供最初的还原力；②该菌株分离自具有高浓度乙酸酯的水藓泥炭沼泽中。这些结果表明，兼性甲烷氧化菌 *Methylocella* 菌株有一个有效的调控系统来控制 MMO 的表达。

与此相反，研究发现兼性甲烷氧化菌 *Methylocystis* strain H2s 和 *Methylocystis* strain SB2 无论是在甲烷还是乙酸酯中都能结构性表达 pMMO。由于 pMMO 的一个关键基因 *pmoA* 的表达使兼性甲烷氧化菌菌株 *Methylocystis* strain SB2 在甲烷中生长比在乙酸酯中显著提高。如上所述，这些菌株在乙酸酯中显示出较弱的生长态势，这可能是由于它只把乙酸酯作为备用碳源，在没有甲烷或缺少能源的情况下能够继续利用它表达产生 MMO，当甲烷含量恢复时可迅速利用。然而，这些菌株也是从含高浓度乙酸酯的沼泽中分离出来的。所以，控制 MMO 表达的能力也可能有其他的原因。

令人关注的是，在高浓度铜离子存在时，*Methylococcus capsulatus* Bath 中 sMMO 的表达会受到抑制。然而，pMMO 的结构性表达会随着铜离子浓度的增大而不断增强。在乙酸酯存在的情况下，*Methylocella silvestris* 的 sMMO 的表达会被抑制，pMMO 的表达却能够进行。这些情况表明，兼性甲烷氧化菌中 sMMO/pMMO 表达的调控途径与专性的甲烷氧化菌有一些相似性。这可能是由于 *Methylocella* 种类是最初的兼性甲基营养生物，随后通过横向的基因 sMMO 的传递，产生了能够利用甲烷作为生长基质的能力，之后对于碳源差异发展出了能够控制 MMO 表达的能力。*Methylocella* 菌种是唯一被确定缺乏 pMMO 的甲烷氧化菌，推而广之形成的 *Methylocella aurea* 也被称为甲基营养菌，但是通过侧面的基因传递发展出了表达 pMMO 的能力。然而，当在乙酸酯中生长时，*M. aurea* 是否能够表达 pMMO 尚未有所报道。虽然在这些菌株中来自甲基营养型的兼性甲烷氧化菌的起源存在疑问，但是存在一种兼性甲基营养型菌 *Methylobacterium extorquens* AM1，当它在表达 *Paracoccus denitrificans*（脱氮副球菌）的氨单加氧酶（ammonia monooxygenase，AMO）时，也能以甲烷作为它唯一的碳源而生长。由于 AMO 能将甲烷氧化为甲醇，该研究结果表明 AMO 的活动能够使 *M. extorquens* AM1 利用甲烷作为唯一的碳源。

## 二、兼性甲烷氧化菌的多碳基质代谢途径

尽管现有成果已经可以证实兼性甲烷氧化菌的存在，但多碳化合物如何被这些菌株吸收利用还不清楚。以往的报道认为甲烷氧化菌的代谢过程存在以下 2 个特点：第一，甲烷氧化菌由于缺少 $\alpha$-酮戊二酸脱氢酶而导致柠檬酸循环不完整，并最终导致其无法利用多碳化合物；第二，甲烷氧化菌缺少运输碳碳键的载体。这两个原因被认为是甲烷氧化菌只能利用一碳化合物的主要原因。考察现有的兼性甲烷氧化菌，均属于 $\alpha$-变形菌纲，而该菌纲所属细菌拥有完整的三羧酸循环，因此，上面提及的一个原因已经被消除。到目前为止，已经报道的兼性甲烷氧化菌可以利用 $C_2 \sim C_4$ 的有机酸或者乙醇作为单一生长底物。由于这些化合物可以进行膜渗透而无须载体进入细胞内部，因此，关于甲烷氧化菌的第二个代谢限制也消除了。以上讨论确保了兼性甲烷氧化菌利用多碳碳源的可能性。而基于现有兼性甲烷氧化菌都可利用乙酸的共性，主要讨论以乙酸为单一生长底物的可能代谢途径。

据报道，微生物对乙酸盐的吸收既通过一种特定的透性酶，也通过细胞膜的被动扩散发生。大部分兼性甲烷氧化菌从高乙酸浓度的酸性环境中分离得到，这个事实说明乙酸是通过被动运输进入细胞内的。在被转化为生物质之前，随着乙酸盐的吸收，乙酸盐首先必须被活化成乙酰辅酶 A（acetyl-CoA）。当乙酸盐的环境浓度达到 30mmol/L 以上或者细胞内有主动运输系统时，乙酸盐可以通过一种激酶和一种磷酸转乙酰酶活化成乙酰辅酶 A（图 4-4）。该途径被称为低亲和路径。在缺少以上酶或者低浓度乙酸盐的情况下，乙酸盐可以通过乙酰辅酶 A 合成酶活化（需要 AMP 或者 ADP 参与），该途径被称为高亲和路径。一旦被激活，乙酰辅酶 A 能通过各种途径被吸收，包括乙醛酸途径（图 4-5）、ethymalonyl-CoA 途径（图 4-6）、甲基天冬氨酸循环（图 4-7）和甲基苹果酸循环（图 4-8）。

然而，甲烷氧化菌对乙酸盐的利用途径的鉴定是很困难的。例如，在乙醛酸循环中没有发现任何主要酶活性的证据，即异柠檬酸裂解酶和苹果酸合成酶。但是基因组分析表明编码这些酶的基因是存在的。异柠檬酸裂合酶基因编码丢失可严重限制 *M. silvestris* 在乙酸盐中的生长，也影响其在甲烷中的生长。这些数据表明，乙醛酸循环对 *M. silvestris* 来说可能是至关重要的环节。这些发现也表明，兼性甲烷氧化菌利用多碳化合物可能存在多种机制，这就使得当异柠檬酸裂解酶基因编码被剔除时，它们也能在乙酸盐中生长。然而，已知的来自乙酸盐的碳吸收乙基丙二酰辅酶 A、甲基苹果酸和甲基天冬氨酸的主要基因同系物在 *M. silvestris* 的基因序列中却是不明显的。

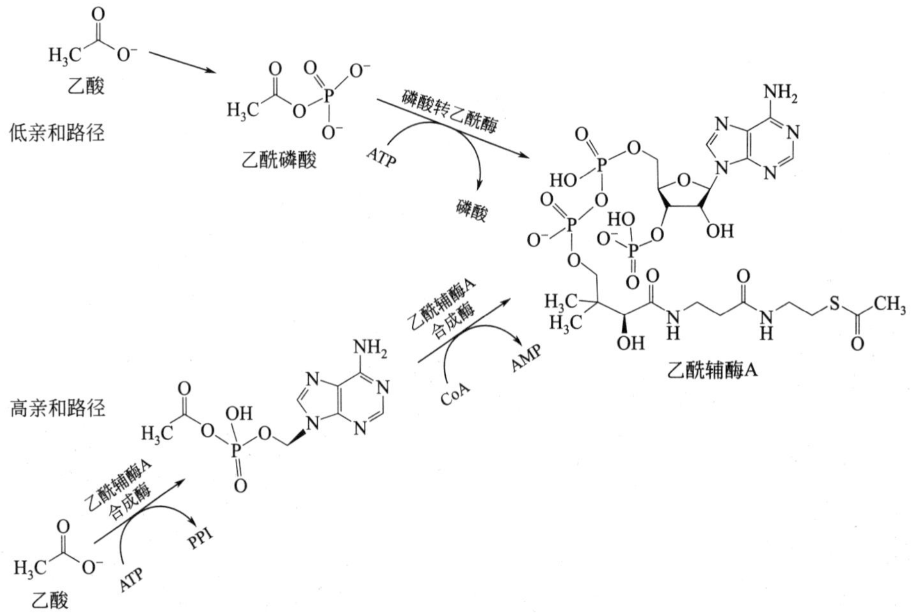

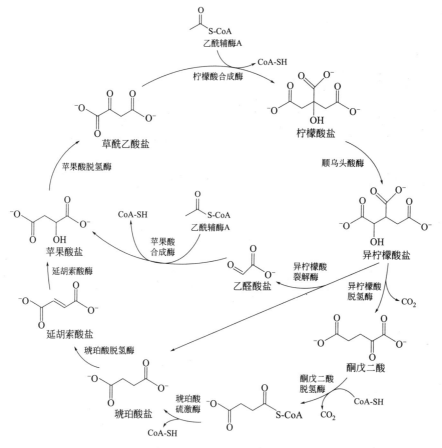

图 4-4　乙酸盐产生乙酰辅酶 A 的机理

图 4-5　乙醛酸途径乙酰辅酶 A 的吸收

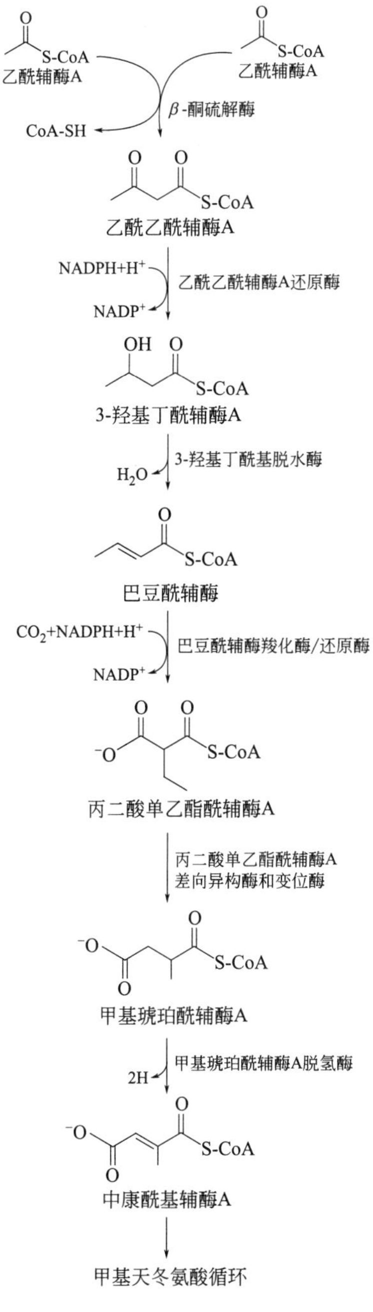

图 4-6　通过 ethylmalonyl-CoA 途径的乙酰辅酶 A 同化过程

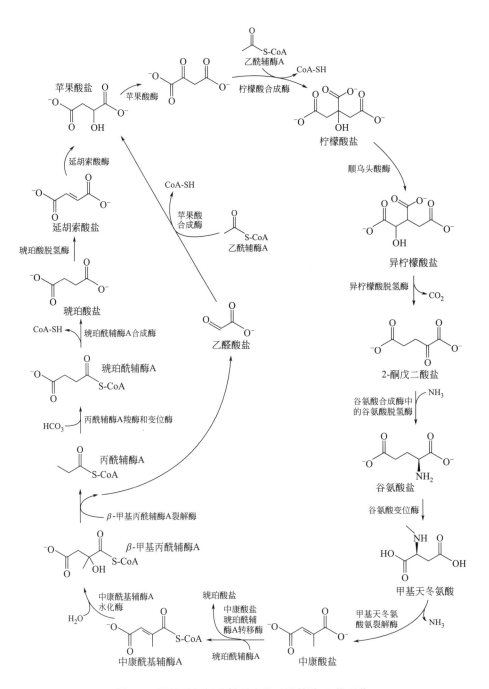

图 4-7  甲基天冬氨酸循环途径乙酰辅酶 A 的吸收

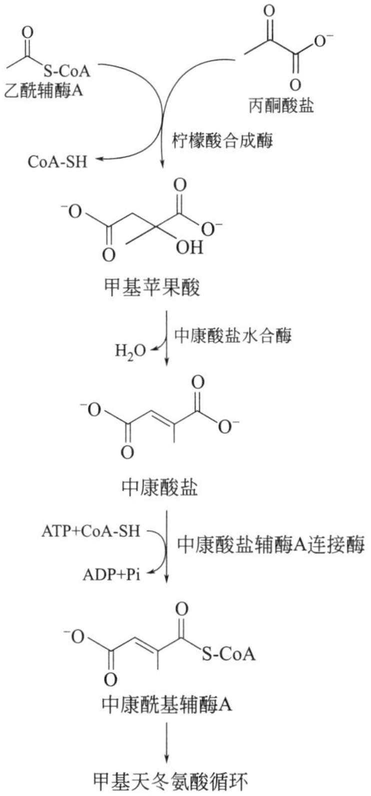

图 4-8 甲基苹果酸循环途径乙酰辅酶 A 的吸收

# 第三节 兼性甲烷氧化菌的分离与应用

## 一、矿化垃圾中兼性甲烷氧化菌的驯化与筛选

生活垃圾在填埋场中经过若干年的生物降解后即可达到稳定化,所形成的一种无毒无害的垃圾称为矿化垃圾。矿化垃圾含有丰富的微生物资源,是兼性甲烷氧化菌分离的重要场地。某课题组以甲烷为唯一碳源,进行了矿化垃圾中甲烷氧化菌的富集,并采用消减稀释法进行了多次液体传代培养。试验历经了 6 个月,最终得到了 3 种形态明显不同的单菌落。对 3 个菌株又进行了为期 3 个月的传代培养,仍以甲烷为唯一碳源,最终得到了 1 株可高效氧化甲烷的目标菌株,命名此菌株为 DH。对其进行固体平板传代,传三代的菌株 DH 长势良好,有类似脂类的黄色分泌物产生(图 4-9)。对菌株 DH 继续进行多次单克隆传代,最终得到了菌株 DH 的第十代纯化菌。该菌属于革兰氏阳性菌,淡黄色小菌落,菌落直径 1mm 左右,半透明,凸起,边缘光滑。根据培养基及培养条件的变化,菌落颜色有淡黄色、黄色和橘黄色。目前该菌株已经在中国典型培养物保藏中心申请了专利保藏,保藏号为 M2010099。鉴于该菌具有高效的甲烷氧化能力,申请了国家发明专利,专利公开号为 201010260104.8。

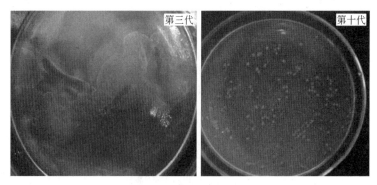

图 4-9  菌株 DH 第三代和第十代固体平板培养照片

### 1. 菌株 DH 的生物特性和 DNA 鉴定

菌株 DH 的电镜扫描照片见图 4-10。菌体呈短杆状，中间向内凹陷，似圆盆形，外径 $0.6 \sim 0.7 \mu m$，内径 $0.2 \sim 0.4 \mu m$。电镜扫描过程并未发现形态明显不同的菌体，因此可以基本判定传十代的菌株 DH 是纯菌。其生理生化特性见表 4-3。菌株 DH 可以利用乳糖代谢得到乳酸是一个有趣的结果，这说明该菌的代谢途径与专一营养的甲烷氧化菌是不同的，或者该菌株并不是纯菌。因此，有必要进行更深入的鉴定。

图 4-10  传十代的菌株 DH 电镜扫描照片

表 4-3  菌株 DH 的生理生化特性

| 生理生化指标 | 特征 | 生理生化指标 | 特征 |
| --- | --- | --- | --- |
| 苯丙氨酸脱氨酶 | — | 淀粉水解酶 | ＋ |
| 吲哚反应 | — | 明胶水解 | — |
| 乙酰甲基甲醇反应 | — | 接触酶 | ＋ |
| $H_2S$ 气体产生 | — | 细胞色素氧化酶 | — |
| 反硝化反应 | — | 柠檬酸盐利用 | — |
| 甲基红反应 | — | 乳酸产生 | ＋ |

注：＋为阳性；—为阴性。

### 2. 菌株 DH 的 16S rDNA 鉴定

对菌株 DH 的 PCR 产物进行 3％琼脂糖凝胶电泳。由图 4-11 可以清晰地看到一条 PCR

产物的凝胶条带，未见其他片段，基本可以判断菌株 DH 为纯菌株。

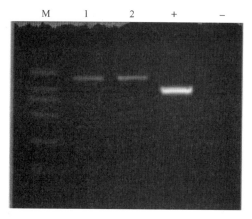

图 4-11　菌株 DH 切胶回收目的片段的 DNA 电泳
M—DL2000 DNA Marker；1，2—DH-PCR 产物；
＋—正对照；－—负对照

经扩增产物测序结果可知，菌株 DH 的 16S rDNA 碱基长度为 1397bp，测序谱图无套峰出现，可判定菌株 DH 是纯菌株。将碱基序列输入 GenBank 核酸序列数据库进行比较，发现与微杆菌属（*Microbacterium* sp.）的 3 个菌株的同源性在 99％以上，将与菌株 DH 同源性最高的菌株序列进行系统发育树构建。由图 4-12 可知，这些同源序列分为 4 个主要分支，菌株 DH 和 *Microbacterium* sp. MAS133 和 RM10D 属于同一分支。菌株 *Microbacterium* sp. MAS133 是 2000 年 11 月由法国的 Ashraf 在盐碱地中小麦的根部提取分离的，该菌株的 16S rDNA 碱基长度为 1407 bp，在盐碱土壤中该菌可以促进小麦根部生长。菌株 *Microbacterium* sp. RM10D 是 2007 年 7 月由印度的 Krishna 在极端碱性的铝矾土渣中发现的，属于非自养菌，该菌株的 16S rDNA 碱基长度为 1486bp。由《伯杰细菌鉴定手册》（第八版）可知，微杆菌在空气中的固体培养基表面上生长良好，从可发酵的碳水化合物产酸，最适生长温度为 30℃，在 72℃的脱脂牛奶中能存活 15min 或更长时间，首先发现于酪制品中和制酪器皿上。对菌株 DH 进行了乳酸管的碳源验证实验，结果呈阳性，以上分析可知，菌株 DH 并非传统意义的专一营养的甲烷氧化菌。目前，国内外均未见微杆菌利用甲烷的报道，而且菌株 DH 在实验过程中所表现出的对甲烷氧化的良好效果也确保了继续深入研究的必要性。

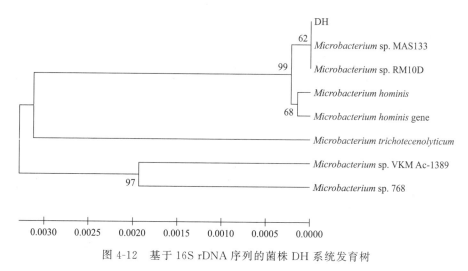

图 4-12　基于 16S rDNA 序列的菌株 DH 系统发育树

### 3. 微杆菌 DH 的培养条件和碳源利用

（1）微杆菌 DH 的培养条件　取固体培养十代的微杆菌 DH 制成 $OD_{560nm}$ 值 0.52 的菌液。在 30℃、2％接种量、25％甲烷含量和 pH 值 7.0 的条件下，以甲烷为唯一碳源和能源

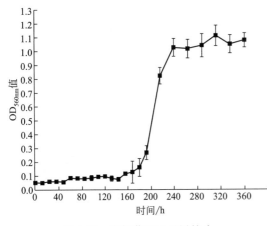

图 4-13　微杆菌 DH 以甲烷为
碳源和能源的生长曲线

进行生长曲线试验，结果见图 4-13。微杆菌 DH 的延迟期较长，大约为 180h。但当微杆菌 DH 进入对数期后菌体生长迅速，$OD_{560nm}$ 值从 0.161 升至 1.037 仅用了 60h，之后便达到了平稳期。研究发现，将富集的纯菌液置于 −20℃ 冰箱中保存 10d，仅需要约 1d 即可实现复壮。经历了垃圾降解过程高温驯化的微杆菌 DH 在 40℃ 条件下，从 2% 接种量的培养液达到对数生长期仅需要约 6～7h。该温度下，多数甲烷氧化菌无法生长，多数微杆菌的活性也会下降，由此可见，微杆菌 DH 具有极强的温度耐受性。

通过甲烷消耗和菌体生长考察 pH 值对微杆菌 DH 生长的影响，结果见图 4-14。培养体系总计 20mL，以甲烷为唯一碳源和能源，培养时间为 3d，甲烷的消耗体积和培养液 $OD_{560nm}$ 值变化分别用来表征菌体的活性和生长情况。微杆菌 DH 在 pH 值为 6.52 时活性最高，平均每毫升菌液每天消耗甲烷 0.15mL。从菌体生长情况来看，当 pH 值为 6.53 时，菌液 $OD_{560nm}$ 达到 0.548。当 pH<5.0 或 pH>8.0 时微杆菌 DH 基本失去了活性，无法利用甲烷。因此，DH 菌的最适生长 pH 值应该在 6.5 左右。

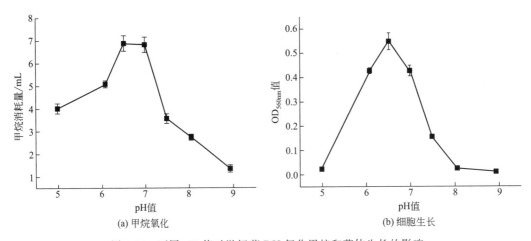

图 4-14　不同 pH 值对微杆菌 DH 氧化甲烷和菌体生长的影响

（2）不同糖类碳源对微杆菌 DH 的亲和性　选取了 7 种具有代表性的糖类碳源进行碳源优化实验，这其中包括了单糖（甘露糖、果糖和葡萄糖）、双糖（蔗糖和乳糖）、三糖（棉子糖）和多糖（淀粉）。每种糖溶液均使用 NMS 培养液配制，初始浓度为 3.0g/L，培养温度为 30℃，考察 70h 后的碳源消耗情况和菌体生长情况，结果见表 4-4。

微杆菌 DH 对 3 种单糖和 2 种双糖的利用效果较好，总消耗量在 36mg 以上，约消耗了总量的 60%。当以蔗糖和甘露糖为碳源时，菌液 $OD_{560nm}$ 值分别达到了 0.758 和 0.742，这说明以这两种糖为碳源时微杆菌 DH 菌增殖较快。以其他几种糖为碳源时，菌液 $OD_{560nm}$ 值均有明显增长，这表明微杆菌 DH 菌既可高效氧化甲烷，又可以利用多种碳源增殖，与以甲

表 4-4  不同糖类碳源培养微杆菌 DH 生长的影响

| 碳源名称 | 碳源特性 | 菌液光密度<br>（OD$_{560nm}$） | 菌液糖浓度<br>/（g/L） | 糖的消耗量<br>/mg |
|---|---|---|---|---|
| 蔗糖 | 双糖（葡萄糖＋果糖） | 0.758 | 1.171 | 36.6 |
| 乳糖 | 双糖（葡萄糖＋半乳糖） | 0.698 | 0.986 | 40.3 |
| 棉子糖 | 三糖（半乳糖＋果糖＋葡萄糖） | 0.503 | 1.696 | 26.1 |
| 淀粉 | 多糖（D-葡萄糖聚合） | 0.601 | 1.523 | 29.5 |
| 果糖 | 单糖（六碳） | 0.665 | 1.123 | 37.5 |
| 葡萄糖 | 单糖（六碳） | 0.557 | 1.045 | 39.1 |
| 甘露糖 | 单糖（六碳） | 0.742 | 1.187 | 36.3 |

烷为碳源相比可大大节省菌株的富集成本，这为矿化垃圾减排填埋场无序甲烷的工程应用提供了重要保证。

### 4. DH 菌强化矿化垃圾减排甲烷

目前通过覆盖层进行甲烷氧化的效果并不十分理想，这其中最大的问题就是菌体的活性较低，通过喷洒具有高效甲烷氧化效率的菌液是突破这一瓶颈的有效途径。将复壮的微杆菌 DH 菌液 1mL 喷洒到 20g 矿化垃圾中，与未喷洒菌液的矿化垃圾比较甲烷氧化效果。由图 4-15 可知，实验组甲烷氧化效果远好于对照组。在培养 4d 后甲烷消耗便呈现了对数增长的趋势，在之后的 6d 中，消耗了约 92mL 甲烷。而对照组到达甲烷消耗的对数期经历约 14d，在培养的 30d 内，总计氧化甲烷约 60mL，仅为实验组的 50%。这说明喷洒 DH 菌液可以大幅度提高覆盖层的甲烷氧化率。

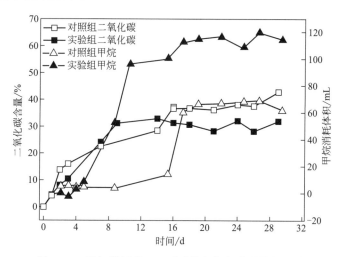

图 4-15  添加微杆菌 DH 对矿化垃圾氧化甲烷的影响

分离并鉴定了菌株 DH 属于微杆菌属（*Microbacterium* sp.），其特点是甲烷利用率高，菌体培养密度大，温度耐受性强，适用于填埋前期产气量高、甲烷浓度高时期的甲烷氧化。微杆菌 DH 的发现克服了甲烷氧化菌菌体密度低、难于扩大培养等应用困难。微杆菌 DH 是可以氧化甲烷的兼性营养菌，由于能够更好地适应环境条件而在富集过程中成为了优势菌株。以廉价的多糖为碳源可以大大节省菌株的富集成本，这为矿化垃圾减排填埋场无序甲烷的工程应用提供了重要保证。

## 二、填埋场中兼性甲烷氧化菌的特征分析

填埋场覆盖层中的甲烷氧化菌在减少甲烷排放方面发挥重要作用。

### 1. *Methylocystis* strain JTA1 的生长实验

将 *Methylocystis* strain JTA1 菌株接种于装有 400mL MNMS 培养基的锥形瓶中，并用气密性较好的塞子封住瓶口。一组使用注射器和无菌过滤器（0.22μm）将甲烷（体积分数约 20%）注射到瓶子的顶部空间内，并将其他碳源添加到 MNMS 培养基中，使其浓度达到3g/L。另一组用甲烷作为唯一碳源，并从 MNMS 琼脂平板获得接种细胞，然后在接种前用无菌水洗涤 3 次。菌悬液接种量为 5.0%，在 30℃、150r/min 的条件下培养。将未接种的培养基用作空白，并且接种等量细胞于无碳源的 MNMS 培养基中，以确认没有发生隐性生长。每天取样后测定 $OD_{600nm}$ 和甲烷浓度。通过引入 Boltzmann 模拟来确定菌株 JTA1 的生长模型（$y = \dfrac{A_1 - A_2}{1 + e^{(X - X_0)/d_X}} + A_2$），并通过内插法计算细胞最大比生长速率。

### 2. *Methylocystis* strain JTA1 的生理生化和系统发育分析

兼性甲烷氧化菌 JTA1 的冷冻干燥形态如图 4-16 所示。细胞为革兰氏阴性、非运动性、无孢子、菌体呈杆状，细胞直径为 0.2～0.4μm，长度为 0.6～0.8μm。利用琼脂糖凝胶电泳分离在甲烷和乙酸盐上生长菌株的 16S rRNA 基因产物。然后，测定菌株 JTA1 16S rRNA 的基因序列，并与报道的兼性甲烷氧化菌进行比较。JTA1 菌株与 *Methylocystis* strain H2s 和 *Methylocystis* strain SB2 的序列相似性分别达到 97.13% 和 97.45%，表明它属于甲基孢囊菌属。根据 *pmoA* 基因序列分析，菌株 JTA1 与菌株 H2s 和 SB2 的相似性水平分别为 87.84%（GenBank：FN422005）和 91.72%（GenBank：GU734137）。在最佳生长 pH 值为 6.0～6.5 时，*M.* strain H2s 不仅可以利用甲烷和甲醇，而且可以利用乙酸酯。*M.* strain H2s 能够表达 sMMO 和 pMMO，而菌株 JTA1 仅能表达 pMMO。所有的实验结果都表明菌株 JTA1 属于一种新型的兼性甲烷氧化菌。

图 4-16 *Methylocystis* strain JTA1 的 SEM 显微照片（冷冻干燥形态）

*Methylocystis* 菌株 JTA1 的系统发育树如图 4-17 所示，它和其他 7 种报道的兼性甲烷氧化菌可分为 2 类，*Clonothrix* 和 *Crenothrix* 被认为是Ⅰ型甲烷氧化菌，因为它们是甲基球菌科的子集。据报道，在不存在 $CH_4$ 的情况下，*Crenothrix polyspora* 可以吸收乙酸，在较小程度上吸收葡萄糖，表明这种细菌应该是兼性甲烷氧化菌。有趣的是，最近发现的另一个与 *Crenothrix polyspora* 关系密切的丝状甲烷氧化菌 *Clonothrix fusca* 却不能在葡萄糖上生长。然而，迄今为止，关于分离和培养纯化的兼性甲烷氧化菌较少。*Methylocystis* 菌株 JTA1 的最佳生长条件为 pH 6.8 和温度 35℃。其对碳源的利用如表 4-5 所列。它不仅可

以利用甲烷和甲醇，而且可以利用乙酸盐和乙醇。据报道，*Methylocystis* strain SB2 在以甲烷为碳源时，生长最快，其次是以乙醇作为碳源，最大 $OD_{600nm}$ 分别为 0.83 和 0.45。此外，*Methylocystis* strain JTA1 在以甲烷为碳源时的生长情况较 *M.* strain SB2 更好，最大 $OD_{600nm}$ 达到了 1.23；而在以乙醇为碳源时，细胞生长较慢，最大 $OD_{600nm}$ 为 0.21。研究发现，大多数专性或报道的兼性甲烷氧化菌不能利用 $C_5$ 或 $C_6$ 化合物作为碳源，表明该类细菌缺乏完全的柠檬酸循环（2-酮戊二酸脱氢酶活性缺失）或不能转移细胞外含有碳碳键的化合物。

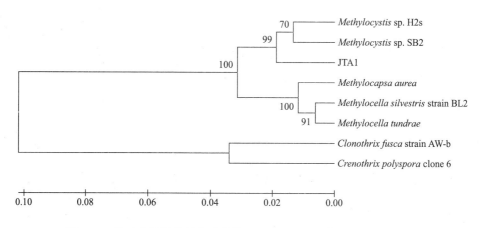

图 4-17　基于兼性甲烷氧化菌株的 16S rRNA 基因序列的系统发育树

**表 4-5　JTA1 的碳源利用率**

| 碳源 | 发展 | $OD_{600nm}$ | 碳源 | 发展 | $OD_{600nm}$ |
|---|---|---|---|---|---|
| 甲烷 | ＋＋ | 1.231±0.037 | 乙醇 | ＋ | 0.213±0.016 |
| 甲醇 | ＋ | 0.357±0.017 | 草酸盐 | － | 0.061±0.013 |
| 甲酸 | － | 0.062±0.010 | 乙酸盐 | ＋ | 0.521±0.033 |
| 甲醛 | － | 0.060±0.012 | 乳糖 | － | 0.060±0.005 |
| 甲胺 | － | 0.065±0.009 | 葡萄糖 | － | 0.051±0.007 |
| 尿素 | － | 0.058±0.008 | 马拉特 | － | 0.053±0.005 |

注：＋＋为快速增长；＋为微量生长；－为无增长。

### 3. 甲烷亲和氧化动力学

通过 Boltzmann 模拟确定 *M.* strain JTA1 的生长模型，并从模型中推导出的参数可以与研究中的参数较好地匹配（图 4-18）。通过插值法计算出菌株 JTA1 的最大细胞比生长速率（$\mu_{max}$）为 $0.042h^{-1}$（$R^2 = 0.9951$），高于 *Methylocella silvestris*（$\mu_{max} = 0.033h^{-1}$）和 *Methylocapsa aurea*（$\mu_{max} = 0.018h^{-1}$），但低于 *Methylocystis* strain H2s（$\mu_{max} = 0.06h^{-1}$）和 *Methylocystis* strain SB2（$\mu_{max} = 0.052h^{-1}$）。这些数据表明，与其他兼性甲烷氧化菌相比，甲烷是菌株 JTA1 生长的首选底物。

*M.* strain JTA1 在不同初始甲烷浓度下生长的动力学曲线如图 4-19 所示。将初始反应速率相对于甲烷浓度作图并拟合为米氏（Michaelis-Menton）双曲线模型。通过 Lineweaver-Burk 方法得到表观半饱和常数 $K_{m(app)}$，其值为 7.08mmol/L（$R^2 = 0.982$），说明菌株

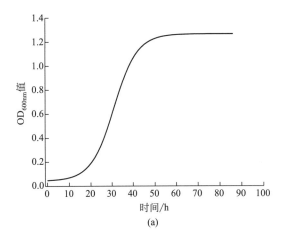

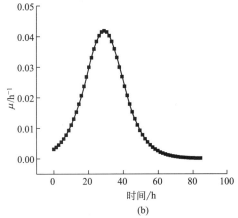

图 4-18　通过 Boltzmann 模拟的菌株 JTA1 的生长曲线

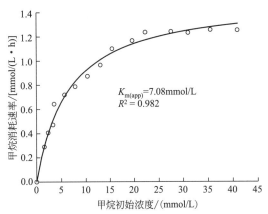

图 4-19　不同初始甲烷浓度下甲烷氧化的动力学曲线

$K_{m(app)}=7.08\text{mmol/L}$
$R^2 = 0.982$

JTA1 与所报道的甲烷氧化菌相比对甲烷具有较高的亲和力。

#### 4. 菌株 JTA1 强化矿化垃圾甲烷氧化

研究表明，垃圾填埋场生物覆盖层能够有效缓解温室气体的排放。矿化垃圾可能是缓解 $CH_4$ 排放最具前景的材料之一。将菌株 JTA1 的培养液喷洒于矿化垃圾上以提高甲烷氧化速率。结果如图 4-20 所示，当 1mL 菌株 JTA1 的菌液（其 $OD_{600nm}$ 值为 1.01）加入 20g 矿化垃圾中后，甲烷氧化率急剧增加，最终的甲烷消耗量达到 115mL，几乎是对照实验的 2 倍（61mL）。

#### 5. *Methylocystis* strain JTA1 对氯仿的耐受性

已有研究发现氯仿可有效抑制甲烷产生。根据前期研究，填埋场生物抑制技术的实践是可行的，添加氯仿能够有效减少垃圾填埋场人为 $CH_4$ 的排放。通过研究 *M.* strain JTA1 对氯仿的耐受性，来探索同时具有生物抑制甲烷生成和甲烷氧化菌生物强化综合技术的可行性。加入 1mL JTA1 菌液，$OD_{600nm}$ 的值为 1.05，并将不同浓度的氯仿加入 20g 矿化垃圾中。结果如图 4-21 所示，当氯仿浓度小于 80mg/L 时，菌株 JTA1 的活性与对照实验相比得到加强。特别是当氯仿浓度为 50mg/L 时，22d 后 $CH_4$ 的去除率达到 100%，表明氯仿可以促进菌株 JTA1 的生长。然而，当氯仿的浓度超过 200mg/L 时 JTA1 细胞失活，在这种情况下，氯仿的生物抑制作用占主导地位。

当氯仿浓度为 50mg/L 时，覆盖材料的甲烷氧化速率达到 0.114mL/(d·g)，远高于报道的矿化垃圾 [0.0068～0.0135mL/(d·g)]。因此，添加低浓度氯仿不仅可以促进甲烷氧化，而且也是减少垃圾填埋场甲烷排放的有效技术之一。

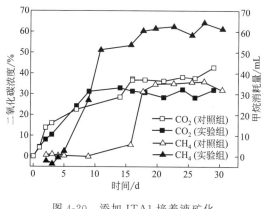

图 4-20 添加 JTA1 培养液矿化
垃圾的甲烷氧化效果

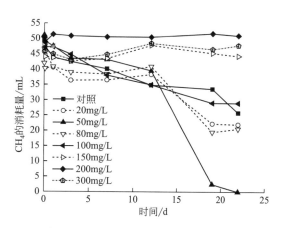

图 4-21 不同氯仿浓度下 *Methylocystis*
strain JTA1 的甲烷氧化特性

## 三、兼性甲烷氧化菌强化甲烷氧化

好氧甲烷氧化菌在新陈代谢上具有独一无二的特性，即它们能够利用甲烷和其他的一碳化合物作为唯一碳源和能源。这类微生物最典型的特点是利用甲烷单加氧酶（methane monooxygenase，MMO）催化甲烷氧化为甲醇。长时间以来，所有的甲烷氧化菌都被认为是专一营养的，即它们无法利用含有碳碳键的化合物生长。

但这一观念最近已经被推翻了，研究人员已经发现了多种兼性甲烷氧化菌。也就是说，这些菌株能够像利用甲烷一样利用多碳化合物。这其中包括了变形菌纲的 *Methylocella*、*Methylocystis* 和 *Methylocapsa*。*Methylocella* 物种是首先被确定和公认的兼性甲烷氧化菌，它们在已知的甲烷氧化菌中非常独特，仅有一种溶解性甲烷单加氧酶（sMMO），并且较常见甲烷氧化菌而言缺少广泛的细胞质内膜（intracytoplasmic membrane，ICM）。它们能利用乙酸、丙酮酸、琥珀酸、苹果酸和乙醇等多碳化合物。

人为源甲烷减排作为减缓全球变暖重要的可控途径已经受到了广泛重视。生活垃圾填埋场作为主要的甲烷人为源，每年排放甲烷达到 $(20\sim70)\times10^9$ kg，而现有填埋工艺无法解决甲烷源头产量大、利用效率低和末端转化弱等诸多问题。当前，抑制产甲烷菌活性和功能覆盖层甲烷氧化等生物工程技术已成为人为源甲烷减排与控制的重要发展方向。通过填埋场甲烷的源头消减和末端转化，可以在保证现有卫生填埋工艺有序有效进行的前提下，实现甲烷排放的大幅度消减。

功能覆盖层甲烷氧化可有效促进人为源甲烷末端转化，但其中最大的问题就是甲烷氧化菌的生长速度慢、密度低、催化反应受还原性辅酶影响等。由于专性甲烷氧化菌仅能以甲烷或甲基化合物为碳源，这样就使得菌体富集和扩大培养手段难以在工程上应用。矿化垃圾含有丰富的微生物，而且前期研究表明，矿化垃圾具有很好的降解甲烷的能力，通过矿化垃圾原位驯化实现兼性甲烷氧化菌的经济富集和高效氧化，有望在生活垃圾填埋场等人为源甲烷减排的工程化方面取得重大突破。

### 1. 矿化垃圾中兼性甲烷氧化菌的富集

前期研究表明，从矿化垃圾中分离纯化的金黄杆菌 *Chryseobacterium* sp. JT03（CCTCC NO. M2010100）既可高效降解甲烷，又可以利用多种糖类碳源增殖。对经过甲烷驯化前后的矿化垃圾进行了电镜扫描分析,结果见图4-22。仅从菌体形态上即可判断甲烷驯化前的矿化垃圾中微生物呈现显著的多样性[图4-22(a)],而驯化后的矿化垃圾中出现了特定微生物的大量富集[图4-22(b)]。因此可初步判定,矿化垃圾中富含甲烷氧化菌,在贫营养的矿化垃圾中具有较好的环境耐受性,并在甲烷存在时能够快速富集。

(a) 驯化前

(b) 驯化后

图 4-22　甲烷驯化前后矿化垃圾的电镜扫描

有学者考察了矿化垃圾对糖类碳源的利用情况。由图4-23可知,淀粉和葡萄糖浓度在培养的前4d都有显著的下降,5d后体系的糖浓度基本不再变化。由OD值变化可知,矿化垃圾对葡萄糖的利用效果好于淀粉。以上研究虽然能够证实矿化垃圾可以利用单糖和多糖类碳源,但还无法证实其中的兼性甲烷氧化菌是否实现了富集和复壮,因此进一步考察了其氧化甲烷效果。但在长达2个月的试验中,甲烷的含量未见显著下降,二氧化碳含量也未见显著增加。这说明仅以糖类碳源对矿化垃圾驯化无法提高兼性甲烷氧化菌的甲烷氧化活性。由于兼性甲烷氧化菌在不同碳源条件下可能存在截然不同的代谢途径,

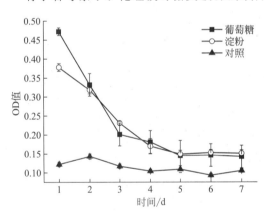

图 4-23　矿化垃圾对葡萄糖和淀粉的利用

因此可能存在菌体得到富集但无甲烷氧化能力的现象。此外,糖类碳源也有可能被矿化垃圾中的其他微生物利用。

### 2. 矿化垃圾中兼性甲烷氧化菌的驯化

添加必要的无机盐对强化甲烷单加氧酶的活性至关重要,但只添加NMS培养基对提高矿化垃圾的甲烷氧化能力也并不理想。主要原因是贫营养的矿化垃圾在无外加碳源的情况下菌体难以富集。因此向矿化垃圾中同时添加NMS培养液和糖类碳源,驯化5d后,通入甲烷并考察其甲烷氧化能力。由图4-24可知,经过复合驯化的矿化垃圾氧化甲烷的效果都得到了大幅度的增强。以葡萄糖为碳源,在经过大约7d的延迟期后,甲烷消耗呈现了对数增长的趋势,在5d内消耗了约90mL甲烷。以淀粉为碳源,经过了大约9d的延迟期,甲烷消耗呈现了对数增长的趋势,且消耗速率超过了以葡萄糖为碳源培养的矿化垃圾,在2d内甲

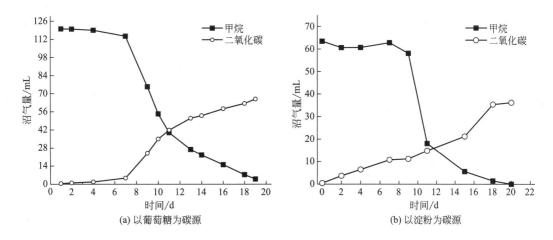

图 4-24　以葡萄糖或淀粉为碳源复合驯化的矿化垃圾对甲烷的氧化效果

烷消耗体积达到了约 45mL。培养 20d 后，血清瓶中的甲烷被全部消耗。

综上可知，兼性甲烷氧化菌可以在复杂的微生物体系中以多种糖类碳源富集，这说明该类细菌具有较强的生物活性和较高的底物竞争力，而以廉价的多糖作为碳源较甲烷来说可以大大节省菌株的驯化成本。此外，通过添加必要的微量元素，兼性甲烷氧化菌可以调节代谢途径，实现对甲烷的高亲和性，在其他碳源存在的情况下依然能够高效代谢甲烷。

### 3. 产甲烷菌抑制剂对矿化垃圾甲烷氧化能力的影响

前期研究表明，氯仿对产甲烷菌有高特异性抑制作用，可抑制填埋场前期的甲烷排放。由于氯仿在垃圾降解过程中会扩散至覆盖层，因此有必要考察其对矿化垃圾功能覆盖层甲烷氧化能力的影响，结果见图 4-25。

添加低浓度氯仿的矿化垃圾，其甲烷氧化活性并没有被抑制。相反，当氯仿浓度为 20mg/L 时，在培养了 4d 后甲烷消耗量就有了明显的下降，培养 20d 后甲烷消耗达到约 25mL。当氯仿浓度为 50mg/L 时，在培养了约 12d 后，甲烷的消耗达到了对数期，并在随后的一周内全部消耗，这说明了低浓度的氯仿促进了矿化垃圾中兼性甲烷氧化菌的代谢。随着氯仿浓度的提高，矿化垃圾氧化甲烷的能力有所下降，但始终高于对照试验的结果。当氯仿浓度大于 200mg/L 时，氯仿对微生物的抑制作用占据了主导，并导致菌体完全失活。血清瓶中产生的少量二氧化碳并非甲烷的代谢产物，而可能是淀粉降解或是菌体自溶的结果。

当氯仿浓度为 20～50mg/L 时，对兼性甲烷氧化菌没有任何抑制作用，但可以完全抑制体系产甲烷菌的活性。当氯仿浓度为 50mg/L 时，甲烷氧化率最高，达到了 0.114mL/(d·g)。已报道的填埋场覆盖土最大甲烷氧化率为 290g/(m·d)，覆盖层厚度为 30～60cm，相当于 0.0068～0.0135mL/(d·g)。这说明，通过对兼性甲烷氧化菌原位复合驯化的矿化垃圾可以大幅度提高填埋场覆盖层的甲烷氧化率。

矿化垃圾具有生物多样性，也富含兼性甲烷氧化菌。在贫营养的矿化垃圾中，兼性甲烷氧化菌具有较好的环境耐受性，可以在碳源存在时快速富集，但仅仅添加糖类碳源或无机盐都无法实现甲烷氧化能力的大幅提升。兼性甲烷氧化菌可以在复杂的微生物体系中以糖类碳

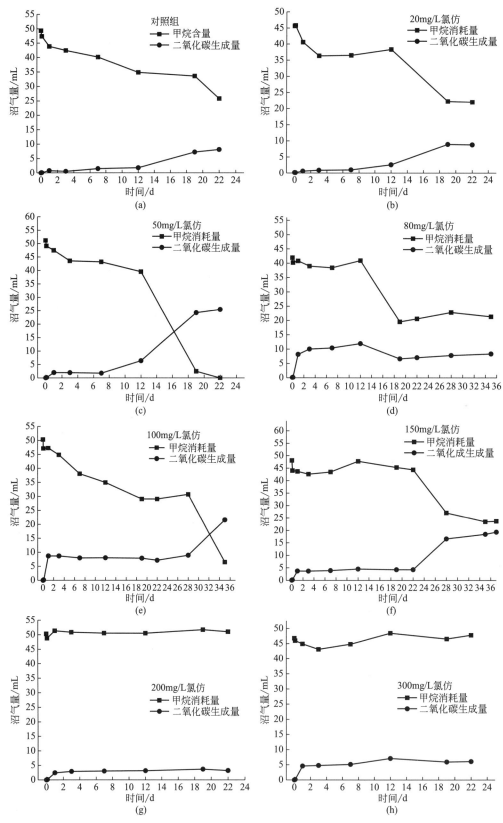

图 4-25　不同浓度氯仿对矿化垃圾氧化甲烷的影响

甲烷氧化菌生物效用与技术应用

源富集，具有较强的生物活性和较高的底物竞争力，而以廉价的淀粉作为碳源较甲烷来说可以大大节省菌株的富集成本。添加微量元素可有效调节兼性甲烷氧化菌的代谢途径，确保在其他碳源存在的情况下高效氧化甲烷。低浓度的氯仿对兼性甲烷氧化菌的活性有促进作用，当氯仿浓度为 50mg/L 时，甲烷氧化率达到了 0.114mL/(d·g)。本研究为矿化垃圾减排填埋场无序甲烷的工程应用提供了参考。

# 第四节　兼性甲烷氧化菌的起源与未来发展

## 一、兼性甲烷氧化菌的起源

关于兼性甲烷氧化菌的起源主要有两种推测：一是由兼性甲基营养菌（*Methylotrophic bacteria*）基因突变而得；二是由专性甲烷氧化菌环境驯化而得。*Methylocella* 菌属最初被认为是兼性甲基营养菌，该类菌株很可能通过基因水平转移（lateral gene transfer）而能够表达 sMMO，使其后来能够利用甲烷作为生长底物，并最终发展成可随碳源变化而控制MMO 表达的能力。照此推断，*Methylocella aurea* 可能也曾经是甲基营养菌，但是通过基因水平转移演化出表达 pMMO 的能力。然而截止到目前，*Methylocella aurea* 在乙酸中生长时是否表达 pMMO 还未见报道。另外，兼性甲烷氧化菌属 *Methylocystis* 最初可能是专性甲烷氧化菌，可以结构性表达 pMMO，但由于外界环境的因素，在底物竞争压力下发展了利用乙酸的能力，或者是为了更有效地吸收乙酸而增加了相关酶系的表达，也可能是通过基因水平转移来完成需要的相应路径。尽管这些兼性甲烷氧化菌是从甲基营养菌中起源的说法只是推测，但已有类似的过程被报道。一株兼性甲基营养菌 *Methylobacterium extorquens* AM1 在表达氨单加氧酶（ammonia monooxygenase，AMO）时，能够利用甲烷为单一碳源，并将甲烷氧化为甲醇。想更深入了解兼性甲烷氧化菌的起源，对其进行更深入的基因组研究和代谢分析是必不可少的。

## 二、兼性甲烷氧化菌的未来发展

由于专性甲烷氧化菌仅能以甲烷或甲基化合物为碳源，这就使得菌体富集和扩大培养手段难以在工程上应用。兼性甲烷氧化菌的研究可以实现以经济廉价的多碳碳源进行菌体增殖，因此恰好弥补了这一不足。在人为源甲烷减排领域，兼性甲烷氧化菌由于更容易实现富集而展现出了广阔的工程应用前景。此外，作为一个重要的里程碑，兼性甲烷氧化菌的发现在土壤或填埋场生物修复和废水污染物移除等环境生物技术方面开辟了新的领域。例如兼性甲烷氧化菌可以提高卤代烃的降解率，赵天涛课题组发现菌株 JTA1 对氯仿的高耐受性可以促进矿化垃圾生物覆盖层的甲烷氧化能力。当氯仿浓度为 50mg/L 时，生物覆盖层的甲烷氧化速率达到了 0.114mL/（d·g），远远高出了已报道的 0.0135mL/（d·g）。兼性甲烷氧化菌降解氯代烃的报道将在后面章节中进行详细介绍。

目前，兼性甲烷氧化菌的研究才刚刚起步，国内外公开的兼性甲烷氧化菌株还不超过 10 个，更多新菌的分离纯化和生物特性都亟待研究。兼性甲烷氧化菌代谢途径中可能存在的特征酶亟待验证和发现，氯代烃生物降解过程中菌体的底物亲和性、竞争性和共代谢条件下的降解机制信息也十分欠缺，这些研究有助于其在环境工程领域的深入应用。兼性甲烷氧化菌易在酸性环境中富集，但已知的基因序列信息还不足以解释某些特性反应，很多代谢特性需要在基因组测序工作完成的基础上进行。在未来的研究中，应该更广泛地确定兼性甲烷氧化菌在不同地域的丰度和分布，以及在异养生物同时存在的环境中竞争其他生长底物的能力，为以后研究者们研究发现新的兼性甲烷氧化菌提供相对较为明确的信息。

# 第五章

# 甲烷氧化菌在甲烷减排中的应用

## 第一节 甲烷的用途、来源及危害

### 一、甲烷的用途

甲烷在自然界分布很广，是天然气、沼气、油田气及煤矿坑道气的主要成分。它可用作燃料及制造氢气、炭黑、一氧化碳、乙炔、氢氰酸及甲醛的原料。甲烷是无色、无味、可燃和微毒的气体，与空气的质量比是 0.54，比空气约轻 1/2；甲烷的溶解度很小，在 20℃、0.1kPa 时，100 单位体积的水，只能溶解 3 单位体积的甲烷。

甲烷的具体用途如图 5-1 所示。甲烷是煤气的成分之一，可直接用作气体燃料，广泛应用于民用和工业中。用细菌消化垃圾等废物，可生产沼气，其中约含甲烷 70%，也能作为家庭燃料用。但甲烷不适合用作汽车燃料，因它不易凝结为液体，不易存放。

甲烷热解后所得的产物因温度和接触剂不同而异。最简单的热解过程是在空气不足时燃烧甲烷，所生成的带烟火焰在冷表面上积成烟灰，把这些收集起来便是炭黑。炭黑用途很广，主要是用作填充剂。例如，汽车胶轮含炭黑 30% 以上，较便宜的商品如鞋跟等炭黑多至 90%。此外，炭黑还可用来制造油墨。

甲烷的第二种热解产物为乙炔。乙炔通常由碳化钙加水分解而成，但从成本上考虑，可用电弧分解甲烷。分解后的产物除乙炔外，还有炭黑和氢等，故欲使制得的乙炔能供合成工业的原料之用，必须将杂质除去。乙炔是极有价值的工业原料，不但价格便宜，且产量丰富，除供氧炔焰之用外，还可转变为甲醛、丙酮及乙烯基乙炔，其中乙烯基乙炔氢化可成为丁二烯。

由氯气直接作用于甲烷，可得四种取代产物。这四种取代物有多种用途，氯甲烷（$CH_3Cl$）是气体，在 $-24℃$ 时液化，可用作局部麻醉剂，但大部分用以制造某些有机染料，氯甲烷还可用作冷却剂；二氯甲烷（$CH_2Cl_2$）是比水重的液体，41℃时沸腾，可用作低沸点溶剂；三氯甲烷（$CHCl_3$）是一种黏稠液体，61℃时沸腾，可用作麻醉剂、溶剂及合成试剂；四氯化碳（$CCl_4$）是一种重液体，沸点为 77℃，多用于不燃性溶剂及灭火器。

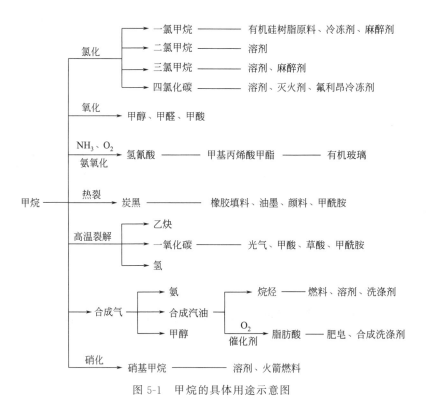

图 5-1　甲烷的具体用途示意图

除上述几项外，理论上甲烷可产生甲醇、甲醛和甲酸等氧化产物，但很难控制甲烷的氧化程度。

## 二、甲烷的来源

大气中的甲烷主要来源于自然的生物作用和人类的工业生产与农业活动，如沼泽地、稻田、水体的底泥中厌氧细菌对有机物的分解，动植物残体的腐烂、发酵、焚烧等。其主要来源如下。

### 1. 有机废弃物的分解

有机废弃物在自然或人为条件下的分解是甲烷的重要来源。有机废弃物指含有有机物成分的生活垃圾，主要是纸、纤维、竹木、厨房菜渣等。在对有机废弃物资源化处理过程中运用厌氧发酵技术，实现生物产氢、生物产沼气。有学者对厌氧发酵产甲烷的机理进行了研究。20 世纪 30 年代，厌氧消化被概括地划分为产酸阶段和产甲烷阶段，即两阶段理论。70 年代初，Bryantlzgl 等对两阶段理论进行了修正，提出了厌氧消化的三阶段理论，突出了产氢产乙酸菌的地位和作用。与此同时，Zeikuslao 等提出了厌氧消化的四类群理论，反映了同型产乙酸菌的作用，该理论认为厌氧发酵过程可分为四个阶段。第一阶段（水解阶段）：兼性和部分专性厌氧细菌发挥作用，复杂的大分子有机物被胞外酶水解成小分子的溶解性有机物，如葡萄糖、氨基酸等。第二阶段（酸化阶段）：溶解性有机物由兼性或专性厌氧细菌经发酵作用转化为有机酸、醇、醛、$CO_2$ 和 $H_2$。第三阶段（产氢产乙酸阶段）：专性厌氧的产氢产乙酸细菌将上阶段的产物进一步利用，生成乙酸和 $H_2$、$CO_2$，同时，同型产乙酸细菌将 $H_2$、$CO_2$ 合成乙酸，有时也将乙酸分解成 $H_2$ 和 $CO_2$。第四阶段（甲烷化阶段）：产甲烷菌（最严格的专性厌氧菌）利用乙酸、$H_2$、$CO_2$ 和一碳化合物产生甲烷。

## 2. 自然场地

甲烷是一种很重要的燃料，是天然气的主要成分，约占 87%，沼泽中也会挥发出大量的甲烷气体。湿地的甲烷排放量与湿地所生长的植物、湿地温度、pH 值、盐分含量和肥力有关。盐分较高的湿地的甲烷排放量较低，长有生根水草植物的湿地，特别是那些富营养化的湿地，其甲烷排放量较高。

## 3. 动物排放

动物吸收饲料后，经过新陈代谢作用，有一部分物质分解产生热量，以供体内各种活动需要。其残余物中的一部分，如 $CO_2$、$CH_4$ 以气体状态排出体外。其中以食草动物排泄量最多。

动物排泄甲烷量的多少取决于摄入饲料的数量和质量，以及家禽的种类。其中以反刍动物排泄甲烷量最多，反刍动物的微生物消化场所主要是瘤胃，因为它的瘤胃中寄生着大量细菌和原生动物，但饲以高蛋白饲料时，则甲烷排泄量也会减少。在动物的消化管道中，微生物分解复杂的化合物所形成乙酸等脂肪酸，很快地被肠道吸收，不发生乙酸降解产生甲烷的过程，动物所排泄的甲烷主要来自氢和 $CO_2$ 形成甲烷的过程。

消化道中的微生物在动物消化过程中起着积极的不可忽视的作用。瘤胃中微生物能分泌 $\alpha$-淀粉酶、蔗糖酶、呋喃果聚糖酶、蛋白酶、胱氨酸酶、半纤维素酶和纤维素酶等，这些酶可将饲料中的糖类和蛋白质分解成挥发性脂肪酸、氨气等营养性物质，同时微生物发酵也产生甲烷、二氧化碳、氢气、氧气、氮气等气体，通过嗳气排出体外。瘤胃微生物消化的不足之处是微生物发酵使饲料中能量损失较多，优质蛋白质被降解和一部分碳水化合物发酵生成甲烷、二氧化碳、氢气及氧气等气体，排出体外而流失。

反刍动物排放为最主要的甲烷排放源。在我国，动物胃肠道发酵所排放的甲烷量占总甲烷排放量的 29.7%，奶牛生产中摄入总能量的 6%～10% 在瘤胃消化过程中被转化为甲烷，产生的甲烷主要以嗳气的方式排出。肠道产生的甲烷约 90% 通过血液循环到肺部，最后通过口腔排出，而其余 10% 的甲烷则由肛门以废气的方式排出。反刍动物甲烷的排放不仅造成了摄入能量的巨大损失，同时也造成了环境的污染。如果按全国牲畜饲养的数量计算，甲烷气体的排放量非常大。提高饲料质量可减少动物肠胃发酵排放甲烷。甲烷的排放是动物采食饲料在消化道发酵产生的，反刍动物排放甲烷的量与动物的体重、饲料的质量和采食水平有关。因此，改善饲料质量和提高对动物的生产管理是减少甲烷排放的有效措施之一。

## 4. 稻田

稻田灌水后，中断大气中氧与土壤之间的交流，已存在于土壤中的氧气亦迅速被微生物消耗，土壤的氧化还原电位迅速下降，形成一个缺氧的还原层，不产甲烷细菌群分解各种复杂的有机物质，其产物为乙酸、丁酸等脂肪酸。其中以乙酸量最多，随后乙酸被产甲烷菌分解为甲烷。许多研究结果表明，80% 的甲烷来自乙酸的厌氧分解，乙酸降解成 $CH_4$ 的机制可以是甲基直接形成 $CH_4$，也可以是甲基先被氧化成 $CO_2$ 和 $H_2$，然后 $CO_2$ 被氢还原为甲烷。

稻田中甲烷排放是产甲烷菌在利用田间植株根际部的有机物质时在厌氧环境下转化形成的甲烷量，除去水稻根际部甲烷氧化菌对甲烷氧化后的剩余量，稻田甲烷排放主要受土壤性质、灌溉和水分状况、施肥及水稻生长和气候因素的影响。减少水稻田甲烷排放，如改善耕作制度以及施肥、灌溉管理和选择适宜的水稻品种等对于稻田中的甲烷减排具有重要意义。

#### 5. 生物质缺氧加热或燃烧

生物质是指利用大气、水、土地等通过光合作用而产生的各种有机体，即一切有生命的可以生长的有机物质通称为生物质，它包括植物、动物和微生物。有代表性的生物质如农作物、农作物废弃物、木材、木材废弃物和动物粪便等。这些生物质在缺氧燃烧过程中，甲烷产气菌将有机物质分解转化成甲烷。

## 三、甲烷的危害

甲烷在自然界中分布很广，是天然气、沼气、坑气及煤气的主要成分之一。甲烷易燃，具窒息性。甲烷含量过高时，会对环境造成一定的影响，从而产生一定的危害。甲烷进入人体的主要途径为口鼻吸入和皮肤接触，对人基本无毒，但浓度过高时，使空气中氧含量明显降低，使人窒息。当空气中甲烷浓度达 25％～30％ 时，可引起头痛、头晕、乏力、注意力不集中、呼吸和心跳加速、生理失调，若不及时脱离，可致窒息死亡。皮肤接触甲烷液化产品，可致冻伤。另外，从毒理学资料和环境行为研究来说，甲烷是具有毒性的，表现为几种情况：先是微毒，其允许气体安全地扩散到大气中或当作燃料使用，有单纯性窒息作用；进一步是急性毒性，小鼠和兔吸入 42％（体积分数）的甲烷 60min，可被麻醉。此外，甲烷还具有危险的特性，尤其是易燃特性，其与空气混合能形成爆炸性混合物，遇热源和明火有燃烧爆炸的危险。甲烷的燃烧产物主要为一氧化碳、二氧化碳，而一氧化碳达到一定浓度后对人体也是有害的。

## 四、大气中甲烷的增长趋势

大气甲烷是地球大气中的一种重要的微量成分，其浓度大约为 $1.77 \mu L/L$。大部分大气甲烷来源于生物过程。因此，长期以来人们一直认为甲烷是一种自然大气成分，其浓度基本是长期保持不变的。但是，进一步观测表明，大气甲烷的浓度正在迅速增长，其年增长率远比大气二氧化碳的增长率高。研究表明，甲烷含量的减少对于减缓全球温室效应具有重要作用。目前，大气中甲烷浓度的增加是不容置疑的事实。由于甲烷具有一定的化学活性，其在大气中浓度的增加将对全球气候、臭氧层、大气光化学等方面产生直接或间接的影响。

大气甲烷浓度变化不仅会引起气候变化，而且将引起大气化学过程变化，对环境造成重大危害。然而，到目前为止，大气甲烷浓度增长的原因尚未了解清楚。因此，目前还没有精准的模型可用来预测甲烷未来的变化趋势。由于甲烷增加可能引起的气候变化对环境和食品生产有重大影响，研究人员立即对这一板块的内容进行了研究，来了解当前甲烷的准确增长率及其未来发展趋势。

研究表明，自工业革命以来 $CH_4$ 浓度增长了 1 倍多。但在过去的几十年中，$CH_4$ 的增长速率不是常定的，20 世纪 70 年代末、80 年代初 $CH_4$ 年增长率较大，但 80 年代后期有所减小，1992 年大气甲烷增长速率大幅度降低。工业革命以来 $CH_4$ 浓度的增长主要与人类活动引起的 $CH_4$ 排放源的增长有关。同时，$CH_4$ 浓度的增长会导致大气中氢氧自由基浓度的下降，氢氧自由基浓度的下降会引起大气中 $CH_4$ 的增长，这里存在一个正反馈过程。考虑到大气 $CH_4$ 的最主要的汇是与氢氧自由基发生反应，在研究 $CH_4$ 长期变化时，必须考虑氢氧自由基浓度的长期变化。

$CH_4$ 浓度的增长速率在很大程度上取决于排放源的增长速率。而排放源的增长速率与人类活动密切相关，排放源在 1950 年前增长较慢，而 1950 年后增长较快，这与人口及经济增长速度是一致的。

此外，美国和新西兰科学家对大气中甲烷的增长速度进行了研究。美国科罗拉多州国家海洋与大气局的气候监测诊断实验室的大气化学家等研究的结果表明，在五六年以前，大气中甲烷的增长速度每年约为 $10\sim11nL/L$，北半球和南半球虽有差异，但总的趋势都是增长速度大幅度地下降。新西兰国立水与大气研究所的大气化学家收集的数据表明，1994 年南半球大气中甲烷增长为 $2nL/L$。该所研究小组对碳同位素测量的结果还表明，由于俄罗斯采取了预防天然气管道泄漏等措施，甲烷泄漏大量减少。南半球甲烷排放速度的下降主要是由于减少了生物质燃料的使用。

对极地冰芯的研究表明，大气甲烷浓度在 150 年前约为 $0.6\sim0.8\mu L/L$，随后以 $1\%$ 的年增长率持续增长。在 $1997\sim2007$ 年间，大气甲烷浓度曾一度完全停止增长，造成这种异常的原因可能是湿地资源的减少、破损天然气管道的修复或者化石燃料等甲烷排放源的减少。然而，2007 年后大气甲烷浓度又开始恢复增长。大气甲烷浓度的变化由地表甲烷排放量和甲烷氧化量的差额决定。$75\%$ 的大气甲烷源于产甲烷菌在各种厌氧环境条件下的代谢活动。与甲烷产生过程不同，大气甲烷氧化的主要方式（大于 $80\%$）是在对流层发生的甲烷光化学氧化，其余的部分主要由土壤中的甲烷氧化菌进行氧化。在通气良好的旱地土壤中，随着深度的增加，甲烷浓度一般会从 $1.8\mu L/L$ 左右逐渐降低，这不同于排放甲烷的湿地土壤，一些湿地土壤中的甲烷浓度可能会随深度加深而迅速增加到 $1000\mu L/L$ 以上。土壤甲烷氧化菌对大气甲烷的氧化虽然仅占全球甲烷汇的 $5\%\sim15\%$，但该过程是消耗大气甲烷的唯一生物汇，对保持大气甲烷浓度平衡具有重要意义。据估算，在大气甲烷氧化微生物缺失的条件下，甲烷浓度的增速将提高 $50\%$。

## 五、甲烷的生理周期及其温室效应

温室效应又称"花房效应"。随着工业的发展，大量石油化工、煤炭、天然气等燃料在燃烧时所排放的二氧化碳气体逐年增加，同时，由于地球上大片森林植物被砍伐，草原不断被开垦，因此吸收二氧化碳的绿色植物面积大为减少。另外，海水中的二氧化碳比大气圈中要高 60 倍左右，约有 $1\times10^{11}t$ 的二氧化碳在大气圈和海洋之间不断地处于强烈交换状态，如果海洋中的海水大面积被油污染，可在一定范围内影响大气和海水的交换状态。上述原因可使大气中的二氧化碳含量不断增加，二氧化碳的增多又可引起低层大气的温度升高。因为二氧化碳对可见光几乎是可以完全透过的，并且有强烈的太阳光吸收谱线，因此，大气圈中二氧化碳的作用就像温室中玻璃的作用一样，它能透过太阳的辐射，并可使低层的大气温度升高，故得名"温室效应"。目前确定的温室气体主要有 6 种，1997 年 12 月在日本东京召开的《全球气候变化框架公约》缔约会上，特别讨论了温室气体及其控制的问题。会议明确 6 种气体即二氧化碳（$CO_2$）、氧化亚氮（$N_2O$）、甲烷（$CH_4$）、臭氧（$O_3$）、六氟化硫（$SF_6$）及氯氟碳（CFCs）为温室气体。这些温室气体主要是人类使用化石燃料和土地利用及覆盖变化等引起的。甲烷作为仅次于二氧化碳的第 2 号温室气体，是全球温室效应的主要"贡献者"之一。$CH_4$ 是最简单的有机化合物，也是最简单的脂肪族烷烃，在自然界中分布很广，是沼气和天然气等的主要成分，也存在于煤气（焦炉气）和石油裂化气等之中。甲烷是一种无色、无味的可燃气体，燃烧热值为 $9500kcal/m^3$（$1cal\approx4.48J$），甲烷微溶于水，比较稳定，可被液化和固化，在适当条件下能发生氧化、卤化、热解等反应，燃烧时呈青白火焰，是一种易燃、易爆的气体。甲烷与空气的混合气体在点燃时会发生爆炸，爆炸极限为

5.3%～14%（体积分数）。虽然甲烷在大气中的含量远低于二氧化碳，仅为二氧化碳的1/27，但对气候变化的贡献是等量二氧化碳的 26 倍。减少甲烷排放比减少等量二氧化碳排放对减少"温室效应"的贡献要高 20～60 倍。据报道，全球每年向大气释放的甲烷量为500～700t，对全球温室效应的贡献率为 12%。30%～40% 的甲烷是由自然源引起的，70%是人类活动产生的。甲烷对进入大气的太阳辐射能和红外线具有很强的吸收能力，通过向外发射红外辐射产生"加热"效应。甲烷是大气中最为丰富的烃类成分，它要参与一系列化学反应，这些反应涉及 $O_3$、$H_2O$、氢氧化合物（$HO_x$）、甲醛、卤烃、氯氟烃、氯气及 $SO_2$等多种大气成分，其中主要的反应如下：

$$CH_4 + OH^- \longrightarrow CH_3^- + H_2O$$

大气中大约 87.8% 的甲烷是通过该反应消耗的。在对流层 $CH_4$ 通过与 $OH^-$ 反应而被清除，但反应生成的水汽不仅是另外一种温室气体，而且该反应作为平流层水汽的重要来源还影响着许多重要的大气物理和化学过程。

另外一个比较重要的反应就是：

$$CH_4 + Cl_2 \longrightarrow CH_3Cl + HCl$$

$CH_4$ 与 $Cl_2$ 反应生成 HCl 和 $CH_3Cl$，HCl 不像游离 $Cl_2$ 那样对 $O_3$ 有吸收能力，因此在某种程度上缓解了氯对 $O_3$ 的破坏作用，实际上直接影响了大气的氧化动力学特征，但这个反应的另外一种产物 $CH_3Cl$ 也是一种重要的温室气体。

除此之外，卤烃、氯氟烃、氯气及 $SO_2$ 等都直接或间接地受到 $CH_4$ 和 $OH^-$ 的影响，因此也直接或间接地影响到大气温室效应，增强了甲烷对温室效应的影响。

## 六、控制甲烷排放的意义

抑制全球变暖的关键是减少温室气体的排放。但是提到温室气体，人们首先想到的就是$CO_2$，却忽视了甲烷。$CH_4$ 在近 200 年内呈加速上升的态势，预计到 2030 年大气中 $CH_4$ 浓度将达 2.34mL/L，有可能成为温室效应的主要原因。可见，控制甲烷排放对抑制温室效应是很重要的。其意义在于以下几个方面：

① 甲烷的温室效应潜能值（GWP）比二氧化碳大，每减少单位体积的 $CH_4$ 相当于减少21 倍体积的 $CO_2$。因此，将甲烷作为温室气体减排的"突破口"可以直接减少其对温室效应的贡献。

② 甲烷在大气中的寿命只有 10 年左右，而 $CO_2$ 的停留时间大约是 120 年。因此，减少甲烷排放能够比控制 $CO_2$ 排放更快并且更为有效地缓解气候变化。

③ 甲烷是一种可利用资源，有效地利用它可创造可观的经济效益。首先它是一种能源，可用作燃料，而且技术并不复杂，费用也低廉；其次，它还是一种重要的化工原料，可用于制备甲醇、合成氨、二甲醚等化学产品。

## 七、甲烷生物氧化模型

当前，垃圾填埋场中甲烷生物氧化模型的研究最多，建立甲烷氧化过程的模型能使实验室的优化实验简单化，从而有助于设计出最优的填埋场覆盖体系。填埋场覆盖层中甲烷氧化模型一般由迁移和反应两部分数学模型构成。这些模型可以通过甲烷迁移、氧化及反应速率等参数定量地揭示甲烷氧化的物理和生物过程。

很多模型都倾向于在假定填埋场为厌氧反应器的前提下，通过适用于微生物过程的基本的物理定律来描述填埋场中气体的产生和迁移规律。Ei-Fadel 等将质量守恒定律、微生物生长的 Monod 方程以及模拟的生态系统中的各种物质联系起来建立了一个反映填埋场中气体产生和迁移规律的数学模型。该模型在阐述时间和填埋气压力及浓度关系的基础上，揭示了填埋气的迁移规律和气体产量随时间的变化规律，气体在多孔介质中的迁移方程：

$$\varphi \frac{\partial c_i}{\partial t} = -\frac{\partial (U_k c_i)}{\Delta X_k} + \frac{\partial}{\partial X_k} \left( D_{ik} \frac{\partial c_i}{\partial X_j} \right) + G_i \tag{5-1}$$

式中　$\varphi$——孔隙率；

　　$c_i$——混合气中气体组分 $i$ 的浓度，$kg/m^3$；

　　$U_k$——方向 $k$ 上的对流速度，$m/d$；

　　$D_{ik}$——气体组分 $i$ 在方向 $k$ 上的扩散系数，$m^2/d$；

　　$X_k$——方向 $k$ 上的距离，$m$；

　　$G_i$——气体组分 $i$ 的增量或减量，$kg/d$；

　　$t$——时间，$d$；

　　$X_j$——方向 $j$ 上的距离，$m$。

　　Stein 等提出了反映土壤中 $CH_4$ 生物氧化和减少的数学模型。在该模型中，$CH_4$ 的生物氧化率是用 Monod 方程来模拟的；而在气体迁移方面，Stein 等应用了气体扩散和水平对流的物理理论，并用一般的气体组分流量等式来描述气体迁移情况：

$$J_i = -D_i \Delta c_i + v c_i \tag{5-2}$$

式中　$J_i$——气体组分 $i$ 的摩尔流量，$mol/d$；

　　$D_i$——气体组分 $i$ 在土壤中的扩散系数，$m^2/d$；

　　$\Delta c_i$——浓度增量，$mol/m^3$；

　　$v$——混合气体通过土壤的流速，$m/d$；

　　$c_i$——气体组分 $i$ 的浓度，$mol/m^3$。

　　最终的模型等式为：

$$\varphi \frac{\partial c_i}{\mathrm{d}t} = D \frac{\partial^2 c_i}{\mathrm{d}x^2} - \frac{\partial (v c_i)}{\mathrm{d}x} \pm R_i \tag{5-3}$$

式中　$\varphi$——土壤孔隙率；

　　$c_i$——气体组分 $i$ 的浓度，$mol/m^3$；

　　$v$——混合气体通过土壤的流速，$m/d$；

　　$D$——混合气体在土壤中的扩散系数，$m^2/d$；

　　$R_i$——组分 $i$ 的生物反应速率，$mol/d$；

　　$t$——时间，$d$；

　　$x$——节点距离，$m$。

　　De Visscher 和 Cleemput 结合了 Stefan-Maxwell 扩散、甲烷氧化以及甲烷氧化菌生长，提出了一个关于填埋场覆盖土中气体扩散和甲烷氧化的动态模型。应用这个模型，能够根据填埋气的流量和其他影响因素的变化预测甲烷氧化菌的活性强度。该模型假定在无限小的土壤层中，运用瞬时的质量守恒定律得到下式：

$$\varepsilon \frac{\partial y_i}{\partial t} \times \frac{p}{RT} = \rho_{DB} r_i - \frac{\partial N_i}{\partial z} \tag{5-4}$$

　　对于多组分气体系统，可以运用 Stefan-Maxwell 等式将上式变为式（5-5）：

$$-\frac{p}{RT} \times \frac{\partial y_i}{\partial z} = \sum_{j=1, j \neq i}^{n} \frac{N_i y_j - N_j y_i}{D_{ij}} \tag{5-5}$$

式中    $\varepsilon$——空气填充密度，$m^3/m^3$；

       $y_i$——组分 $i$ 的摩尔分数；

       $p$——绝对压强，Pa；

       $R$——标准气体常数，$J/(mol \cdot K)$；

       $T$——热力学温度，K；

       $\rho_{DB}$——土壤的干基密度，$kg/m^3$；

       $r_i$——组分 $i$ 的反应速率，$mol/(kg \cdot s)$；

       $N_i$——组分 $i$ 的流量（参照文献选取的固定范围）；

       $z$——深度，m；

       $D_{ij}$——组分 $i$ 在组分 $j$ 中的扩散系数。

生物反应速率用 Michaelis-Menton 方程表示，即 $v = v_{max}[S]/(K_m + [S])$。$v_{max}$ 为该酶促反应的最大速率，$[S]$ 为底物浓度，$K_m$ 为米氏常数，$v$ 为在某一底物浓度时相应的反应速率。当底物浓度很低时，$[S] \ll K_m$，则 $v \approx v_{max}[S]/K_m$，反应速率与底物浓度成正比；当底物浓度很高时，$[S] \gg K_m$，此时 $v \approx v_{max}$，反应速率达最大速率，底物浓度再增高也不影响反应速率。

De Visscher 和 Cleemput 将他们的模型与 Stein 等建立的模型进行比较，发现后者把气体流动、Fick 扩散定律及浓度相关的扩散系数结合在一起。所以后者相对于前者在气体浓度表征方面是动态的，而在甲烷氧化菌活性表征方面是静态的；前者在甲烷氧化菌活性表征方面是动态的，即能根据填埋气的流量和其他影响因素的变化预测甲烷氧化菌的活性强度。这是二者最大的区别。

以上所列的模型只是本研究领域的一些模型，它们运用不同的参数来模拟气体的物理迁移及甲烷氧化的过程。许多模型都有限制条件，而且有些模型得出的结论有待进一步研究证实。因此，需要建立更复杂和广泛的填埋气迁移和氧化模型，用来真实地模拟填埋场覆盖系统并使其能成功地应用在工程实践中。

# 第二节    填埋场覆盖层中的甲烷减排

## 一、填埋场覆盖层的一般组成

垃圾填埋场是人为源甲烷排放的重要场所之一，每年向大气排放的甲烷量为 $3 \times 10^{13} \sim 7 \times 10^{13}$ g，占人为排放源的 10%～20%。垃圾填埋场自运作之后会一直向大气中排放甲烷，即使垃圾填埋场安装了新型的气体收集装置，也仅能收集 60%～80% 的填埋气，而且在垃圾填埋场封场后的几十年内都会向大气缓慢地输送甲烷。同时，由于垃圾填埋场覆土层中有大量甲烷氧化菌的存在，垃圾填埋场也是大气甲烷汇的重要场所，不但可以吸收 10%～90% 填埋场产生的甲烷，而且可以吸收部分大气中的甲烷。

垃圾填埋场通常采用黄土作为单一型土质覆盖层，其设计厚度在 0.54～1.92m 之间，从干旱、半干旱到半湿润气候区，设计厚度逐渐变厚，其具体设计厚度与气候条件和黄土种类密切相关。在同一气候区采用粉性黄土所需厚度最薄，而采用砂性黄土则最厚。西北地区采用黄土作填埋场终场土质覆盖层具有技术可行性和良好的经济效益，值得进一步开展工程实践和更深入的研究。

填埋场覆盖系统由不同的土层组成，它们具有不同的性质和功能。覆盖层直接与大气和植被接触，因此土的含水率随季节和天气条件不断变化。冬天，土的饱和度增大；夏天，土的含水率减少，同时土中吸力增大。如果土中吸力达到某个极限值，将出现干缩裂缝，这时，黏土阻隔层的密封功能将受到损害。

垃圾填埋达到设计标高后，需要进行终场覆盖，俗称加"帽子"。其主要作用有：减少降水或地表水渗入填埋体内；控制排导填埋体内产生的气体；隔离有害垃圾，避免对外界环境的污染，它是隔绝废物对环境影响的最后屏障；美化生态环境，保持垃圾填埋封场后景观的和谐。

一个完整的终场覆盖系统由终场覆盖与生态恢复系统、雨水导排与防渗系统、气体控制与回收利用系统等三部分组成。其中后两者可合称为终场覆盖辅助系统。首先是植被层，其功能是净化空气，吸收粉尘，美化周边环境，削减净化垃圾中的重金属，并防止雨水冲蚀土壤，利于径流的收集及排导。其次是营养层（保护层），该层富含一定的有机质，为上部植被提供营养、水分等，厚度为 0.5～1.0m。

**1. 覆盖层发展历程**

垃圾填埋场终场覆盖层已有 30 多年发展历史，其经历了简易覆土→压实黏土覆盖层→复合覆盖层（由土工膜和压实黏土组成）→基于水分储存与释放原理的土质覆盖层的发展阶段。从发展历程看，最初的简单覆土出现于 1975 年，严格来说不算终场覆盖层，总结起来覆盖层的发展实质分为 3 个大的阶段：①压实黏土覆盖层，其利用压实黏土渗透性较低的性质来减少降雨入渗；②复合覆盖层，主要是在多层复合覆盖层中添加土工膜、GCL 等土工复合材料，以降低覆盖层渗透性，从而取得较好效果；③腾发覆盖层，它是基于水分储存与释放原理的腾发型土质覆盖层。腾发覆盖层的概念最早由 Hauser 于 1994 年提出，其工作原理与吸水海绵类似，降雨时上部细粒土存储进入覆盖层的水分，非降雨时段通过种植植物的蒸腾作用与土体蒸发作用（合称腾发作用）释放水分，以恢复覆盖层储水能力。目前经建设部颁布的国家标准 GB 50869—2013《生活垃圾卫生填埋处理技术规范》中建议采用的覆盖层属于第一、二个发展阶段，其中规定封场覆盖可采用压实黏土覆盖结构或添加土工材料的复合覆盖层。

**2. 覆盖层的主要类型**

（1）压实黏土覆盖层　1975 年，西方发达国家开始应用压实黏土覆盖层作为填埋场的终场封顶系统，起初形式为简单的覆土，之后为达到绿化效果开始在覆土上增设 30～50cm 的植被层，并达到保护压实黏土的目的。其利用黏性土渗透性低（<$1.0\times10$cm/s）来构成降雨屏障作用，减小、阻隔或降低雨水渗入。压实黏土覆盖层在世界各国已有广泛应用，如欧洲和美国等，其中美国国家环保局（USEPA）的《资源保护和恢复法案》（RCRA）规定城市生活垃圾（MSW）填埋场终场覆盖层最低要求为不小于 10cm 的表层植被层（保护层），下覆压实黏土层（核心防水功能层）厚度不小于 45cm 且饱和渗透系数小于 $1.0\times10$cm/s。

压实的黏土早期渗透性较低，但长时间服役，黏土层经历干湿交替作用后防渗效果锐减，渗透系数比初始建造时的高 3 个数量级。美国缅因州垃圾整治与管理局对 Cumberland 和 Vassalboro 垃圾填埋场压实黏土覆盖系统在服役过程中防渗性能的逐步劣化和失效过程做了长期评估报告。Cumberland 垃圾填埋场覆盖系统上覆 15cm 厚的植被表土层，下覆 45cm 厚的压实粉质黏土作核心屏障防水层，1992 年建造时，测得黏土屏障层的水力传导度为 $5 \times 10$cm/s，而 1994 年研究者测得该屏障层的水力传导度为 $2 \times 10$cm/s，经过试验监测发现压实黏土易发生开裂，且这种开裂不可自我修复。封顶覆盖层位于垃圾填埋场顶部，与填埋场其他结构层相比厚度较小，但与周边大气环境等却有复杂的相互作用。一方面封顶覆盖层自身水汽运移复杂，另一方面覆盖层底部填埋体不均匀沉降以及填埋气气压分布不均对覆盖层也会产生不利影响，从而削弱覆盖层的防渗效果。作为填埋场的最后一道屏障，它就像填埋体的皮肤，防渗性能直接影响 MSW 堆场内填埋体状态、环境污染和填埋场运营成本，因此，要求封顶覆盖层需具备良好防渗功能的同时又要具有优良的耐久性以保证其长期工作。

（2）腾发覆盖层　近年来，腾发覆盖作为一种替代覆盖技术在美国的垃圾填埋场得到广泛应用。腾发覆盖层由一层植被土构成，它利用非压实土层储蓄渗入的降水，依靠植物的蒸腾和土壤蒸发消耗土壤水，从而实现渗沥污染控制。腾发覆盖层的植被宜采用灌木和草皮混合形式，覆盖土层宜采用壤土或黏壤土，土体密度宜为 $1.1 \sim 1.5$g/cm$^3$，土层厚度取决于植被和当地气候。腾发覆盖是一种经济、实用、易于建造和维护的生态覆盖技术，但不宜用于蒸发量：降水量<1.2 的沿海地区。

Nyhan 和 Sala 研究在覆盖层植草条件下填埋场的水量平衡时发现，草皮的蒸腾耗水强度远大于裸土的蒸发强度。Warren 等通过改造传统覆盖的土层结构和植被，充分利用植物和覆盖层土壤的腾发作用控制渗沥液的形成。腾发覆盖是一种完全不同于传统屏障型覆盖的新型渗沥控制方式，其特点和优势主要表现在以下几个方面：

① 全新的渗沥控制理念。腾发覆盖不包含屏障层，它利用 2 个自然过程控制降水渗入垃圾填埋体：a. 覆盖层土壤滞蓄入渗的降水；b. 植物蒸腾和土壤蒸发抽空滞蓄在覆盖层土壤中的水分。

② 良好的渗沥控制效果。Dwyer 在新墨西哥州的圣地亚国家实验室进行了 6 种类型垃圾填埋场（尺寸为 180m×5m）终场覆盖的水均衡对比试验，结果表明腾发覆盖的平均渗漏量仅为 0.05mm/a，小于传统黏土屏障型覆盖的平均渗漏量（1.39mm/a）和土工合成黏土屏障型覆盖的平均渗漏量（0.48mm/a）。

③ 结构简单，费用低。腾发覆盖层仅由植物、储水土层及其垫层组成，土层结构十分简单，因此比较节省工程费用。美国空军环保部门统计出 8 座垃圾填埋场采用黏土屏障覆盖和土工膜屏障覆盖的单位造价为 31.9～57.1 美元/m$^2$。

④ 适于简易垃圾填埋场和垃圾堆放场的整治。对于简易垃圾填埋场屏障层失效的情况，翻修屏障层势必涉及大量的土方工程，这比垃圾填埋场封场时建造屏障型覆盖的费用更高，并且渗沥控制效果无法得到保障。如果采用腾发覆盖对屏障层失效的简易垃圾填埋场或根本没有覆盖措施的简易垃圾填埋场和垃圾堆放场进行整治，只需在垃圾场表面覆盖合适土质和合适厚度的土层并种上合适的植物，就能以低廉的费用达到有效控制渗沥的目的。

由于腾发覆盖技术具有很多优点，在美国得到环保部门、垃圾填埋商业经营者和社会公众的普遍接受。为了促进腾发覆盖技术的完善与推广，1997 年美国环保局（USEPA）主办了垃圾填埋场整治技术发展论坛，资助大范围采用腾发覆盖的试点研究工作。2001 年美国州际技术标准协会（ITRC）资助主办了腾发覆盖技术发展峰会，会后制定了采用腾发覆盖技术进行填埋场整治的实施导则。在美国国家科学基金会、环保局、能源部、国防部及民间人士的支持下，近年来腾发覆盖技术的研究与应用更加深入广泛。

### 3. 腾发覆盖系统的技术要求

（1）植物

① 要求植物有较强的蒸腾能力，以便尽可能多地消耗覆盖土层中储蓄的水分，减小降水下渗量。一般来说，在气象因素一定的条件下，叶面积指数和叶面气孔越大，植物的蒸腾耗水量越大。但是不宜采用高大乔木，因为高大乔木需要很大的覆盖土层厚度支撑其生长，这不仅会增加覆盖工程量，而且会占用较大的垃圾填埋场容积。

② 要求植物有较长的生长期和较强的抗旱能力。某些草本植物和藤本植物的蒸腾能力较强，但是抗旱能力较差，生长期较短，进入秋季后就开始枯萎，失去蒸腾作用，因此不宜作为腾发覆盖系统的主要植物。大多数农作物的蒸腾能力都比较强，但是生育期短、抗旱能力差，也不宜作为腾发覆盖植物。

③ 要求植物有较强的适应能力。垃圾填埋场覆盖土层通常不利于植物生长，要求植物具有耐贫瘠、适应各种极端气候和抵抗垃圾气体（主要是甲烷）不良影响的能力。

根据上述要求，垃圾填埋场覆盖层植物宜采用蒸腾强度大、生命力顽强的灌木（如胡枝子、荆条、紫穗槐等）。

（2）土壤 砂土持水能力差，很容易在重力作用下向垃圾层渗漏，因此砂土不宜用于腾发覆盖层。黏土颗粒细，孔隙小，蓄水能力差，也不宜用于腾发覆盖层。为了较好地滞蓄降水，腾发覆盖层适宜采用壤土或黏壤土。此外，覆盖土层不能过于密实，土体密度应在 $1.1 \sim 1.5 \mathrm{g/cm^3}$ 之间。

（3）覆盖土层厚度 在持续大量降雨的情况下，如果覆盖土层没有足够的厚度储存降雨，就会产生渗漏。此外，土层储水能力不足，高温干旱季节植物需要灌溉，会增加管理成本，并且灌水时机、灌水量控制不好，还可能导致人为渗沥污染。另一方面，覆盖土层厚度过大必然会增加蒸腾覆盖的建设成本。因此，要通过试验或根据当地气候和采用的植物进行土壤水分数值模拟计算，确定适宜的覆盖土层厚度。垃圾填埋场腾发覆盖渗沥控制技术依靠覆盖土层滞蓄降水，利用植物蒸腾力抽空滞蓄在覆盖土层的水分，从而阻止降水向垃圾填埋场渗漏，是一种生态型、自然型渗沥控制技术。

与传统的屏障型覆盖系统相比，腾发覆盖系统具有结构简单、经济实用、不需管理等明显优势，特别适用于简易垃圾填埋场的整治。腾发覆盖宜采用壤土、黏壤土作为覆盖土层，土体密度应在 $1.1 \sim 1.5 \mathrm{g/cm^3}$ 之间。覆盖层宜栽种根系发达、蒸腾能力强、耐旱能力强、抗逆性强的灌木。覆盖土层厚度和灌木品种应根据当地的气候条件来优化选择。腾发覆盖技术不适用于年均潜在腾发量<1.2倍年均降雨量的地区。

## 二、垃圾填埋场的甲烷排放

甲烷（$CH_4$）是仅次于 $CO_2$ 的重要温室气体之一。按目前的理论模型估算，全球每年排入大气的温室气体约为 $3.8 \times 10^9 \mathrm{t}$ 的 $CO_2$，而甲烷的排放量就高达 $5.35 \times 10^8 \mathrm{t}$ 的等价 $CO_2$。多种多样的人为源都会产生甲烷，国际能源局温室气体研发项目对主要人为排放源的研究结果见表 5-1。

表 5-1 甲烷的主要人为排放源

| 主要人为源 | 排放量/($10^6$ t/a) | |
| --- | --- | --- |
| | 不加控制 | 合理控制 |
| 石油 | 78(2025 年) | — |
| 固体废物处理 | 62(2025 年) | — |
| 污水处理 | 58(2020 年) | 32(2020 年) |
| 水稻栽培 | 65(2025 年) | 39(2020 年) |
| 家畜胃肠发酵 | — | 23(2020 年) |
| 生物量燃烧 | 37(2020 年) | 24.7(2020 年) |

我国城市生活垃圾的处理处置以卫生填埋为主。垃圾进入填埋场后，有机物首先转变成可溶性分子态有机物，在微生物（如产甲烷菌等）的作用下进一步降解为高分子有机酸，然后分解为乙酸及盐酸盐，随即产生 $CH_4$ 和 $CO_2$。这一过程较为复杂，场内产生的气体组分目前已被发现的有 100 多种，其中以 $CO_2$ 和 $CH_4$ 为主。一般，填埋场释放的气体中含有 50%～65%（体积分数）的 $CH_4$、30%～50%（体积分数）的 $CO_2$ 以及少量的其他气体和化合物。

迄今为止，已经分离鉴别出的产甲烷细菌有 70 种左右，根据它们的形态和代谢特征划分为 3 目、7 科、19 属，详见表 5-2。此外，还有一些不属于这 3 个目的产甲烷细菌。

表 5-2 产甲烷细菌的分类

| 目 | 科 | 属 |
| --- | --- | --- |
| 甲烷杆菌目 | 甲烷杆菌科 | 甲烷杆菌属 |
| | | 甲烷短杆菌属 |
| | 高温甲烷杆菌科 | 甲烷球状菌属 |
| | | 高温甲烷菌属 |
| 甲烷球菌目 | 甲烷球菌科 | 甲烷球菌属 |
| 甲烷微菌目 | 甲烷微菌科 | 甲烷微菌属 |
| | | 甲烷螺菌属 |
| | | 产甲烷菌属 |
| | | 甲烷叶状菌属 |
| | | 甲烷袋形菌属 |
| | 甲烷八叠球菌科 | 甲烷八叠球菌属 |
| | | 甲烷叶菌属 |
| | | 甲烷丝菌属 |
| | | 甲烷拟球菌属 |
| | | 甲烷毛状菌属 |
| | | 甲烷嗜盐菌属 |
| | 甲烷片菌科 | 甲烷片菌属 |
| | | 甲烷盐菌属 |
| | 甲烷微粒菌科 | 甲烷微粒菌属 |

通常，影响甲烷产生的因素有垃圾组分、填埋场水分状况、温度、pH 值、气象条件、垃圾年龄和填埋场构造及环境地质条件等。垃圾中有机质含量越高，则相应产生的甲烷越多。产甲烷菌的活性与土壤的含水量是密切相关的，一般是开始随着水分含量增加而增大，增加到土壤饱和含水量之后，随着含水量继续增加，其活性呈递减趋势。产甲烷的最佳温度在 30～40℃ 之间，温度主要通过使土壤中产甲烷菌的优势菌种发生更替来改变土壤的产 $CH_4$ 能力。温度的提高可以显著增加 $CH_4$ 的产生，研究表明 23℃ 时的甲烷产生量为 10℃ 时的 6.6 倍。产甲烷菌的活性在 pH 为中性或弱碱性条件下达到最佳，并且对 pH 值的变化

非常敏感，而其存活的最低 pH 值在 5.6 左右。此外，土壤的质地、孔隙结构以及土壤中的氮素含量等都会不同程度地影响甲烷的产生。

由于 $CH_4$ 和 $CO_2$ 的量占了填埋气的 98% 以上，所以核算填埋气产量通常是先核算甲烷气体的量，再通过填埋场稳定产气时的比率来核算 $CO_2$ 的量。目前，国内外关于填埋气的产生量预测一般是采用理论分析与实测相结合的方法，国外典型城市垃圾的填埋气理论产生量为 $300 \sim 500 m^3/t$，实测值为 $39 \sim 390 m^3/t$，国内文献采用的数据为 $64 \sim 440 m^3/t$。可见，填埋气的实测产量和理论产量有很大差距。加之许多研究表明生活垃圾填埋场覆盖土本身就具有氧化甲烷的能力，本书中的研究发现矿化垃圾也能够在好氧条件下氧化甲烷。这些重要结论都证明目前的填埋场甲烷排放量的核算方法以及理论数据存在偏差，有进一步修正的必要。

### 三、覆盖层中的甲烷氧化菌

由于覆盖土中绝大多数微生物是以不可培养或非活性状态存在的，采用传统的培养分离方法并不能代表该生境内真正的微生物多样性，荧光原位杂交（FISH）、末端限制性酶切片段长度多态性分析（T-RFLP）、变形梯度凝胶电泳（DGGE）、基因芯片技术等分子生物学技术虽能够绕开分离和培养，但受到样品大小、采集等因素的影响，且许多微生物需在分离培养后才能透彻地对其研究，进而阻碍了覆盖土微生物群落结构及多样性的研究。近年来分子生物学技术快速发展，为研究覆盖层中的甲烷氧化菌提供了保障，如具有成本低、定量准特点的高通量测序技术（如 Roche 454 测序技术、Iiumina 的 MiSeq 和 HiSeq 测序技术）的出现，使得微生物多样性及群落结构的研究更深入、更全面。覆盖层中的甲烷氧化菌能够以 $CH_4$ 为能源和碳源，以 $O_2$ 为电子受体，通过甲烷单加氧酶、甲醇脱氢酶、甲醛脱氢酶和甲酸脱氢酶四步催化反应，将垃圾填埋气中的 $CH_4$ 最终氧化为 $H_2O$ 和 $CO_2$，并形成细胞质。覆盖层中的甲烷氧化菌属主要为甲基单胞菌属（*Methylomonas*）、甲基细菌属（*Methylobacter*）、甲基球菌属（*Methylococcus*）、甲基孢囊菌属（*Methylocystis*）、甲基弯曲菌属（*Methylosinus*）、甲基微菌属（*Methylomicrobium*）、甲基暖菌属（*Methylocaldum*）和甲基球形菌属（*Methylosphaera*）等。

许多研究表明，填埋场覆土有较高的甲烷氧化率，可以明显减少填埋场的甲烷排放量。Pratt 等研究含火山灰土的填埋场覆盖层发现，封场 10 年后的覆盖层在实验室条件下距表面 60cm 的范围内甲烷去除率为 70%～100%，平均去除率为 72%。Schuetz 等研究发现，覆盖区域的甲烷排放量为 $24.2 g/(m^2 \cdot d)$，而终场覆盖区域甲烷排放量为 $-0.005 \sim 24.2 g/(m^2 \cdot d)$，终场覆盖层能明显降低甲烷排放量。填埋场覆盖层的好氧区域存在大量的甲烷氧化菌，覆盖土的甲烷氧化速率最大可达 $290 g/(m^2 \cdot d)$。湿地、海洋以及水稻田等环境是重要的大气 $CH_4$ 释放源，在这些环境中普遍存在甲烷氧化菌。填埋场作为产生 $CH_4$ 的环境，对其中甲烷氧化菌的研究有助于极端环境高甲烷氧化能力甲烷氧化菌的筛选。Stralis-Pavese 等分析了不同植被覆盖条件下垃圾填埋场覆盖土中的甲烷氧化菌，发现优势种属为 *Methylobacter* 和 *Methylocystis*。Uz 等从填埋场中发现了属于 Ⅰ 型甲烷氧化菌的 *Methylobacter* 和 Ⅱ 型甲烷氧化菌的 *Methylocystis* 和 *Methylosinus*。温带酸性土壤的填埋场覆盖土中甲烷氧化菌的种群多样性研究表明，Ⅰ 型甲烷氧化菌与 *Methylobacter* sp. strain BB5.1 的基因序列相似度高，Ⅱ 型甲烷氧化菌的基因序列与 *Methylocystis echinoides*、*Methylocystis parvus* 和 *Methylocystis* 的同一性高。不仅填埋场覆盖层中有甲烷氧化菌，而且在填埋场内部也发现有甲烷氧化菌的存在。矿化垃圾具有良好的甲烷氧化性能，填埋 8 年以上的矿化垃圾含有丰富的甲烷氧化菌。Mei 等利用引物对 mb661 和 A189gc 从矿化垃圾的 DNA 提取物中扩增出长度约 470～510bp 的 *pmoA* 基因片段，通过测序鉴定发现矿化垃圾中的甲烷氧化菌主要是属于Ⅰ型甲烷氧化菌的 *Methylocaldum* 和 *Methylobacter* 种属，尤其是属于 *Methylocaldum* 的甲烷氧化菌占绝对优势，样品中与 *Methylocaldum* 相似度高的克隆序列占文库克隆总数的比例分别为 97% 和 80%。Ⅱ型甲烷氧化菌不占优势，只在加入污泥的矿化垃圾样品中检出，占文库克隆总数的比例只有 6%。填埋场环境尤其是矿化垃圾中甲烷氧化菌的发现丰富了现有对环境中甲烷氧化微生物的认识，有利于对适应极端环境的高效甲烷氧化菌的筛选。同时，进一步对填埋场环境中甲烷氧化微生物的研究有利于加深对填埋场碳循环过程和自然界甲烷氧化过程的理解和认识，为填埋场甲烷通量的调控提供新方向。

此外，准好氧填埋场由于在填埋体内同时存在好氧、厌氧和兼氧区域，填埋垃圾中的易降解有机物得到充分降解，不但可以加快填埋场的稳定化进程，减少甲烷排放，同时可以有效降低垃圾渗沥液中有机污染物的浓度。准好氧填埋场与厌氧填埋场相比极大地减少了甲烷释放。根据模型估算，准好氧填埋场气体对温室效应的贡献能够减少 45%。目前，由于能够减少甲烷排放和加速垃圾稳定化，准好氧填埋技术越来越受到重视，在填埋场构造和功能设计、有机物降解以及稳定特性和机制等方面研究人员做了很多研究。但是，关于准好氧填埋场内甲烷氧化菌群落结构的研究却未见报道。

微生物的群落结构及多样性是微生物生态学和环境科学研究的重点内容，对于开发生物资源、阐明微生物群落与其生境的关系、揭示群落结构与功能的联系，从而指导微生物群落结构功能的定向调控具有重要价值。近年来，有学者基于 DNA 和 RNA 的核糖体标签焦磷酸测序对细菌群落进行分析研究，研究表明在甲烷氧化菌活跃的区域，RNA 占 80% 而 DNA 占 20%。大部分研究利用分子生态学方法（FISH、T-RFLP 等）对垃圾填埋场覆盖土微生物进行研究。如 Su 等研究了甲烷和甲苯、甲烷、甲苯三种体系对垃圾填埋场覆盖土甲烷氧化菌群落结构及活性的影响，研究表明在 3 种体系中，*Proteobacteria* 和 *Bacteroidetes* 为优势菌，且甲烷和甲苯共代谢体系对甲烷氧化菌和甲苯降解细菌具有较大影响。多数关于填埋场覆盖土的研究都是基于覆盖土具有良好的甲烷生物氧化能力，而忽视了其他微生物在污染降解中的作用，它们既可降解其他非甲烷有机污染物，同时也能通过共代谢等作用影响甲烷氧化菌的活性。此外，不同土壤因氮磷含量、酸碱度、有机质含量及水分含量等的不同，其微生物群落结构及多样性具有一定的差异。Zhang 等研究 $NH_4^+$-N 含量对覆盖土中微生物甲烷菌的影响，研究表明 $NH_4^+$-N 含量的增加会促进 *Methylobacter* 的生长。Liu 等研究表明 pH 值是土壤微生物群落变化的因素之一，然而大部分未测量的变化因素还未被解释。

覆盖层中的微生物活动是实现甲烷氧化的根本原因，能够准确分析微生物群落结构，尤其是甲烷氧化菌的群落结构随覆盖层梯度的变化，就能够深入了解覆盖层生物的特性。Henneberger 等对同一填埋场的研究发现，不同点的甲烷氧化菌数量和甲烷氧化活性变化很大，分别相差 1000 倍和 30 倍。Gebert 等和 Kong 等都调查比较了不同填埋场覆盖土的甲烷氧化菌群落结构，Gebert 等认为甲烷氧化菌组成在不同覆盖土中无显著差异，而 Kong 等发现甲烷氧化菌群落结构随梯度变化而变化。Lee 等通过建立模拟覆盖层分析了不同梯度处甲烷氧化活性和微生物群落结构的差异，发现不同梯度的甲烷氧化菌数量无显著差异。由于检测手段的局限导致覆盖层甲烷氧化群落分析有较大差异，深入了解微生物群落结构关系对覆盖层的深入认识有重要意义。

## 四、填埋场覆盖层的甲烷氧化特性

### 1. 甲烷氧化的生物过程

目前发现的甲烷氧化形式主要有高附和性氧化和低附和性氧化两种形式。高附和性氧化主要发生在与大气中甲烷浓度相近的低甲烷浓度（<12μL/L）情况下，而这部分甲烷氧化量占总甲烷氧化量的 10%；低附和性氧化主要发生在甲烷浓度高于 40μL/L 的情况下，这部分甲烷氧化就是我们通常所说的由甲烷氧化菌来完成的，填埋场覆盖土中发生的甲烷氧化也是这种类型。

甲烷氧化菌能够将 $CH_4$ 作为能源和碳源，以氧气为电子受体，通过甲烷单加氧酶、甲醇脱氢酶、甲醛脱氢酶和甲酸脱氢酶四步催化反应，将垃圾填埋气中的 $CH_4$ 最终氧化为 $H_2O$、$CO_2$，并形成细胞质。①甲烷在甲烷单加氧酶（methane monooxygenase，MMO）的催化作用下氧化为甲醇。②甲烷氧化产生的内源甲醇和由几丁质和木质素降解形成的外源甲醇在甲醇脱氢酶（methanol dehydrogenase，MDH）的作用下氧化成甲醛。③甲醛在甲醛脱氢酶（FADH）的作用下氧化成甲酸。同时，I 型甲烷氧化菌可以利用单磷酸核糖途径（RuMP pathway）同化甲醛，作为其生长繁殖需要的碳源和能源；II 型甲烷氧化菌则通过丝氨酸途径（Serine pathway）完成这个同化作用（图 5-2）。④甲酸在甲酸脱氢酶（FDH）的作用下氧化为二氧化碳。整个甲烷氧化过程需要的还原力来自甲醛氧化为甲酸继而氧化成二氧化碳的过程。

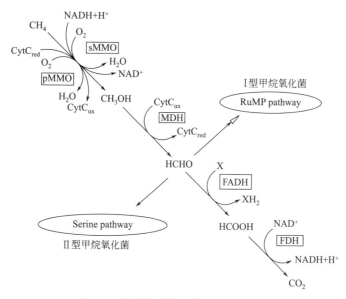

图 5-2　单磷酸核糖途径和丝氨酸途径

### 2. 覆盖层甲烷连续变化

生活垃圾填埋场稳定化过程产生的填埋气波动范围很大，甲烷的扩散通量变化范围为 $0\sim1800g/(m^2 \cdot d)$。准确监测生物气变化过程不同梯度覆盖土的生物特性是有效认识甲烷氧化规律的重要前提，对强化覆盖土的温室气体减排有重要意义。

近年来，关于覆盖层甲烷氧化规律及其动力学已做了大量研究。Jeffrey 等分析了覆盖层中甲烷氧化能力与甲烷扩散通量间的关系，同一点监测结果误差达 30% 以上，尽管得到甲烷氧化速率和甲烷氧化率与甲烷扩散通量有正相关和反相关关系，但相关性较差（$0.51 < R < 0.75$）。另外，由于生物气浓度的不确定性，使得拟合结果差异很大，覆盖土的半饱和常数 $K_m$ 变化达 200 倍以上，De Visscher 等研究发现 $K_m$ 随覆盖层深度增加而增大，而 J. Im 等认为 $K_m$ 与覆盖层深度呈反相关。此外，还有通过建立生物气迁移转化模型的方法预测生物气浓度变化和甲烷氧化能力的研究，这些研究多采用理想化条件，模型参数复杂，多种原因导致结果与实际情况并不吻合。目前研究中还无法实现原位生物气的连续检测及实

际场地的甲烷氧化动力学，因此，由于生物气通量变化范围大导致的结果差异性问题始终未得到解决。

基于实际填埋场覆盖土，赵天涛等构建了可实时在线检测的模拟覆盖层系统，该系统中生物气（甲烷）由覆盖层底部向上扩散，氧气由大气中向下自然扩散。运行过程中，根据实际填埋场生物气中甲烷通量变化，将其控制在 $0 \sim 2000 g/(m^2 \cdot d)$，连续监测不同梯度生物气（甲烷、氧气、二氧化碳）浓度的连续变化过程，持续监测 32 天。不同甲烷通量条件下不同梯度生物气连续变化过程（部分）如图 5-3 所示。甲烷氧化过程中生物气在覆盖层中呈明显的梯度变化，甲烷通量不变时，2~3h 内生物气浓度达稳定状态，持续监测，稳定状态良好；甲烷通量改变（增加或减小），系统平衡破坏后，各梯度生物气浓度能迅速（2~3h）恢复稳态（图 5-3）。

甲烷在向上扩散的过程中逐渐被微生物消耗，随甲烷通量增大，各梯度处的甲烷浓度也逐渐增大 [图 5-3 (a)]，覆盖层表层甲烷浓度维持在 1% 以下，说明该覆盖层能够实现甲烷的高效去除。由于甲烷氧化过程中氧气随空气在覆盖层中由上向下扩散，氧气

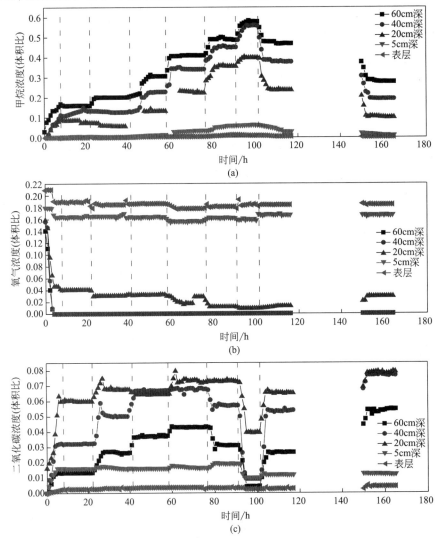

图 5-3  不同梯度生物气连续监测曲线

浓度与覆盖层深度呈反相关。甲烷氧化开始阶段，深度大于 20cm 处氧气浓度迅速减小；系统稳定后，深度大于 40cm 处氧气浓度为 0［图 5-3（b）］，多数研究都取得了类似的结果。不同甲烷通量，覆盖层生物氧化过程产生的二氧化碳在不同梯度的分布如图 5-3（c）所示。甲烷氧化开始时，覆盖层内部二氧化碳浓度迅速增加，在 20cm 深度处的浓度最大，Mahieu 等通过碳同位素示踪法也发现该处是二氧化碳浓度的峰值，且其分布与模型拟合结果相符。

通过分析覆盖层中氧气能够间接反映覆盖层内部的甲烷氧化程度，甲烷氧化过程中的氧气在不同梯度的分布与甲烷通量的关系如图 5-4 所示。在 20cm 深度处，氧气浓度随甲烷通量的增大而减小，接近表层的覆盖土的氧气含量由于与大气接触，基本不受甲烷通量控制。以相同流量的惰性气体由覆盖层底端通入时，此时覆盖层中无甲烷氧化发生，此时覆盖层中 60cm 深度处的氧气浓度可达 10% 以上（数据未显示），对比甲烷氧化过程可知该区域仍有较高的甲烷氧化活性；当生物气通量为 0 时，覆盖层内部的氧气浓度仍呈梯度变化，说明覆盖层内除甲烷氧化菌外，还有其他微生物的生命活动。

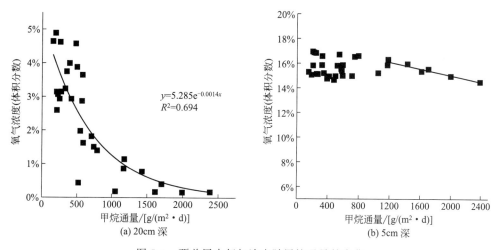

图 5-4　覆盖层中氧气浓度随甲烷通量的变化

通过拟合覆盖层甲烷氧化动力学能够进一步分析不同深度覆盖层中甲烷氧化的潜力。覆盖层中甲烷的需氧氧化过程主要受甲烷和氧气控制，因此以双基质 Michaelis-Menten 方程为基础，利用动态平衡结果进行拟合，推导过程如下：

$$v_{CH_4} = v_{max} \frac{c_{CH_4}}{K_{m,CH_4} + c_{CH_4}} \times \frac{c_{O_2}}{c_{O_2} + K_{m,O_2}} \tag{5-6}$$

式中　$v_{CH_4}$——甲烷氧化速率，g/(m$^2$·d)；

　　　$K_{m,CH_4}$——甲烷半饱和常数，%；

　　　$K_{m,O_2}$——氧气半饱和常数，%；

　　　$c_{CH_4}$——甲烷浓度，%；

　　　$c_{O_2}$——氧气浓度，%。

其中 $v_{CH_4}$ 的计算方法为：

$$v_{CH_4} = (Q_0 c_{0,CH_4} - Q_z c_{z,CH_4})/S \tag{5-7}$$

式中　$Q_0$，$Q_z$——初始和深度 $z$ 处的生物气流量，g/d；

$c_{0,CH_4}$，$c_{z,CH_4}$——初始和深度 $z$ 处的甲烷浓度，%；

$S$——覆盖层横截面积，$m^2$。

式（5-6）线性转化可得：

$$\frac{1}{v_{CH_4}} = \frac{c_{O_2}+K_{m,O_2}}{c_{O_2}v_{max}} \times K_{m,CH_4} \times \frac{1}{c_{CH_4}} + \frac{c_{O_2}+K_{m,O_2}}{c_{O_2}v_{max}} \quad (5\text{-}8)$$

通过监测不同梯度处 $c_{CH_4}$，计算 $1/c_{CH_4}$ 和 $1/v_{CH_4}$ 并进行线性拟合，即可得到动态甲烷氧化过程中覆盖层不同区域的动力学参数 $K_{m,CH_4}$。

以动态连续监测数据拟合不同梯度覆盖层甲烷氧化动力学曲线如图 5-5 所示。拟合结果理想（$R^2$ 分别为 0.955、0.913 和 0.902），动态和静态拟合结果如表 5-3 所列，不同梯度覆盖土甲烷半饱和常数 $K_m$ 的误差小于 1.6%，所以可以通过原位生物气浓度监测实现覆盖层中动力学参数的拟合。垃圾填埋场环境处于连续动态变化，包括生物气通量、温度等多种环境因子，尤其生物气（甲烷、氧气）通量是影响覆盖土生物特性的最重要因素之一。因此，通过连续动态监测覆盖土中生物气浓度变化实现覆盖土的动力学参数拟合，可有效避免覆盖土脱离系统环境造成的误差，这对于更准确地认识覆盖土的生物特性有重要意义。

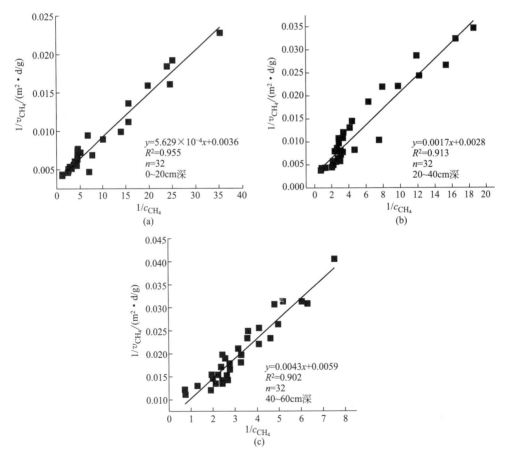

图 5-5　动态甲烷氧化动力学拟合曲线

表 5-3 动态和静态拟合结果

| 深度/cm | 方程 | $R^2$ | 连续条件下 $K_m/\%$ | 离位条件下 $K_m/\%$ | 误差/% |
|---|---|---|---|---|---|
| 0~20 | $y=5.629\times10^{-4}x+0.0036$ | 0.955 | 0.157 | 0.162 | 1.6 |
| 20~40 | $y=0.0017x+0.0028$ | 0.913 | 0.607 | 0.590 | 1.4 |
| 40~60 | $y=0.0043x+0.0059$ | 0.902 | 0.729 | 0.745 | 1.1 |

不同土壤的甲烷氧化动力学参数差异很大,许多研究对不同场地、不同条件下的覆盖土动力学参数进行了分析,经统计发现覆盖土的 $K_{m,CH_4}$ 变化范围为 $0.08\%\sim2.5\%$,本研究中 $K_{m,CH_4}$ 为 $0.157\%\sim0.729\%$,说明该覆盖土对甲烷有较强的亲和氧化能力。不同梯度覆盖土的 $K_{m,CH_4}$ 不同,覆盖层剖面生物气平均浓度分布及 $K_{m,CH_4}$ 随覆盖层梯度的变化如图 5-6 所示。生物气在覆盖层中的分布符合覆盖层中气体分布的一般规律,环境条件一定时,不同梯度甲烷氧化活性主要受甲烷和氧气浓度控制,当梯度大于 40cm 时,此处甲烷浓度处于饱和,并远高于 $K_{m,CH_4}$,因此控制因素主要为氧气浓度。$K_{m,CH_4}$ 随覆盖层梯度增加而增大,De Visscher 等多次研究也发现其与覆盖层梯度呈正相关,而 Im Jungdae 等发现 $K_{m,CH_4}$ 随梯度的增加而

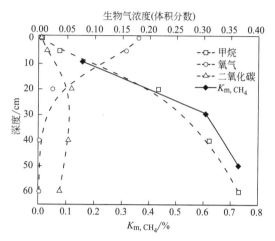

图 5-6 $K_{m,CH_4}$ 与深度和生物气分布的关系

减小。$K_{m,CH_4}$ 在一定程度上反映不同梯度的甲烷氧化活性受土壤特性和环境变化的影响处于动态变化过程,不同研究呈现不同结果,Dunfield 等发现甚至在纯培养微生物中 $K_{m,CH_4}$ 也是不断变化的过程。本研究基于连续监测结果,分析可知较高的甲烷氧化活性对应较高的甲烷亲和性,并随着甲烷浓度的增大,$K_{m,CH_4}$ 变大。

## 五、覆盖层甲烷氧化能力预测

作为主要的甲烷人为源,生活垃圾填埋场的甲烷排放存在着时间跨度大、产气量和产气浓度不稳定等特点,准确有效地预测填埋场甲烷排放量始终没有很好地解决。已有研究方法包括试验监测和数值模拟。向靓等采用静态箱法对某垃圾填埋场的甲烷通量进行了研究,发现日甲烷通量的变化范围为 $0.17\sim2260.09mg/(m^2\cdot h)$,该方法易受产气量、外部环境等因素影响,存在易波动、误差大等问题。覆盖层的甲烷扩散通量模型主要包括经验模型、化学计量模型、动力学模型等,但模型之间的预测结果差别较大,普遍化适用性较低。陈家军等通过数值模型推导了覆盖层中气体的扩散,但过于理想化的假设使得模型的适用条件非常苛刻。

已有研究发现,填埋场覆盖层不同垂直梯度的氧气浓度随着甲烷排放量改变呈现规律性的变化。据此,研究者构建了可实时在线监测的模拟填埋场覆盖层,通过系统分析覆盖层不同深度生物气浓度,监测不同工况和覆盖层深度条件下的氧气浓度并进行拟合;以该方程为基础,利用 Fick 定律和轴向扩散模型推导模拟覆盖层中氧气消耗通量模型;结合覆盖层中微生物甲烷氧化经验方程,推演覆盖层甲烷消耗通量模型,并用以预测覆盖层甲烷氧化能力。

研究过程中的实验装置如图 5-7 所示。模拟覆盖层土柱的材质为有机玻璃,柱高 1m,

内径 0.2m；下两端由法兰盘连接，橡胶垫密封；柱侧方间隔 0.2m，平均设置 4 个气体取样口。柱内取样口的横截面排布集气盘管与取气管相连，集气盘管上下都铺设了与柱内径相同的致密丝网，以防堵塞，集气管通过自动切换阀进入气相色谱。下端生物气进气口处布置有气体分布盘，上端为排气及尾气检测口，混合气进入前通过加湿瓶维持覆盖层湿度。

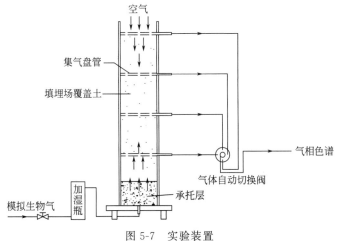

图 5-7　实验装置

### 1.覆盖层氧气消耗通量模型推导

覆盖层中存在大量需氧微生物，在甲烷氧化过程中，氧气不断以恒定的初始浓度（即大气中氧气的浓度）扩散至覆盖层中，其扩散程度受生物气性质和覆盖层本身特性（孔隙率、含水量等）影响。采用轴向扩散模型进行模拟覆盖层中的生物气和氧气的扩散模拟，该模型可描述为：①在与流体流动方向垂直的每一截面上，每种气体具有均匀的径向浓度；②在每一截面及流体流动方向上，流速和轴向扩散系数均为恒定值；③氧气和生物气浓度为轴向距离的连续函数。

（1）氧气的稳态扩散模型推导　模拟覆盖层中气体在稳态扩散时符合 Fick 定律：

$$N_A = -D_A \frac{dc_A}{dz} \tag{5-9}$$

式中　$N_A$——气体 A 单位时间内扩散通过单位面积的气体的质量流量，$mol/(m^2 \cdot s)$；

$D_A$——气体 A 的扩散系数，$m^2/s$；

$c_A$——气体 A 的摩尔浓度，$mol/m^2$；

$\dfrac{dc_A}{dz}$——气体 A 在垂直深度 $z$ 方向上的浓度梯度。

土壤中气体 $i$ 的扩散系数可表示为：

$$D_{soil,i} = \gamma D_{gas,i} \tag{5-10}$$

$$\gamma = \frac{\varepsilon^{2.5}}{\varphi} \tag{5-11}$$

式中　$D_{gas,i}$——气体 $i$ 在混合气体中的扩散系数；

$\gamma$——气体在多孔隙介质中的相对扩散系数；

$\varphi$——全孔隙率，$m^3/m^3$；

$\varepsilon$——充气孔隙率，$m^3/m^3$。

所以，有：

$$D_{soil,O_2} = \gamma D_{gas,O_2} \qquad (5-12)$$

由式（5-9）~式（5-12）可知，覆盖层中 $z$ 深度处氧气扩散通量可表示为：

$$N_{O_2} = -\frac{\varepsilon^{2.5}}{\varphi} D_{gas,O_2} \frac{dc_{O_2}}{dz} \qquad (5-13)$$

令 $D_{O_2,effi} = \frac{\varepsilon^{2.5}}{\varphi} D_{gas,O_2}$，$D_{O_2,effi}$ 为氧气的有效扩散系数（$m^2/s$），且只与温度、覆盖层性质等有关，则式（5-13）为：

$$N_{O_2} = -D_{O_2,effi} \frac{dc_{O_2}}{dz} \qquad (5-14)$$

在连续稳定状态下，通过近 3 个月实时在线监测覆盖层不同垂直梯度的生物气浓度，采用数值模拟的方法考察气体扩散通量。

（2）氧气消耗通量模型推导　设固定生物气初始流量 $Q_0$，考察有无甲烷的条件下氧气的扩散情况。通入含有甲烷的生物气为阳性实验，此时不同垂直梯度上的氧气浓度 $c_{O_2(R)}$ 与覆盖层深度 $z$ 的关系可表示为 $c_{O_2(R)} = g(z)$；仅通入惰性气体为阴性实验，此时不同垂直梯度上的氧气浓度 $c_{O_2(NR)}$ 与覆盖层深度 $z$ 的关系可表示为 $c_{O_2(NR)} = f(z)$。代入式（5-14）后可得阳性实验和阴性实验中氧气扩散通量分别为：

$$N_{O_2(R)} = -D_{O_2,effi} g'(z) \qquad (5-15)$$

$$N_{O_2(NR)} = -D_{O_2,effi} f'(z) \qquad (5-16)$$

由以上两式可知，甲烷氧化所需的实际耗氧量 $N_{O_2(AC)}$ 为两种实验条件下氧气扩散通量的差值，即：

$$N_{O_2(AC)} = N_{O_2(R)} - N_{O_2(NR)} \qquad (5-17)$$

将式（5-15）和式（5-16）代入式（5-17）可得：

$$N_{O_2(AC)} = -D_{O_2,effi}[g'(z) - f'(z)] \qquad (5-18)$$

因此，通过检测不同垂直梯度的氧气浓度并进行拟合，可以得到实际甲烷氧化所消耗的氧气量。

### 2. 覆盖层中微生物甲烷氧化经验方程

研究者已对甲烷氧化菌降解甲烷的机理进行了较详细描述，在甲烷单加氧酶（MMO：pMMO 和 sMMO）的作用下，Ⅰ型甲烷氧化菌和Ⅱ型甲烷氧化菌利用不同途径将甲烷转变为甲醇、甲醛，最后转变为自身的碳源及二氧化碳，该反应过程用化学方程式表示为：

$$CH_4 + 1.5O_2 \longrightarrow 0.5CO_2 + 0.5—CH_2O— + 1.5H_2O$$

此反应可描述为甲烷氧化菌利用甲烷进行合成代谢和分解代谢的过程，—$CH_2O$—代表菌体合成的自身有机物，并且氧气消耗量为甲烷的 1.5 倍，即：

$$N_{O_2(TC)} = 1.5 N_{CH_4(AC)} \qquad (5-19)$$

式中　$N_{O_2(TC)}$ ——基于甲烷降解机理中的理论氧气消耗通量，$mol/(m^2 \cdot d)$；

$N_{CH_4(AC)}$ ——覆盖层中甲烷消耗通量，$mol/(m^2 \cdot d)$，与平均甲烷氧化速率 $v_{CH_4}$ 相等，即：

$$v_{CH_4} = N_{CH_4(AC)} \qquad (5-20)$$

同时，平均甲烷氧化速率等于单位面积初始甲烷流量与深度 $z$ 处甲烷流量之差，即：

$$v_{CH_4} = (Q_0 c_{0,CH_4} - Q_z c_{z,CH_4})/S \qquad (5-21)$$

式中　$Q_0$ ——初始生物气流量，$m^3/s$；

$c_{0,CH_4}$ ——初始甲烷浓度，$mol/m^3$；

$Q_z$——深度 $z$ 处生物气流量，$m^3/s$；

$c_{z,CH_4}$——深度 $z$ 处甲烷浓度，$mol/m^3$；

$S$——模拟覆盖层横截面积，$m^2$。

由式（5-19）～式（5-21）可得：

$$N_{O_2(TC)} = 1.5(Q_0 c_{0,CH_4} - Q_z c_{z,CH_4})/S \tag{5-22}$$

由式（5-22）可知，通过模拟覆盖层甲烷氧化过程进出口生物气流量和甲烷浓度，可以定量分析该过程的理论氧气消耗通量。利用该经验模型得到理论氧气消耗通量，可用于验证氧气消耗通量模型和预测覆盖层的甲烷氧化能力。

### 3. 覆盖层中甲烷氧化通量预测

固定生物气流量 $Q_0$ 为 $4.228 \times 10^{-7} m^3/s$，调节甲烷流量分别为 $1.267 \times 10^{-7} m^3/s$、$1.533 \times 10^{-7} m^3/s$、$1.765 \times 10^{-7} m^3/s$ 和 $1.945 \times 10^{-7} m^3/s$，考察添加甲烷的阳性试验和添加惰性气体的阴性试验中，由模拟覆盖层表面到不同垂直梯度的氧气浓度，并利用 origin 软件对覆盖层深度 $z$ 与氧气浓度进行拟合，结果如图 5-8 所示。

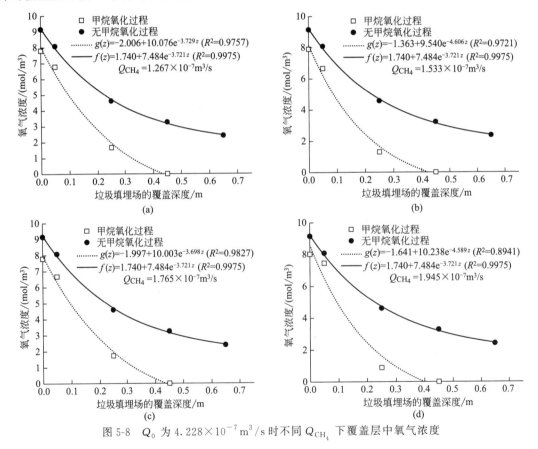

图 5-8　$Q_0$ 为 $4.228 \times 10^{-7} m^3/s$ 时不同 $Q_{CH_4}$ 下覆盖层中氧气浓度

模拟覆盖层中各垂直梯度处 $c_{O_2(NR)}$ 明显高于 $c_{O_2(R)}$，两种情况下 $c_{O_2(NR)}$ 和 $c_{O_2(R)}$ 随 $z$ 的增加而逐渐减小，由于扩散阻力或生物活性的原因，当 $z$ 大于 $0.45m$ 时 $c_{O_2(R)}$ 变为 0。许多研究者已经证明了主要的甲烷氧化范围为 $z=0.25m$ 左右，前期研究也发现 $CH_4/O_2$ 是甲烷氧化的重要影响因素，说明在有限的氧气浓度下，此处甲烷氧化的主要控制因素为氧气浓度。

利用指数方程 $Y = y_0 + ae^{bz}$ 对覆盖层中氧气浓度与覆盖层深度进行了拟合，方程列表见表 5-4，

表 5-4 不同工况条件下氧气浓度随覆盖层深度变化的拟合结果

| $Q_0$ /(m³/s) | $Q_{CH_4}$ /(m³/s) | $c_{0,CH_4}$ /(mol/m³) | 方程拟合 | $R^2$ | $N_{CH_4(AC)}$ /[mol/(m²·s)] | $N_{O_2(AC)}$ /[mol/(m²·s)] | $N_{O_2(TC)}$ /[mol/(m²·s)] |
|---|---|---|---|---|---|---|---|
| $1.366\times10^{-7}$ | $1.728\times10^{-8}$ | 6.25 | $g(z)=-2.314+10.639e^{-3.438z}$ | 0.9958 | $1.058\times10^{-5}$ | $1.609\times10^{-5}$ | $1.586\times10^{-5}$ |
| | $3.110\times10^{-8}$ | 9.27 | $g(z)=-3.593+11.414e^{-2.609\cdot z}$ | 0.9880 | $2.655\times10^{-5}$ | $6.719\times10^{-5}$ | $3.983\times10^{-5}$ |
| | — | 0 | $f(z)=4.425+4.770e^{-3.074z}$ | 0.9672 | — | — | — |
| $1.935\times10^{-7}$ | $4.380\times10^{-8}$ | 10.62 | $g(z)=-2.090+10.769e^{-3.918z}$ | 0.9288 | $4.011\times10^{-5}$ | $1.930\times10^{-4}$ | $6.016\times10^{-5}$ |
| | $5.683\times10^{-8}$ | 12.51 | $g(z)=-2.627+10.713e^{-3.177z}$ | 0.9921 | $5.392\times10^{-5}$ | $6.920\times10^{-5}$ | $8.088\times10^{-5}$ |
| | — | 0 | $f(z)=3.682+5.525e^{-3.368z}$ | 0.9882 | — | — | — |
| $2.401\times10^{-7}$ | $5.169\times10^{-8}$ | 8.97 | $g(z)=-2.121+10.702e^{-3.877z}$ | 0.9214 | $4.560\times10^{-5}$ | $2.249\times10^{-4}$ | $6.840\times10^{-5}$ |
| | $6.190\times10^{-8}$ | 12.40 | $g(z)=-1.931+10.607e^{-4.100z}$ | 0.9278 | $6.038\times10^{-5}$ | $2.149\times10^{-4}$ | $9.058\times10^{-5}$ |
| | — | 0 | $f(z)=3.067+6.147e^{-3.519z}$ | 0.9951 | — | — | — |
| $3.152\times10^{-7}$ | $5.490\times10^{-8}$ | 7.38 | $g(z)=-1.875+9.911e^{-4.033z}$ | 0.9103 | $4.772\times10^{-5}$ | $2.542\times10^{-4}$ | $7.158\times10^{-4}$ |
| | $1.160\times10^{-7}$ | 17.38 | $g(z)=-1.223+9.782e^{-4.659z}$ | 0.9996 | $1.257\times10^{-4}$ | $1.604\times10^{-4}$ | $1.885\times10^{-4}$ |
| | — | 0 | $f(z)=2.390+6.829e^{-3.637z}$ | 0.9976 | — | — | — |
| $3.581\times10^{-7}$ | $1.100\times10^{-7}$ | 13.65 | $g(z)=-2.259+10.645e^{-3.684z}$ | 0.9244 | $1.145\times10^{-4}$ | $2.296\times10^{-4}$ | $1.717\times10^{-4}$ |
| | $1.586\times10^{-7}$ | 19.87 | $g(z)=-1.964+10.133e^{-3.668z}$ | 0.9994 | $1.764\times10^{-4}$ | $2.532\times10^{-4}$ | $2.646\times10^{-4}$ |
| | — | 0 | $f(z)=2.205+7.015e^{-3.663z}$ | 0.9978 | — | — | — |
| $4.228\times10^{-7}$ | $1.266\times10^{-7}$ | 13.58 | $g(z)=-2.006+10.076e^{-3.729z}$ | 0.9757 | $1.416\times10^{-4}$ | $1.451\times10^{-4}$ | $2.124\times10^{-4}$ |
| | $1.533\times10^{-7}$ | 16.15 | $g(z)=-1.363+9.540e^{-4.606z}$ | 0.9721 | $1.751\times10^{-4}$ | $1.619\times10^{-4}$ | $2.627\times10^{-4}$ |
| | $1.765\times10^{-7}$ | 18.77 | $g(z)=-1.997+10.003e^{-3.698z}$ | 0.9827 | $2.058\times10^{-4}$ | $1.288\times10^{-4}$ | $3.087\times10^{-4}$ |
| | $1.945\times10^{-7}$ | 20.91 | $g(z)=-1.641+10.238e^{-4.589z}$ | 0.8941 | $2.201\times10^{-4}$ | $3.493\times10^{-4}$ | $3.302\times10^{-4}$ |
| | $2.190\times10^{-7}$ | 22.33 | $g(z)=-2.048+10.142e^{-3.715z}$ | 0.9682 | $2.582\times10^{-4}$ | $5.003\times10^{-4}$ | $3.874\times10^{-4}$ |
| | — | 0 | $f(z)=1.740+7.484e^{-3.721z}$ | 0.9975 | — | — | — |

| $Q_0$ /(m³/s) | $Q_{CH_4}$ /(m³/s) | $c_{0,CH_4}$ /(mol/m³) | 方程拟合 | $R^2$ | $N_{CH_4(AC)}$ /[mol/(m²·s)] | $N_{O_2(AC)}$ /[mol/(m²·s)] | $N_{O_2(TC)}$ /[mol/(m²·s)] |
|---|---|---|---|---|---|---|---|
| $5.664 \times 10^{-7}$ | $2.238 \times 10^{-7}$ | 18.27 | $g(z) = -1.551 + 9.845e^{-4.415z}$ | 0.9951 | $2.618 \times 10^{-4}$ | $1.873 \times 10^{-4}$ | $3.927 \times 10^{-4}$ |
| | $3.164 \times 10^{-7}$ | 24.11 | $g(z) = -1.368 + 10.166e^{-5.199z}$ | 0.8980 | $3.809 \times 10^{-4}$ | $4.536 \times 10^{-4}$ | $5.714 \times 10^{-4}$ |
| | — | 0 | $f(z) = 0.864 + 8.365e^{-3.806z}$ | 0.9954 | — | — | — |
| $6.194 \times 10^{-7}$ | $2.348 \times 10^{-7}$ | 16.92 | $g(z) = -1.333 + 9.202e^{-4.895z}$ | 0.9047 | $2.814 \times 10^{-4}$ | $3.227 \times 10^{-4}$ | $4.222 \times 10^{-4}$ |
| | — | 0 | $f(z) = 0.713 + 8.516e^{-3.818z}$ | 0.9948 | — | — | — |
| $7.892 \times 10^{-7}$ | $3.239 \times 10^{-7}$ | 18.32 | $g(z) = -1.466 + 10.075e^{-4.954z}$ | 0.8876 | $4.028 \times 10^{-4}$ | $6.774 \times 10^{-4}$ | $6.043 \times 10^{-4}$ |
| | — | 0 | $f(z) = 0.053 + 9.179e^{-3.865z}$ | 0.9924 | — | — | — |
| $8.874 \times 10^{-7}$ | $2.165 \times 10^{-7}$ | 10.92 | $g(z) = -1.234 + 9.626e^{-5.649z}$ | 0.8620 | $2.647 \times 10^{-4}$ | $3.790 \times 10^{-4}$ | $3.970 \times 10^{-4}$ |
| | $5.148 \times 10^{-7}$ | 25.82 | $g(z) = -1.108 + 9.860e^{-5.885z}$ | 0.9104 | $7.221 \times 10^{-4}$ | $1.340 \times 10^{-3}$ | $1.080 \times 10^{-3}$ |
| | — | 0 | $f(z) = -0.275 + 9.508e^{-3.886z}$ | 0.9911 | — | — | — |
| $1.263 \times 10^{-6}$ | $6.371 \times 10^{-7}$ | 22.98 | $g(z) = -1.108 + 9.923e^{-5.940z}$ | 0.9079 | $8.456 \times 10^{-4}$ | $1.690 \times 10^{-3}$ | $1.270 \times 10^{-3}$ |
| | $7.453 \times 10^{-7}$ | 25.85 | $g(z) = -1.080 + 9.660e^{-6.091z}$ | 0.8937 | $9.830 \times 10^{-4}$ | $1.380 \times 10^{-3}$ | $1.470 \times 10^{-3}$ |
| | — | 0 | $f(z) = -0.881 + 10.143e^{-4.248z}$ | 0.9828 | — | — | — |
| $1.793 \times 10^{-6}$ | $7.027 \times 10^{-7}$ | 18.27 | $g(z) = -1.057 + 9.573e^{-6.243z}$ | 0.9214 | $9.436 \times 10^{-4}$ | $1.600 \times 10^{-3}$ | $1.420 \times 10^{-3}$ |
| | $8.900 \times 10^{-7}$ | 21.25 | $g(z) = -0.966 + 9.469e^{-6.529z}$ | 0.9244 | $1.210 \times 10^{-3}$ | $1.690 \times 10^{-3}$ | $1.820 \times 10^{-3}$ |
| | — | 0 | $f(z) = -0.779 + 10.068e^{-4.898z}$ | 0.9710 | — | — | — |
| $2.071 \times 10^{-6}$ | $1.093 \times 10^{-6}$ | 23.56 | $g(z) = -0.864 + 9.321e^{-6.824z}$ | 0.9558 | $1.460 \times 10^{-3}$ | $2.480 \times 10^{-3}$ | $2.200 \times 10^{-3}$ |
| | — | 0 | $f(z) = -0.676 + 9.969e^{-5.310z}$ | 0.9644 | — | — | — |

阳性实验组的可决系数普遍高于阴性实验组，但可决系数总体在 0.8941~0.9975 之间，说明该指数方程可很好地描述覆盖层中氧气的分布规律。当 $z \geqslant 0.45m$ 时，$c_{O_2(R)} = 0$。综合以上结果，$g(z)$ 和 $f(z)$ 可用以下公式表示：

$$g(z) = \begin{cases} y_0' + a'e^{b'z} & (z \in [0,45]) \\ 0 & (z \in [45,65]) \end{cases} \tag{5-23}$$

$$f(z) = y_0 + ae^{bz} \quad (z \in [0,65]) \tag{5-24}$$

当 $Q_0$ 不变时，式中 $y_0$、$a$、$b$ 和 $y_0'$、$a'$、$b'$ 为常数。调节 $Q_0$，改变 $c_{0,CH_4}$，以该方程为基础，对覆盖层中 $c_{O_2(R)}$ 和 $c_{O_2(NR)}$ 与 $z$ 的关系进行拟合，不同气体流量时拟合结果和 $N_{CH_4(AC)}$ 如表 5-4 所列，拟合结果较好（绝大多数 $R^2$ 大于 0.9），所以该方程能够描述两种条件下氧气浓度随深度的分布，且单纯通入惰性气体时 $R^2$ 普遍高于通入甲烷的实验。

（1）模拟覆盖层的甲烷氧化能力分析 调节甲烷流量 $Q_{CH_4}$ 为 $1.73 \times 10^{-8}$~$1.09 \times 10^{-6}m^3/s$，甲烷消耗通量 $N_{CH_4(AC)}$ 及氧气消耗通量 $N_{O_2(TC)}$ 的变化如图 5-9 所示。随着 $Q_{CH_4}$ 的变化，$N_{CH_4(AC)}$ 和 $N_{O_2(TC)}$ 呈现显著的线性相关性（$R^2 = 0.9976$），该结论与 Pawłowska 和 Streese 的报道相符。而且，本实验中甲烷的平均氧化速率为 $26mol/(m^2 \cdot d)$，远高于已报道的覆盖材料的甲烷氧化活性，是已报道最高 $v_{CH_4}$ [$17.82mol/(m^2 \cdot d)$] 的 1.46 倍。甲烷总氧化效率 $\eta$ 维持在 80%~100%，当气体流量 $Q_0$ 小于 20L/d 时，甲烷可被全部氧化，这与 Perdikea 等的研究得出的当低流量生物气时甲烷能够全部被氧化的结论相一致。但实际垃圾填埋场 $\eta$ 为 12%~60%，在低 $Q_{CH_4}$ 时并不能将甲烷全部氧化，因此，覆盖层生物强化对提高其甲烷氧化活性十分必要。

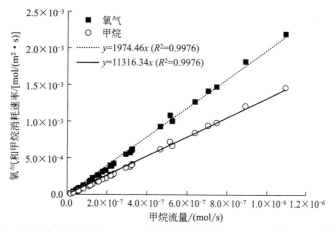

图 5-9 甲烷消耗通量 $N_{CH_4(AC)}$ 和氧气消耗通量 $N_{O_2(TC)}$ 随 $Q_{CH_4}$ 的变化

生活垃圾填埋场覆盖层中不同垂直梯度的甲烷氧化主要受到 2 个因素的制约，一是微生物的固有活性，二是氧气的扩散通量。考察了不同 $Q_{CH_4}$ 条件下覆盖层中甲烷氧化情况，结果如图 5-10 所示。控制 $Q_{CH_4}$ 为 $1.06 \times 10^{-7}$~$2.93 \times 10^{-7}m^3/s$，甲烷氧化活动主要集中在 0~0.25m 深处。随着深度的增加，甲烷氧化活性逐渐减弱，由未添加甲烷的阴性实验可知，氧气的扩散深度可达 0.65m。阳性实验中当模拟覆盖层深度大于 0.45m 时，检测无氧气存在。这说明该区域仍存在甲烷氧化活动，并且氧气的扩散速率和消耗速率达到动态平衡。

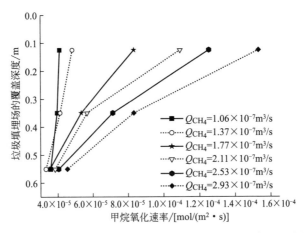

图 5-10　不同甲烷流量条件下模拟覆盖层的甲烷氧化速率随深度的变化

（2）氧气消耗通量模型　将式（5-23）和式（5-24）代入式（5-19）中可得覆盖层中氧气消耗通量模型：

$$N_{O_2(AC)} = -D_{O_2,effi}(a'b'e^{b'z} - abe^{bz}) \tag{5-25}$$

氧气在混合气体（空气）中的扩散系数 $D_{gas,O_2}$ 可通过蒙特卡罗模拟得到，取值为 $1.89 \times 10^{-5} m^2 \cdot s$；实验中所用的覆盖材料 $\varepsilon$ 和 $\varphi$ 的值分别为 $0.412 m_{gas}^3/m_{soil}^3$ 和 $0.5878 m_{void}^3/m_{soil}^3$。通过计算得 $D_{O_2,effi} = 3.472 \times 10^{-6} m^2 \cdot s$。

将覆盖层表面（$z=0$）作为边界，此时氧气扩散通量为 $3.472 \times 10^{-6}(ab - a'b')$，以上参数可以通过式（5-23）和式（5-24）拟合得到，结果见表 5-4。为了验证方程的拟合效果，根据式（5-22）同时考察了理论氧气消耗通量，并对不同甲烷流量条件下的 $N_{O_2(TC)}$ 和 $N_{O_2(AC)}$ 进行比较，结果如图 5-11 所示。随着甲烷流量 $Q_{CH_4}$ 的增大，$N_{O_2(TC)}$ 和 $N_{O_2(AC)}$ 都逐渐增大，与甲烷消耗通量 $N_{CH_4(AC)}$ 随 $Q_{CH_4}$ 的变化趋势一致。对 $N_{O_2(TC)}$ 和 $N_{O_2(AC)}$ 随 $Q_{CH_4}$ 的变化进行线性拟合，拟合直线的斜率分别为 $1980.30$（$R^2=0.9974$）和 $2112.94$（$R^2=0.9672$），拟合结果无显著差异，该模型可以很好地表征模拟覆盖层的氧气消耗情况。

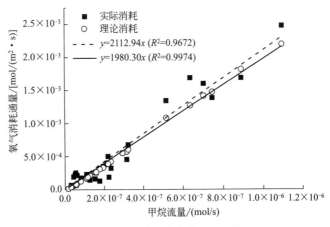

图 5-11　覆盖层中氧气消耗通量

（3）覆盖层中甲烷氧化能力预测　生活垃圾填埋场稳定化过程中的甲烷产生量很不稳定，直接通过经验模型或者现场监测误差都比较大。但除了产气高峰期，填埋场的产气量和产气浓度相对较低，此过程可达到稳态氧化过程。因此，通过监测氧气浓度变化，分析覆盖层甲烷氧化与氧气消耗的关系，能够预测覆盖层中的甲烷氧化能力。而由于氧气具有稳定的初始浓度（大气中氧气含量），考察氧气的消耗将使预测结果更加准确。

由前述内容可知：

$$N_{O_2(AC)} = N_{O_2(TC)} \tag{5-26}$$

将式（5-18）和式（5-19）代入式（5-26）中可得：

$$1.5N_{CH_4(AC)} = -D_{O_2,effi}[g'(z) - f'(z)] \tag{5-27}$$

因此，可得到甲烷消耗通量模型：

$$N_{CH_4(TC)} = -\frac{1}{1.5}D_{O_2,effi}[g'(z) - f'(z)] \tag{5-28}$$

随着甲烷流量的变化，考察了甲烷消耗通量模型预测的甲烷消耗通量 $N_{CH_4(TC)}$ 与实际监测的甲烷消耗通量 $N_{CH_4(AC)}$，并进行线性拟合，结果如图 5-12 所示。直线斜率分别为 1408.2 和 1316.3，平均偏差为 3.4%，预测结果与实际检测值十分吻合。因此，利用该模型预测覆盖层甲烷消耗通量及甲烷氧化能力是可行的。该研究有望为揭示生物气扩散规律、强化甲烷氧化能力和预测甲烷排放提供新的思路和理论依据。

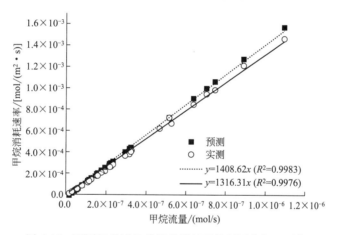

图 5-12　不同甲烷流量的甲烷消耗通量预测值与监测值

## 六、覆盖材料改性强化甲烷氧化

### 1. 覆盖材料优选与甲烷亲和性检测

生活垃圾填埋场是甲烷产生的主要人为源，其中富含大量甲烷氧化菌。甲烷氧化菌在甲烷去除过程中发挥着重要作用，对其生物特性的研究是强化甲烷氧化的重要前提。开发亲和能力强、甲烷氧化效率高的覆盖材料已成为填埋场甲烷减排研究的重要部分，明确不同工况条件下覆盖材料的甲烷亲和氧化能力对有效控制甲烷等温室气体有重要的参考价值。

覆盖材料的生物特性受有机质含量、含水量等因素的影响，研究表明不同质地（粗砂土、壤质土等）和不同环境条件（旱地和湿地、高甲烷浓度和低甲烷浓度）下的土壤介质甲烷亲和氧化能力差别很大，研究过程通常以覆盖材料的半饱和常数 $K_s$ 来指示甲烷亲和氧化能力，粗砂土的 $K_s$ 是壤质沙土的几倍到几十倍，且甲烷浓度较低时，其亲和能力较高。Chi Zifang 等总结发现不同覆盖土的 $K_s$ 变化达 200 倍以上，因此，能否准确分析覆盖材料的 $K_s$ 对覆盖层甲烷氧化能力的有效评估至关重要。在覆盖层的甲烷氧化模拟研究过程中，$K_s$ 初始值通常由文献参考获得，且模型中涉及孔隙率、扩散系数等多种参数的推导或引用，这导致得到的 $K_s$ 与真实值差别较大，不利于覆盖材料的生物特性评估，进而也会导致对甲烷扩散通量及其消耗的预测产生偏差。K. Mahieu 等建立的预测模型中引入包括甲烷 $K_s$ 在内的 13 个参数，甲烷浓度的预测结果与真实值的最大偏差达50%。结合常规的监测数据建立避免复杂参数的模型是预测 $K_s$ 的有效方法，但类似的研究还鲜有报道。

　　研究者通过考察多种覆盖土的甲烷氧化能力，筛选性质优良的填埋场覆盖土。建立甲烷氧化反应器，监测生物气在反应器中迁移转化过程的浓度变化，结合 Monod 方程和固定床气体轴向扩散理论建立反应器中甲烷迁移转化模型，以该方程为基础对监测结果进行拟合，根据拟合结果推导该覆盖土的半饱和常数，为覆盖土生物特性的判断提供有效的理论支撑。

　　(1) 甲烷氧化反应器实验装置　所构建的甲烷氧化反应器实验装置如图 5-13 所示。反应器高 100cm，内径 20cm；上下两端由法兰盘连接，橡胶垫密封，两端各平均分布 3 个内径为 0.8cm 的小孔；柱侧方平均设置 4 个气体取样口。柱内取样口平行处排布集气盘管与取气管相连，集气盘管夹在与柱内径相同的致密丝网间（防止土壤进入，气体可顺利通过），集气管与管路自动切换阀相连进入气相色谱。下端生物气进气口处布置有气体平均分布盘，上端为排气及尾气检测口。混合气进入前通过加湿瓶维持覆盖层湿度，整个反应过程在30℃的恒温室中进行。

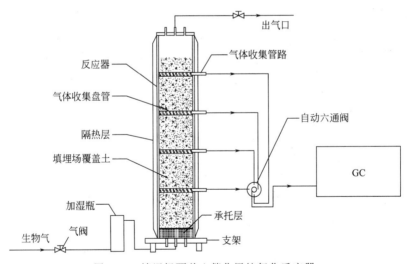

图 5-13　填埋场覆盖土催化甲烷氧化反应器

　　(2) 分析检测条件和方法　不同的生物气组成通过调节甲烷和空气流量实现，生物气由柱底端通入，气体流量采用皂膜流量计测定。甲烷、氧气和二氧化碳采用气相色谱（川仪SC-6000A）测定，色谱条件：不锈钢色谱柱 TDX 8-12-25 2m，进样口温度、柱温以及检测器（TCD）温度分别为 120℃、90℃、120℃，氮气为载气，载气流速为 25mL/min，进样量 0.5mL。

（3）反应器中甲烷氧化迁移转化模型推导　填埋覆盖土催化甲烷在反应器中的迁移转化过程基于固定床轴线扩散模型进行分析。由图 5-14 可知，该模型是理想平推流流动中叠加一个轴向返混，返混程度用轴向扩散系数表示，该模型的建立基于以下假设：①在与流体流动方向垂直的每一截面上有均匀的径向浓度；②在每一截面及流体流动方向上流速和轴向扩散系数均为恒定值；③溶质浓度为轴向距离的连续函数。

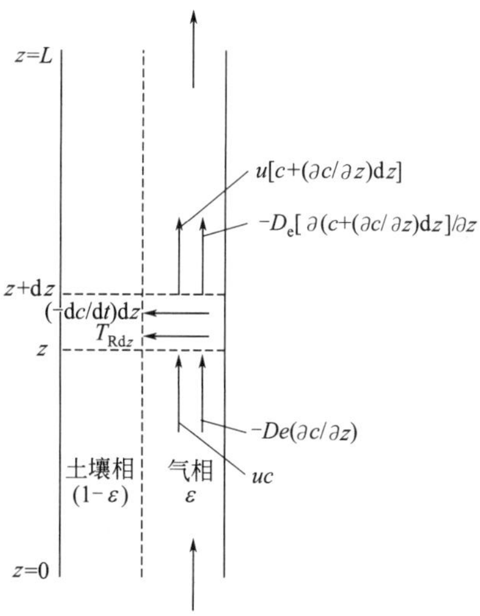

图 5-14　反应器中甲烷迁移转化
过程的轴向扩散模型

甲烷在反应器中的运动过程为轴向和水平扩散，变化过程为催化氧化和吸附，根据质量守恒可知在任意微元中有如下关系式：

$$J_{con} + J_{acc} = J_{in} - J_{out} \tag{5-29}$$

式中　$J_{con}$——微元中甲烷的消耗量，mol；

　　　　$J_{acc}$——甲烷的吸附积累量，mol；

　　　　$J_{in}$——进入微元的甲烷量，mol；

　　　　$J_{out}$——微元输出的甲烷量，mol。

由微元中介质消耗过程可得：

$$J_{con} = r_S S(1-\varepsilon_e)t\,\mathrm{d}z \tag{5-30}$$

式中　$r_S$——甲烷消耗速率，mol/(cm$^3$ · s)；

　　　　$S$——反应器截面积，cm$^2$；

　　　　$\varepsilon_e$——覆盖床层孔隙率；

　　　　$t$——时间，s。

由固定床吸附过程理论可得：

$$J_{acc} = \frac{\partial c}{\partial t}\varepsilon_e St\,\mathrm{d}z \tag{5-31}$$

$$J_{in} = \left(uc - D_z\frac{\partial c}{\partial z}\right)\varepsilon_e St \tag{5-32}$$

$$J_{out} = \left\{\left[u\left(c+\frac{\partial c}{\partial z}\mathrm{d}z\right) - D_z\frac{\partial}{\partial z}\left(c+\frac{\partial c}{\partial z}\mathrm{d}z\right)\right]\varepsilon_e S + (1-\varepsilon_e)S\mathrm{d}z T_R\right\}t \tag{5-33}$$

式中　$u$——线速度，cm/s；

　　　　$c$——甲烷浓度，mol/cm$^3$；

　　　　$D_z$——轴向甲烷扩散系数，cm$^2$ · s；

　　　　$T_R$——气固界面传质速率，mol/(cm$^3$ · s)。

将式（5-30）~式（5-33）代入式（5-29）中并化简，可得：

$$r_S\frac{1-\varepsilon_e}{\varepsilon_e} + \frac{\partial c}{\partial t} = D_z\frac{\partial^2 c}{\partial z^2} - u\frac{\partial c}{\partial z} - \frac{1-\varepsilon_e}{\varepsilon_e}T_R \tag{5-34}$$

由细胞得率公式 $Y_{X/S} = \dfrac{r_X}{r_S}$，甲烷消耗速率可表示为：

$$r_S = \frac{r_X}{Y_{X/S}} \tag{5-35}$$

式中  $r_X$——菌体生长速率，g/(cm$^3$ · s)；

$Y_{X/S}$——细胞得率，g/mol。

根据比生长速率的定义可得：

$$r_X = \mu c_X \tag{5-36}$$

式中  $\mu$——比生长速率，s$^{-1}$；

$c_X$——细胞浓度，g/cm$^3$。

以 Monod 方程为基础可得：

$$\mu = \mu_{max} \frac{c}{K_s + c} \tag{5-37}$$

式中  $\mu_{max}$——最大比生长速率，s$^{-1}$；

$K_s$——半饱和常数，mol/cm$^3$。

将式（5-36）和式（5-37）代入式（5-35）中得：

$$r_S = \frac{(\mu_{max} c_X / Y_{X/S}) c}{K_s + c} \tag{5-38}$$

将式（5-38）代入式（5-34）中得：

$$\frac{(\mu_{max} c_X / Y_{X/S}) c}{K_s + c} \times \frac{1 - \varepsilon_e}{\varepsilon_e} + \frac{\partial c}{\partial t} = D_z \frac{\partial^2 c}{\partial z^2} - u \frac{\partial c}{\partial z} - \frac{1 - \varepsilon_e}{\varepsilon_e} T_R \tag{5-39}$$

甲烷浓度 $c$ 为反应器轴向距离 $z$ 的连续函数，即：

$$c = f(z) \tag{5-40}$$

将式（5-40）代入式（5-39）中可得：

$$\frac{(\mu_{max} c_X / Y_{X/S}) f(z)}{K_s + f(z)} \times \frac{1 - \varepsilon_e}{\varepsilon_e} + \frac{\partial f(z)}{\partial t} = D_z \frac{\partial^2 f(z)}{\partial z^2} - u \frac{\partial f(z)}{\partial z} - \frac{1 - \varepsilon_e}{\varepsilon_e} T_R \tag{5-41}$$

式（5-41）即为任意时刻覆盖土催化甲烷在反应器中的迁移转化连续方程。

（4）系统稳态时甲烷迁移转化方程  系统处于稳态时，在任意时间 $t$，微元中甲烷吸附达到饱和，甲烷的净积累量和气固界面传质速率为零 $\left[\frac{\partial f(z)}{\partial t} = 0, T_R = 0\right]$。式（5-41）可转化为：

$$\frac{(\mu_{max} c_X / Y_{X/S}) f(z)}{K_s + f(z)} \times \frac{1 - \varepsilon_e}{\varepsilon_e} = D_z \frac{\partial^2 f(z)}{\partial z^2} - u \frac{\partial f(z)}{\partial z} \tag{5-42}$$

式（5-42）即为稳态时覆盖土催化甲烷在反应器中的迁移转化微分方程。当生物气流量较小，反应器中甲烷氧化速率远大于甲烷轴向扩散速率时，则该过程可忽略气体扩散的影响，令 $F = \frac{1 - \varepsilon_e}{\varepsilon_e}$，$\mu' = \mu_{max} \frac{c_X}{Y_{X/S}}$，代入式（5-42）中可得：

$$\frac{\mu' f(z)}{K_s + f(z)} \times F + u \frac{\partial f(z)}{\partial z} = 0 \tag{5-43}$$

对式（5-43）积分（0～z）并整理得：

$$z = -\frac{K_s u}{\mu' F}\ln f(z) - \frac{u}{\mu' F}f(z) + \frac{[K_s \ln f(z_0) + f(z_0)]u}{\mu' F} \tag{5-44}$$

令 $a = -\dfrac{K_s u}{\mu' F}$，$b = -\dfrac{u}{\mu' F}$，$c = \dfrac{[K_s \ln f(z_0) + f(z_0)]u}{\mu' F}$，则式（5-44）可转化为：

$$z = a\ln f(z) + bf(z) + c \tag{5-45}$$

由方程可知 $K_s = a/b$，以该模型为基础，通过检测生物气上升过程中浓度的变化，即可分析不同条件下覆盖材料的半饱和常数 $K_s$ 等参数。

（5）不同覆盖层中覆盖土的理化性质　研究者选择 4 个典型地区的覆盖土用于甲烷氧化研究，对上海、重庆、山东和广东四个地区的原始填埋场覆盖土进行了理化性质分析，结果如表 5-5 所列。各地区土样均为壤质沙土，总磷含量无显著性差异，山东和重庆地区的覆盖土总碳、有机质含量显著高于广东和上海地区的覆盖土，有研究表明有机质和有机氮含量在覆盖土中对甲烷氧化有重要影响，一般情况下甲烷氧化能力随着 C/N 的增大而增强。重庆地区覆盖土的氮含量均高于其他地区，尤其铵态氮含量 [（$25.6 \pm 8.6$）mg/kg] 是其他地区的 3～4 倍，无机氮含量对填埋场覆盖土中甲烷氧化的影响相对复杂。何品晶等研究发现，在一定条件下，随着铵态氮含量的增加，甲烷氧化速率与之呈正相关。

表 5-5　各地区覆盖土土样理化性质

| 地点 | 总碳 /(g/kg) | 总磷 /(g/kg) | 有机质 /(g/kg) | 硝态氮 /(mg/kg) | 铵态氮 /(mg/kg) |
|---|---|---|---|---|---|
| 山东 | $1.87 \pm 0.0096$ | $0.937 \pm 0.0256$ | $28.1 \pm 0.99$ | $39.7 \pm 0.7$ | $6.0 \pm 0.2$ |
| 广东 | $0.76 \pm 0.0113$ | $0.334 \pm 0.0095$ | $11.9 \pm 0.274$ | $38.6 \pm 0.4$ | $8.6 \pm 0.4$ |
| 上海 | $0.77 \pm 0.073$ | $0.848 \pm 0.0171$ | $9.5 \pm 0.154$ | $10.5 \pm 0.2$ | $9.5 \pm 0.2$ |
| 重庆 | $2.1 \pm 0.0194$ | $0.542 \pm 0.0339$ | $15.9 \pm 0.239$ | $45.1 \pm 0.1$ | $25.6 \pm 8.6$ |

（6）不同覆盖层中覆盖土甲烷氧化能力　对上海、重庆、山东和广东四个地区的原始填埋场覆盖土进行过筛（0.2mm）处理，称取 10g 原始样品，置于 100mL 血清瓶中，以 20mL 甲烷置换瓶中空气，置于 30℃ 恒温箱中，分析其甲烷氧化能力。各地原始覆盖土的甲烷消耗情况如图 5-15 所示。反应过程中各瓶中甲烷逐渐消耗，150h 时，各覆盖土的甲烷氧化率分别为 88.7%、99.8%、84.1% 和 81.6%，甲烷氧化速率分别为 0.854mg/g、1.018mg/g、0.922mg/g 和 0.762mg/g（顺序为上海、重庆、山东、广东）。可知所取的原始覆盖土中重庆地区的覆盖土有较强的甲烷氧化能力，以该覆盖土为材料，经甲烷富集驯化建立甲烷氧化生物反应器。

（7）反应器中甲烷氧化速率和甲烷氧化效率　通过监测反应器底端和顶端生物气流量和生物气浓度，可计算该覆盖土的甲烷氧化速率和氧化效率。甲烷氧化速率 $v_{CH_4} = (Q_0 c_{0,CH_4} - Q_z c_{z,CH_4})/S$，$Q_0$ 为初始生物气流量（$m^3/s$），$c_{0,CH_4}$ 为初始甲烷浓度（$mol/m^3$），$Q_z$ 为 z 处生物气流量（$m^3/s$），$c_{z,CH_4}$ 为 z 处甲烷浓度（$mol/m^3$）；甲烷氧化效率 $\eta = (Q_0 c_{0,CH_4} - Q_z c_{z,CH_4})/(Q_0 c_{0,CH_4})$。反应器中甲烷氧化速率随初始甲烷浓度的变化如图 5-16 所示。当甲烷浓度为 10%～60% 时，甲烷氧化速率随甲烷浓度的增大显著增长，变化范围为 5.10～32.40mol/($m^2 \cdot d$)；最大甲烷氧化速率为 32.40mol/($m^2 \cdot d$)，高于已报道的最高值 18.13mol/($m^2 \cdot d$)。

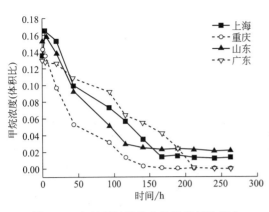

图 5-15 各地原始覆盖土的甲烷氧化能力

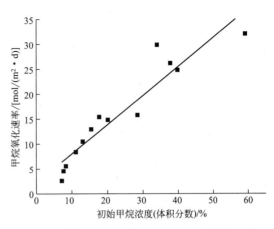

图 5-16 甲烷氧化速率随初始甲烷浓度的变化

考察甲烷氧化速率随 $CH_4/O_2$ 的变化,结果如图 5-17 所示。在 $CH_4/O_2$ 从 0.3 增加到 0.5 的过程中,甲烷氧化速率缓慢增加;$CH_4/O_2$ 继续增加,甲烷氧化速率迅速增大,当 $CH_4/O_2$ 接近 1 时,甲烷氧化速率达最大值,这也证明了此时该覆盖土中好氧甲烷氧化菌已成为优势菌群;随着 $CH_4/O_2$ 继续增大,甲烷氧化速率迅速降低。垃圾填埋场中甲烷上升过程中自然条件下覆盖土的甲烷氧化效率为 $12\% \sim 60\%$,许多研究也表明当甲烷初始通量较低时,甲烷减排效果更理想。初始甲烷浓度对覆盖土甲烷氧化效率的影响如图 5-18 所示。当初始甲烷浓度小于 $18\%$ 时,甲烷能够全部消耗($\eta = 100\%$),即使初始甲烷浓度增加到 $30\%$ 时,甲烷氧化效率仍能够达到 $90\%$ 以上,说明经驯化后,该覆盖土有较强的甲烷氧化能力;随着初始甲烷浓度的继续增大,甲烷氧化效率呈减小趋势。以上结果表明,当 $CH_4/O_2$ 接近 1 时能够实现甲烷的快速氧化,在实际填埋场中通过强化覆盖土的生物活性能够实现理想的甲烷减排效果。

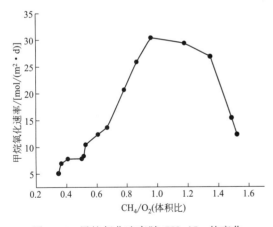

图 5-17 甲烷氧化速率随 $CH_4/O_2$ 的变化

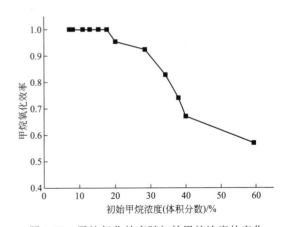

图 5-18 甲烷氧化效率随初始甲烷浓度的变化

(8) 反应器中生物气空间分布与模型拟合 生物气在轴向迁移过程中,根据覆盖土中甲烷氧化菌氧化甲烷的机理,可推断在反应器中生物气浓度呈梯度变化。如图 5-19 所示,随 $z$ 的增大,甲烷、氧气浓度逐渐减小,二氧化碳浓度增大;甲烷和氧气的变化趋势基本一致,在 $z$ 为 $0 \sim 40cm$ 区域内甲烷和氧气消耗最大,二氧化碳浓度也迅速增大,初始阶段由于甲烷浓度较高，为甲烷氧化菌提供了丰富的碳源，甲烷氧化微生物在该区域内迅速富集，提高了覆盖土的生物活性。随着甲烷初始浓度的增大，在氧气充足时，甲烷氧化速率逐渐增大［图 5-19（a）、（b）］；但随着 $z$ 的增大，由于碳源的消耗，微生物密度减小，甲烷和氧气的浓度缓慢降低，二氧化碳浓度缓慢增加。在整个反应器中，二氧化碳是逐渐积累的过程，在出口处与覆盖土内部有较大的浓度差，导致二氧化碳浓度在反应器中呈 S 形变化。

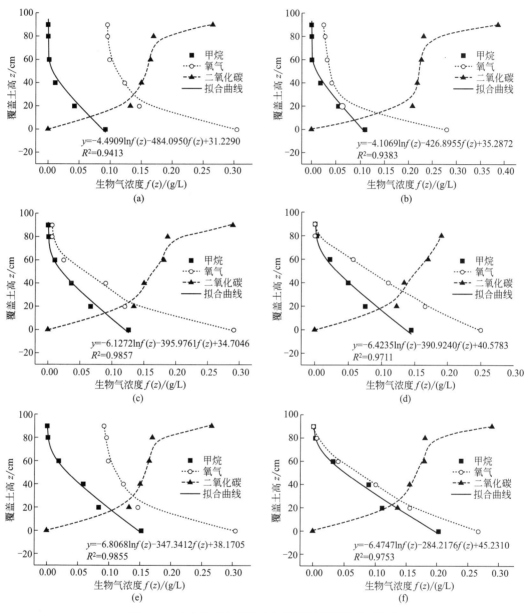

图 5-19　生物气的空间分布与甲烷迁移转化模型拟合

以系统稳态过程甲烷迁移转化方程式为模型，对监测结果进行拟合（图 5-19），图 5-19（a）～（f）为甲烷初始浓度依次增大（13％～28％）的生物气分布及甲烷迁移转化拟合曲线，可知生物气迁移转化过程甲烷变化趋势与模型方程吻合（$R_2$ 为 0.9383～0.9855），说明覆盖土催化甲烷氧化过程符合 Monod 方程，且其在反应器中的扩散满足轴向扩散假设。

以该模型为基础，根据拟合系数可以计算覆盖材料的动力学参数，从而避免了在甲烷氧化能力预测过程中参数的盲目选取，这为覆盖材料的优选提供了指导。

根据拟合结果，覆盖土的半饱和常数 $K_s = a/b$，计算得到不同初始甲烷浓度（13%～28%）的 $K_s$ 结果如表 5-6 所列，$K_s$ 的变化范围为 0.0066～0.0163g/L。覆盖材料的基质亲和能力随基质浓度的变化而不同，$K_s$ 随甲烷浓度的变化如图 5-20 所示，随着甲烷浓度的增大，$K_s$ 呈增大趋势，这与在低浓度甲烷条件下覆盖土的亲和能力较高的结论相符。填埋场覆盖材料的选取是垃圾填埋过程的重要环节，不同覆盖材料的 $K_s$ 有较大差别，近年来研究者利用模拟覆盖层模型推导的不同覆盖材料的半饱和常数与本研究结果比较如表 5-7 所列。$K_s$ 的变化范围分别为 0.057～2.07g/L 和 0.0066～0.0163g/L，说明本研究所选取的覆盖材料有良好的亲和氧化能力。比较覆盖材料类型可知，以砂石土、粗砂土或黏土作为氧化介质的 $K_s$ 值普遍较大，说明覆盖材料孔隙大小影响甲烷氧化。当以砂石土和粗砂土等大孔径材料为覆盖层时，尽管生物气扩散阻力很小，但生物气在单位体积覆盖土上的停留时间减少，导致甲烷氧化速率减小；当以黏土等孔隙率较小的覆盖材料填埋时，由于扩散阻力的增大，使空气无法向内部扩散，同样抑制了甲烷的有效减排。此外，也有分析指出，覆盖土的性质不同，则优势甲烷氧化菌的类型不同，这也是甲烷氧化能力差异性的原因。因此，在多因素控制条件下通过准确拟合覆盖层半饱和常数以表征覆盖材料甲烷氧化能力的研究是十分必要的。

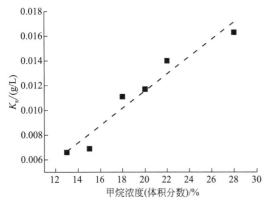

图 5-20　半饱和常数 $K_s$ 随甲烷浓度的变化

表 5-6　拟合结果

| 甲烷浓度（体积比） | 0.13 | 0.15 | 0.18 | 0.20 | 0.22 | 0.28 |
|---|---|---|---|---|---|---|
| 半饱和常数 $K_s$/(g/L) | 0.0066 | 0.0069 | 0.0111 | 0.0117 | 0.0140 | 0.0163 |

表 5-7　不同覆盖材料 $K_s$ 比较

| 覆盖土类型 | 甲烷浓度（体积分数）/% | 半饱和常数 $K_s$/(g/L) | 研究人员 |
|---|---|---|---|
| 覆盖层的复合土壤 | $1.7 \times 10^{-4}$～1.0 | 0.13 | Whalen S. C. 等 |
| 粗砂土 | 0.05～5.0 | 1.68 | Kightley，David |
| 表层黏土 | 0.016～8.0 | 1.81 | Bogner，E. Jean 等 |
| 来自覆盖层沙质壤土 | <2.0 | 0.057～0.36 | De Visscher，Alex 等 |
| 壤质覆盖土 | <10.0 | 0.54 | Stein V. B. 等 |
| 覆盖土 | 0.0～23.0 | 1.43 | Gebert，Julia 等 |
| 粗砂土 | 1.0～16.0 | 0.43～2.07 | Pawłowska 等 |
| 普通覆盖土 | 0.13～0.28 | 0.0066～0.0163 | 邢志林 等 |

以覆盖土为甲烷氧化介质建立反应器，只需考虑过程中甲烷氧化机理和生物气轴向扩散过程，$K_s$ 值也只与方程系数相关，避免了生物气扩散系数 $D_z$、覆盖土孔隙率 $F$、最大比生长速率 $\mu_{max}$ 等不固定值的代入，在很大程度上精确了 $K_s$ 值。该方法可以提高覆盖材料的优选效率，为进一步强化填埋场覆盖层的甲烷氧化提供理论指导。

### 2. 矿化垃圾改性覆盖材料的强化甲烷氧化

（1）矿化垃圾　赵由才课题组对上海老港填埋场稳定化进程进行了 10 余年的研究，着重研究矿化垃圾的性质并为矿化垃圾的综合利用开辟了崭新的途径。

"矿化垃圾"并非完全达到"无机化或矿化"程度的垃圾，而是在垃圾填埋场填埋多年，基本达到稳定化状态，已可进行开采利用的垃圾。南方地区 8～15 年、北方地区 10～20 年即可开采。目前，矿化垃圾反应床已应用于生活垃圾渗沥液、畜禽废水、印染废水等多种难处理废水领域且正往越来越广阔的方向发展。课题组也因此得到了很多荣誉，如"生活垃圾填埋场矿化垃圾与土地利用技术"获得了住房和城乡建设部 2008 年科技进步奖（华夏奖）三等奖，"矿化垃圾生物反应床处理生活垃圾渗沥液工艺及工程应用"获得了 2007 年高等学校科学技术奖技术发明二等奖，以及"矿化垃圾资源化循环利用关键技术与应用"获得了上海市 2007 年技术发明三等奖。

矿化垃圾中微生物种类丰富，尤其是含有甲烷氧化菌，且容重较小、孔隙率高、有机质含量高、吸附和交换能力强。因此，本书选取了矿化垃圾作为改性覆盖材料的主要原料。

（2）不同添加材料对甲烷氧化效果的影响研究

① 矿化污泥。矿化污泥与矿化垃圾的概念相似，不过新鲜污泥稳定化的时间比生活垃圾短。将矿化垃圾与矿化污泥（共 10g）按照干基质量比 10∶0、9∶1、8∶2、7∶3、6∶4、5∶5、0∶10（编为 A 组）混匀后装入 135mL 医用输液瓶中，然后用橡胶塞将其密封。用 20mL 注射器向各瓶中注入 20 mL 的混合气 [$CH_4/CO_2$＝50％∶50％（体积分数）]，放入转速为 100r/min 的摇床中进行振荡。每天定时测定瓶中各气体组分的浓度。A 组各材料配比及编号见表 5-8。

表 5-8　A 组各材料配比及编号

| 序号 | 矿化垃圾（质量分数）/％ | 矿化污泥（质量分数）/％ | 序号 | 矿化垃圾（质量分数）/％ | 矿化污泥（质量分数）/％ |
|---|---|---|---|---|---|
| A1 | 100 | 0 | A5 | 60 | 40 |
| A2 | 90 | 10 | A6 | 50 | 50 |
| A3 | 80 | 20 | A7 | 0 | 100 |
| A4 | 70 | 30 | | | |

在一周的实验周期中，甲烷量均呈现明显的下降趋势，但是甲烷日氧化率并没有明显的规律，实验结果如图 5-21 所示。当矿化垃圾∶矿化污泥＝7∶3 时，甲烷日氧化率曲线呈 W 形，最后一天的甲烷日氧化率能达到该组的最大值，但是也仅为 41.3％，最终的总甲烷氧化率为 78.74％。A 组的总甲烷氧化率柱状图见图 5-22。A4 即矿化垃圾∶矿化污泥＝7∶3 时，甲烷的氧化率最高；其次是 A5，即矿化垃圾∶矿化污泥＝6∶4，总甲烷氧化率为 66.93％；A2 即矿化垃圾∶矿化污泥＝9∶1 时，总甲烷氧化率是 56.04％，排在第三位。可见，甲烷氧化率随着矿化污泥添加量的增加呈先上升后下降的趋势。

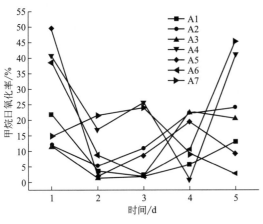

图 5-21 　A 组的甲烷日氧化率曲线

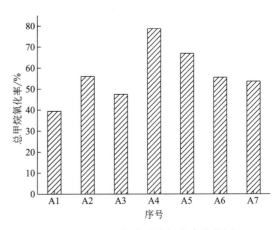

图 5-22 　A 组的总甲烷氧化率柱状图

② 新鲜污泥及木屑。添加新鲜污泥的初衷是想提高改性材料的有机质含量，而添加木屑则是为了增大覆盖材料的孔隙从而增加氧气的透过率。将矿化垃圾与新鲜污泥按照一定比例（干基比）混合均匀，并在对照组中加入木屑（编为 B 组）。B 组各材料配比及编号如表5-9 所列。B2、B4、B6、B8、B10 为分别在 B1、B3、B5、B7、B9 中加入 1g 木屑复配而成。

表 5-9 　B 组各材料配比及编号

| 序号 | 矿化垃圾（质量分数）/% | 新鲜污泥（质量分数）/% | 序号 | 矿化垃圾（质量分数）/% | 新鲜污泥（质量分数）/% |
|---|---|---|---|---|---|
| B1 | 99 | 1 | B7 | 96 | 4 |
| B3 | 98 | 2 | B9 | 95 | 5 |
| B5 | 97 | 3 | | | |

甲烷日氧化率曲线见图 5-23，从图中可以看出 B 组的甲烷日氧化率整体呈上升的趋势，B7 的甲烷日氧化率从 5.22% 升至 36.02%。B 组的总甲烷氧化率柱状图如图 5-24 所示。B7 的总甲烷氧化率最高（73.46%），第 2 位和第 3 位是 B5 和 B1，分别为 63.47% 和 62.26%。可见，甲烷氧化率与新鲜污泥的添加剂量在一定程度上呈正相关性，且奇数组的氧化效果基本都好于偶数组，所以木屑的添加并没有达到预期的效果。

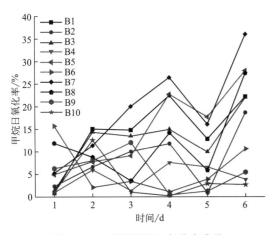

图 5-23 　B 组的甲烷日氧化率曲线

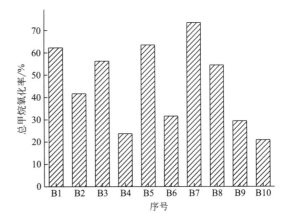

图 5-24 　B 组的总甲烷氧化率柱状图

③ 畜禽粪便。添加畜禽粪便的目的是利用畜禽粪便中存在的微生物来起到氧化甲烷的作用。本次实验中用的是崇明岛东平森林公园取回的新鲜马粪，将矿化垃圾与马粪（共10g）按照干基质量比9∶1、8∶2、7∶3、6∶4、5∶5（编为C组）混匀后进行实验，将其依次编号为C1、C2、C3、C4、C5，C组的甲烷日氧化率曲线如图5-25所示。

由图5-25可知，C组的甲烷日氧化率曲线没有明显的规律，但是整体都处于偏低的水平。C3即当矿化垃圾∶马粪＝7∶3时，甲烷日氧化率从最开始的17.61％降至最后一天的10.45％，但是最终的总甲烷氧化率为63.11％（图5-26），效果最好。C组的总甲烷氧化率柱状图如图5-26所示，其中，C3的氧化率最高，其次是C5和C2，即矿化垃圾∶马粪＝5∶5和矿化垃圾∶马粪＝8∶2时，分别是62.3％和60.73％。但是，从图中可以看出，C组的总甲烷氧化率相差不大，而且与A组和B组相比偏低。由于马粪取样不便且实验效果不佳，所以不推荐使用。

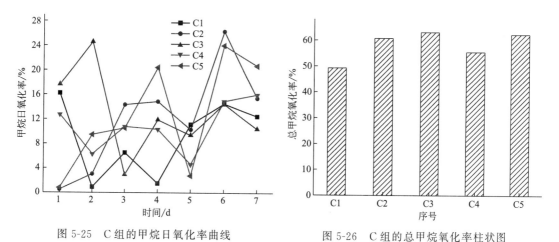

图 5-25　C组的甲烷日氧化率曲线　　　　图 5-26　C组的总甲烷氧化率柱状图

④ NMS 营养液。覆盖材料对甲烷的氧化是由覆盖材料中的甲烷氧化菌和其他一些微生物完成的，但是起主要作用的是甲烷氧化菌。所以，将覆盖材料改造成适合甲烷氧化菌生存和活动的环境可以提高甲烷氧化菌的活性。通过向覆盖材料中喷洒培养甲烷氧化菌的基本营养液（NMS 营养液），能够为甲烷氧化菌的生物氧化过程提供更多的营养物质，从而提高甲烷氧化菌的生物活性。

NMS 营养液配方：每升营养液中有 $NaNO_3$ 0.85g，$KH_2PO_4$ 0.53g，$Na_2HPO_4$ 2.17g，$MgSO_4 \cdot 7H_2O$ 0.037g，$K_2SO_4$ 0.17g，$CaCl_2 \cdot 2H_2O$ 0.007g，1mol/L $H_2SO_4$ 0.5mL，$FeSO_4 \cdot 7H_2O$ 11.2mg，$CuSO_4 \cdot 5H_2O$ 2.5mg，微量元素储存液 2mL，pH 7.0。微量元素储存液的配方是：每升溶液中含有 $ZnSO_4 \cdot 7H_2O$ 0.2042g，$MnSO_4 \cdot 4H_2O$ 0.223g，$H_3BO_3$ 0.062g，$Na_2MoO_4 \cdot 2H_2O$ 0.048g，$CoCl_2 \cdot 6H_2O$ 0.048g，KI 0.083g。

本组实验通过向矿化垃圾中添加不同体积的 NMS 营养液来比较其甲烷氧化效果。向相同的 10g（干基）矿化垃圾中分别加入 0.02mL/g、0.04mL/g、0.06mL/g、0.08mL/g、0.1mL/g、0.12mL/g NMS 营养液，且给它们编号为 D1、D2、D3、D4、D5、D6。本组的甲烷日氧化率曲线如图5-27所示。

图5-27表明，D组中的所有不同添加比例的复配材料的总甲烷氧化率都能在一周的实验周期内达到100％，且甲烷氧化效果与 NMS 营养液的添加比例成正比。D1、D2和D3的甲烷日氧化率分别在第6天、第5天、第4天达到100％，而D4、D5和D6则在第3天即可

完全被氧化。从图中可以看出，D4、D5 和 D6 的甲烷日氧化率上升趋势较前面 3 组要明显得多，但是依据成本最小化而利益最大化的原则，D4 即 NMS 营养液的添加比例为 0.08mL/g 时，效果是最好的。

（3）不同年份矿化垃圾对甲烷氧化效果的影响研究　矿化垃圾的基本性质相似，但是不同填埋年份的矿化垃圾还是有区别的。所以，这个实验主要利用不同填埋龄的矿化垃圾作为主要材料，按照以上实验中优化出的配方进行实验，从而考察其甲烷氧化效果。

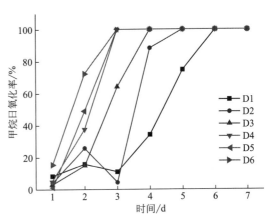

图 5-27　D 组的甲烷日氧化率曲线

首先，从表 5-10 中列的不同填埋年份的矿化垃圾中优选出 1991 年、1992 年、1994 年、1995 年、1997 年、2001 年 6 个填埋年份的矿化垃圾。同时，从 A、B、C、D 组中选出效果较佳的几组：A4、A5、B1、B5、B7、D1、D2、D4。实验编号见表 5-10。

表 5-10　实验编号（矿化垃圾取样时间为 2008 年）

| 配方 | 填埋龄 | | | | | |
|---|---|---|---|---|---|---|
| | 16 | 13 | 14 | 17 | 11 | 7 |
| 矿化垃圾：矿化污泥＝7：3 | E1 | F1 | G1 | H1 | I1 | J1 |
| 矿化垃圾：矿化污泥＝6：4 | E2 | F2 | G2 | H2 | I2 | J2 |
| 矿化垃圾：新鲜污泥＝99：1 | E3 | F3 | G3 | H3 | I3 | J3 |
| 矿化垃圾：新鲜污泥＝97：3 | E4 | F4 | G4 | H4 | I4 | J4 |
| 矿化垃圾：新鲜污泥＝96：4 | E5 | F5 | G5 | H5 | I5 | J5 |
| 矿化垃圾＋0.02mL/g NMS 营养液 | E6 | F6 | G6 | H6 | I6 | J6 |
| 矿化垃圾＋0.04mL/g NMS 营养液 | E7 | F7 | G7 | H7 | I7 | J7 |
| 矿化垃圾＋0.08mL/g NMS 营养液 | E8 | F8 | G8 | H8 | I8 | J8 |

① 当配方为矿化垃圾：矿化污泥＝7：3 时，各组的甲烷日氧化率曲线见图 5-28。从图中可以看出，E1、F1 和 H1 的甲烷日氧化率上升趋势比较明显，尤其是 F1 和 H1，即采用填埋龄为 13a 和 17a 的矿化垃圾时，在实验的第 8 天甲烷日氧化率可达到 100％。而 E1，即采用填埋龄为 16a 的矿化垃圾时，总甲烷氧化率也高达 89.41％，远远高于其他几组。I1 的效果最差，总甲烷氧化率只有 20.74％。各年份矿化垃圾：矿化污泥＝7：3 时的总甲烷氧化率柱状图如图 5-29 所示。

② 当配方为矿化垃圾：矿化污泥＝6：4 时，各组的甲烷日氧化率曲线见图 5-30。该曲线表明，E2、F2、G2、H2 均取得了良好的效果。E2 和 F2 的总甲烷氧化率分别达到 94.34％和 95.67％；在实验周期的最后一天，G2 的甲烷日氧化率达到 100％，而 H2 在实验的第 7 天即可达到 100％的甲烷日氧化率。I2，即采用填埋龄为 11a 的矿化垃圾时，甲烷氧化效果最差，总甲烷氧化率仅为 25.7％（图 5-31）。各年份矿化垃圾：矿化污泥＝6：4 时的总甲烷氧化率柱状图如图 5-31 所示。

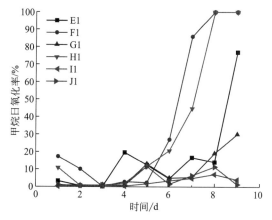

图 5-28　各年份矿化垃圾：矿化污泥＝
7：3 时的甲烷日氧化率曲线

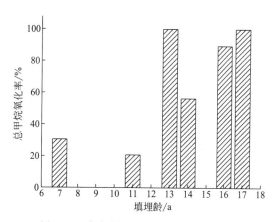

图 5-29　各年份矿化垃圾：矿化污泥＝
7：3 时的总甲烷氧化率柱状图

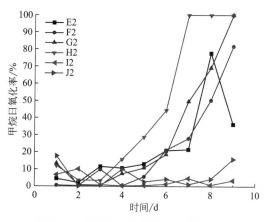

图 5-30　各年份矿化垃圾：矿化污泥＝
6：4 时的甲烷日氧化率曲线

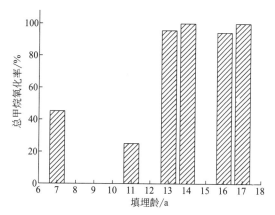

图 5-31　各年份矿化垃圾：矿化污泥＝
6：4 时的总甲烷氧化率柱状图

③ 当向矿化垃圾中添加 1％的新鲜污泥时，各组的甲烷日氧化率曲线如图 5-32 所示。这组曲线显示，除 I3 外，其他的甲烷减量效果都不理想，但是，在实验的前 4 天，该组的甲烷日氧化率基本为 0。从第 5 天开始，甲烷日氧化率就急速上升，从第 5 天的 73.63％升至第 7 天的 100％。各年份矿化垃圾：新鲜污泥＝99：1 时的总甲烷氧化率柱状图见图 5-33。E3 和 H3 的总甲烷氧化为 58.4％和 66.25％，略高于另外 3 组（F3、G3、J3）。F3 和 G3 为 23.06％和 20.34％，J3 的总甲烷氧化率最低，只有 9.34％。I3，即采用填埋龄为 11a 的矿化垃圾时，总甲烷氧化率为 100％，而在前两种配方中，填埋龄为 11a 的矿化垃圾效果最差。

④ 图 5-34 为向矿化垃圾中添加 3％的新鲜污泥时的甲烷日氧化率曲线，从图中可看出，E4 和 H4 的减量效果较好。其中，E4 的甲烷日氧化率曲线呈凸字形，从实验第 1 天的 0.34％升至第 4 天的 62.36％，其后，甲烷日氧化率开始下降，降至第 6 天的 4.35％，而后甲烷日氧化率又开始上升，最后一天的为 16.95％。而 H4 在实验的前 8 天，甲烷日氧化率仅维持在 5％左右，但在最后一天，甲烷日氧化率却达到了 93.34％，说明其氧化作用的启动期比较长。图 5-35 为向各年份矿化垃圾中添加 3％的新鲜污泥时的总甲烷氧化率柱状图。采用填埋龄为 16a 和 17a 的矿化垃圾时，即 E4 和 H4 的氧化效果显著，总甲烷氧化率分别为 91.79％和 94.36％，而采用其他几个填埋龄的矿化垃圾效果都很差。

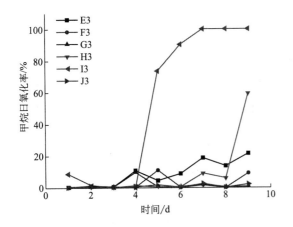

图 5-32 各年份矿化垃圾：新鲜污泥＝
99：1 时的甲烷日氧化率曲线

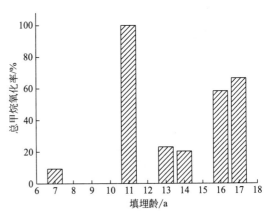

图 5-33 各年份矿化垃圾：新鲜污泥＝
99：1 时的总甲烷氧化率柱状图

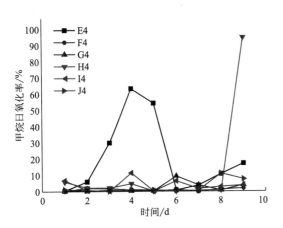

图 5-34 各年份矿化垃圾：新鲜污泥＝
97：3 时的甲烷日氧化率曲线

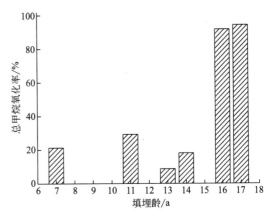

图 5-35 各年份矿化垃圾：新鲜污泥＝
97：3 时的总甲烷氧化率柱状图

⑤ 当向矿化垃圾中添加 4％的新鲜污泥时，各组的甲烷日氧化率曲线如图 5-36 所示。图 5-37 为向各年份矿化垃圾中添加 4％的新鲜污泥时的总甲烷氧化率柱状图。由以下两图可知，E5 即采用填埋龄为 16a 的矿化垃圾时的氧化效果较为明显，其曲线呈 M 形，第 2 天到第 4 天以及第 5 天到第 7 天的甲烷日氧化率都有下降的趋势，但在实验的第 8 天，甲烷可全部被氧化。I5 即采用填埋龄为 11a 的矿化垃圾时，甲烷氧化效果是其他配方中较好的，总甲烷氧化率为 62.68％。J5 即采用填埋龄为 7a 的矿化垃圾时的总甲烷氧化率，仅次于 I5，为 57.01％。

⑥ 当采用向矿化垃圾中添加 0.02mL/g NMS 营养液的配方时，各组的甲烷日氧化率曲线如图 5-38 所示。各曲线的大体趋势一致，但效果均一般，最好的 E6（采用填埋龄为 16a 的矿化垃圾）和 H6（采用填埋龄为 17a 的矿化垃圾）的总甲烷氧化率也只有 53.43％ 和 62.94％（图 5-39）。各年份矿化垃圾＋0.02mL/g NMS 营养液时的总甲烷氧化率柱状图见图 5-39。

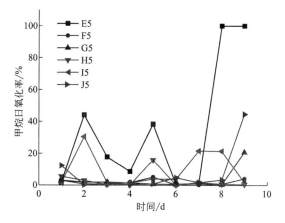

图 5-36　各年份矿化垃圾：新鲜污泥＝
96：4 时的甲烷日氧化率曲线

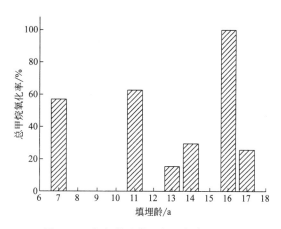

图 5-37　各年份矿化垃圾：新鲜污泥＝
96：4 时的总甲烷氧化率柱状图

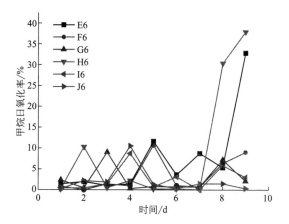

图 5-38　各年份矿化垃圾＋0.02mL/g NMS
营养液时的甲烷日氧化率曲线

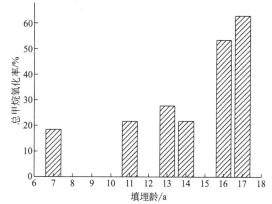

图 5-39　各年份矿化垃圾＋0.02mL/g NMS
营养液时的总甲烷氧化率柱状图

⑦ 当采用向矿化垃圾中添加 0.04mL/g NMS 营养液的配方时，各组的甲烷日氧化率曲线如图 5-40 所示。该组各配方的甲烷日氧化率均呈整体上升的趋势，但最终的总甲烷氧化率并不高，最高的是 I7，即采用填埋龄为 11a 的矿化垃圾时，总甲烷氧化率为 60.75%（图 5-41）。其他各年份矿化垃圾为主材料时的总甲烷氧化率柱状图见图 5-41。

⑧ 当采用向矿化垃圾中添加 0.08mL/g NMS 营养液的配方时，各组的甲烷日氧化率曲线见图 5-42。E8 的减量效果最为显著，即采用填埋龄为 16a 的矿化垃圾时，甲烷日氧化率呈缓慢上升的趋势且最终能达到 100%。其他几组的总甲烷氧化率都偏低，具体情况如图 5-43 所示。

经过以上各组实验结果的比较，总结出几组最终甲烷氧化率能达到 100% 的配方，如图 5-44 所示。图中 7 个配方的甲烷日氧化率曲线大致相似，只有 E5 和 I3 的曲线走向较为特殊。E5 的甲烷日氧化率曲线呈 M 形，在实验的第 8 天，甲烷全部被氧化；而在实验的前 4 天，I3 的甲烷日氧化率上升趋势并不明显，但甲烷日氧化率在第 5 天升至 73.63%，后于第 7 天达到 100%。H2 和 I3 的甲烷日氧化率都能在第 7 天达到 100%，但是从图 5-44 可以看出，H2 的氧化作用见效期比 I3 略短，也就是所谓的见效快。

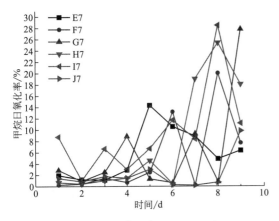

图 5-40 各年份矿化垃圾＋0.04mL/g NMS
营养液时的甲烷日氧化率曲线

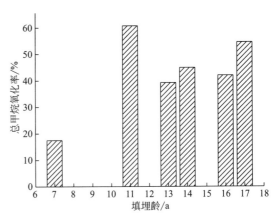

图 5-41 各年份矿化垃圾＋0.04mL/g NMS
营养液时的总甲烷氧化率柱状图

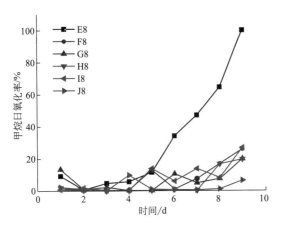

图 5-42 各年份矿化垃圾＋0.08mL/g NMS
营养液时的甲烷日氧化率曲线

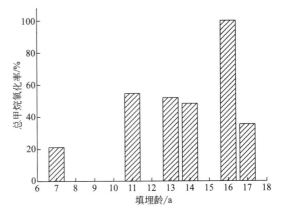

图 5-43 各年份矿化垃圾＋0.08mL/g NMS
营养液时的总甲烷氧化率柱状图

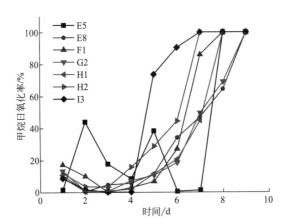

图 5-44 效果较好的几组配方的甲烷日氧化率曲线

### 3. 改性覆盖材料甲烷氧化效果的影响因素分析

（1）矿化垃圾的粒径组成　覆盖层粒径分布及孔隙率是影响气体迁移的重要因素，孔隙率与气体迁移速度在一定程度上成正比。Boexck 等的研究表明粗砂土的甲烷氧化率（61％）高于沙砾土（40％～41％），粒径更小的矿质土壤（0.5～2mm）如黏质粉土和黏土等的甲烷氧化率更低。在一定范围内，颗粒越小，气体的流动性就越差，甲烷氧化菌不能得到足够的甲烷和氧气，也就不能充分地发挥甲烷氧化作用。

通过研究不同粒径组成的矿化垃圾改性材料的甲烷氧化效果来分析覆盖层结构对甲烷氧化效果的影响。实验考察了 1991 年、1992 年、1994 年、1995 年、1997 年和 2001 年的矿化垃圾作为主要材料时的甲烷氧化情况。以上各年份矿化垃圾的粒径分布情况见表 5-11，粒径的大小顺序是：1994 年＜1995 年＜1992 年＜1997 年＜1991 年＜2001 年。研究表明采用不同配方时，甲烷氧化率并不总是随着粒径增大而升高。向矿化垃圾中添加 1％的新鲜污泥时，随着粒径的增大，总甲烷氧化率从 20.34％升至 100％后又降至 9.34％；向矿化垃圾中喷洒 0.08mL/g NMS 营养液时，随着粒径的增大，总甲烷氧化率从 48.3％升至 100％后又降至 21.22％（图 5-28 和图 5-39）。前者在使用 1997 年的矿化垃圾时，总甲烷氧化率达到 100％；而后者在使用 1992 年的矿化垃圾时，总甲烷氧化率就达到了 100％。由这两组曲线可知：覆盖材料的粒径大小存在最佳值，并不是粒径越大，甲烷氧化率越高。一旦粒径大小超过了最佳值，气体便不能与覆盖材料充分接触，也就不能充分地进行甲烷氧化作用。同时，覆盖材料的组分也会影响其最佳值的大小。

表 5-11　各年份矿化垃圾粒径分布

| 填埋年份 | 粒径分布/％ | | | | | | |
|---|---|---|---|---|---|---|---|
| | ＞4 mm | 0.45～4 mm | 0.3～0.45 mm | 0.2～0.3 mm | 0.15～0.2 mm | 0.125～0.15 mm | $d<0.125$ mm |
| 1989/1990 | 39.54 | 32.95 | 3.95 | 3.95 | 3.95 | 1.15 | 14.51 |
| 1991 | 73.24 | 17.23 | 4.31 | 1.41 | 1.44 | 0.34 | 2.03 |
| 1992 | 45.23 | 31.41 | 5.03 | 5.03 | 5.03 | 0.75 | 7.52 |
| 1993 | 39.59 | 32.99 | 5.28 | 6.6 | 5.28 | 1.02 | 9.24 |
| 1994 | 34.92 | 34.92 | 6.35 | 6.35 | 4.76 | 3.17 | 9.53 |
| 1995 | 44.68 | 31.91 | 4.26 | 4.26 | 4.26 | 2.13 | 8.5 |
| 1996 | 32.95 | 27.13 | 13.54 | 10.7 | 5.33 | 0.82 | 9.53 |
| 1997 | 57.7 | 24.48 | 2.22 | 4.44 | 1.71 | 0.5 | 8.86 |
| 1998 | 46.69 | 42.02 | 3.11 | 3.11 | 1.56 | 0.39 | 3.11 |
| 1999 | 39.1 | 25.5 | 1.7 | 1.81 | 1.96 | 1.02 | 28.91 |
| 2000 | 58 | 25.56 | 2.32 | 2.32 | 1.84 | 0.58 | 9.29 |
| 2001 | 84.12 | 14.02 | 0.33 | 0.32 | 0.34 | 0.12 | 0.75 |
| 2002 | 47.11 | 26.92 | 1.68 | 8.41 | 3.37 | 0.73 | 11.78 |
| 2003/2004 | 70.65 | 18.23 | 6.84 | 0.86 | 0.89 | 0.26 | 2.27 |

（2）含水率　含水率是影响改性覆盖材料甲烷氧化效果的最重要的因素之一。水在甲烷氧化过程中有 3 个重要作用：①甲烷氧化菌群能在最佳含水率范围内得到最佳的生长环境；②含水率在很大程度上影响着氧气在覆盖层中的迁移速度，这也是影响甲烷氧化的主要因素，一旦实际含水率超过最佳含水率，氧气在覆盖层中的迁移作用就会受到阻碍；③含水率会影响覆盖层的空气填充率以及气体在覆盖层中的扩散速率。覆盖材料的最佳含水率因材料性质的不同而不同，Bowden 等发现富含有机质的林地土壤田间持水量为 70％时氧化菌活性最高，矿质

土为 50%、100% 时则完全抑制甲烷氧化。Singh 等研究表明，粗砂和砂粒含量达 95%～98% 的土壤最佳含水率仅为 9%，而黏粒含量 9.3% 的沙质壤土最佳含水率为 15%。

不同含水率改性材料对应的总甲烷氧化率曲线见图 5-45。采用这两种配方时，总甲烷氧化率呈现相似的变化规律。含水率在 6%～9% 范围内时，总甲烷氧化率随含水率的增大而升高；含水率为 8%～10% 左右时达到了 100%，随后呈下降趋势；含水率高于 10% 时，总甲烷氧化率又略微有所上升。可见，采用这两种配方时，最佳含水率在 8%～10% 之间，这与 Singh 等的研究结果类似。而目前的很多研究一致认为填埋场覆盖材料的最佳含水率在 15% 左右，这与笔者的实验结果有很大的出入，从而证明了覆盖材料的最佳含水率会因材料性质的不同而不同。

（3）pH 值　目前的研究一致认为甲烷氧化菌在 pH 为中性或弱碱性时，生物活性是最强的，其可耐受的 pH 值范围大概为 5.5～8.5。但是，突然的 pH 值变化不利于甲烷氧化。Hanson 等发现覆盖材料的 pH 值发生 2 个单位的变化，如从 6.8 降至 4.7 或从 6.8 升至 9.0，都会对甲烷氧化过程产生暂时性的抑制作用。根据以上的研究结果，Arif 等认为甲烷氧化菌适应的 pH 值范围为 5.9～7.7。Bender 和 Conrad 通过实验指出，以土壤为主要覆盖材料的最佳 pH 值范围是 6.7～8.1。

本实验通过研究不同 pH 值改性材料的甲烷氧化效果来分析 pH 值对甲烷氧化率的影响。当采用不同配方时，pH 值与甲烷氧化率的关系不尽相同，两者也并无确定的联系，如图 5-46 所示。

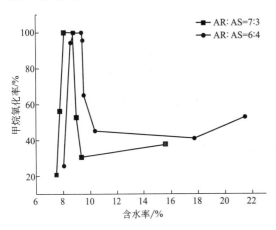

图 5-45　含水率与甲烷氧化率的关系
AR—矿化垃圾；AS—矿化污泥

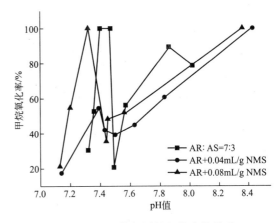

图 5-46　pH 值与甲烷氧化率的关系
AR—矿化垃圾；AS—矿化污泥

当矿化垃圾：矿化污泥＝7：3 时，pH 值在 7.3～7.4 之间，甲烷氧化率随 pH 值的升高而上升；在 pH 值为 7.4 和 7.47 时，甲烷氧化率达到了 100%；而 pH 值为 7.49 时，甲烷氧化率却急速下降至 20.74%，随后又呈上升趋势；pH 值为 7.86 时，甲烷氧化率高达 89.41%；之后 pH 值增大，甲烷氧化率反而下降。

向矿化垃圾中喷洒 0.04mL/g NMS 营养液时，随着 pH 值的升高，甲烷氧化率曲线整体呈上升的趋势。但是 pH 值为 7.39 的甲烷氧化率略高于 pH 值为 7.43 时。pH 值在 8.43 时，甲烷氧化率达到了 100%。与矿化垃圾：矿化污泥＝7：3 时相比，该配方的最佳 pH 值要高得多，这也说明不同性质的覆盖材料对应的最佳 pH 值差别很大。

向矿化垃圾中喷洒 0.08mL/g NMS 营养液时，pH 值在 7.1～7.3 时，甲烷氧化率随

pH 值的升高而上升；pH 值为 7.32 时，甲烷氧化率达到了 100%；但是 pH 值为 7.44 时，甲烷氧化率下降至 35.45%；随后甲烷氧化率随着 pH 值的增大而升高，在 pH 值为 8.36 时，甲烷氧化率再次达到 100%。由此可知，不同覆盖材料对应的最佳 pH 值是一个很宽泛的范围，而在这个最佳 pH 值范围内，甲烷氧化率会有一定的波动。

（4）氧化还原电位　Kludze 和 Delaune 的实验研究了 100mV、0mV、-100mV 和 -200mV 几种情况下的水稻田土壤的甲烷氧化能力，结果表明氧化还原电位不仅会影响甲烷氧化菌的活性，而且对气体的迁移也会产生一定的影响。氧化还原电位从 -200mV 降至 -300mV，甲烷产量会以 10 倍的速度增长，且甲烷排放量会增长 17 倍。

按照氧化还原电位所处的数值范围，将本实验分为Ⅰ、Ⅱ和Ⅲ组。实验结果表明，氧化还原电位处于不同数值范围内时，甲烷氧化率呈现出不同的变化规律。

如图 5-47 所示，Ⅰ组的氧化还原电位为 70～160 mV，该组的甲烷氧化率均呈现整体上升的趋势。向矿化垃圾中喷洒 0.02mL/g NMS 营养液时，$E_h$ 为 118～124mV 时，甲烷氧化率有一段下降的趋势，而之后便在 $E_h$ 为 145mV 时达到了 100%。向矿化垃圾中喷洒 0.04mL/g NMS 营养液时，甲烷氧化率具有与前者相似的变化规律，$E_h$ 为 81～111mV 时，甲烷氧化率随着 $E_h$ 的增大而升高，但是在 111～119mV 时，却缓慢降低，而后在 $E_h$ 为 154mV 时达到 100%。

图 5-48 为Ⅱ组的氧化还原电位与甲烷氧化率的关系。由图可知，该组的氧化还原电位为 100～220mV，甲烷氧化率随着氧化还原电位的升高呈现整体下降的趋势。采用配方为矿化垃圾：矿化污泥＝7∶3 时：曲线的前半段即 $E_h$ 为 104～126mV 时，甲烷氧化率由 100% 急速降至 20.74%；之后在 $E_h$ 为 135mV 时，甲烷氧化率又升至 89.41%；而后随着 $E_h$ 增大，甲烷氧化率再次呈现下降的趋势。采用配方为矿化垃圾：矿化污泥＝6∶4 时：$E_h$ 从 103mV 升至 108mV 时，甲烷氧化率从 25.7% 升高到 100%；随后，甲烷氧化率便一直降低；$E_h$ 为 120mV 时，甲烷氧化率一度达到 100%；之后又随着 $E_h$ 增大而降低。

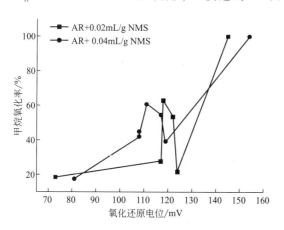

图 5-47　Ⅰ组氧化还原电位与甲烷氧化率的关系
AR—矿化垃圾

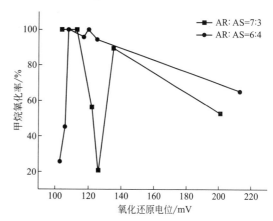

图 5-48　Ⅱ组氧化还原电位与甲烷氧化率的关系
AR—矿化垃圾；AS—矿化污泥

Ⅲ组的氧化还原电位横跨前两个组的数值范围，处于 60～260mV，其与甲烷氧化率的关系如图 5-49 所示。向矿化垃圾中添加 1% 新鲜污泥时：$E_h$ 为 68～126mV 时，甲烷氧化率与 $E_h$ 呈正相关性；而在 $E_h$ 为 152mV 时，甲烷氧化率骤然降至 23.06%，随后才又呈现上升趋势。向矿化垃圾中添加 4% 新鲜污泥时：$E_h$ 从 74mV 升至 125mV，甲烷氧化率基本

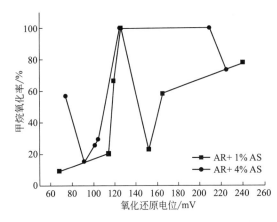

图 5-49　Ⅲ组氧化还原电位与甲烷氧化率的关系

AR—矿化垃圾；FS—新鲜污泥

呈上升趋势；在 $E_h$ 为 125mV 和 209mV 时，甲烷氧化率均可达到 100%；而后甲烷氧化率则随 $E_h$ 增大而下降，$E_h$ 为 225mV 时，甲烷氧化率为 73.46%。

由以上研究结果可知：当氧化还原电位处于较低的数值范围内时，甲烷氧化率基本与 $E_h$ 成正相关；当氧化还原电位处于较高的数值范围内时，甲烷氧化率随着 $E_h$ 的增大基本呈现下降的趋势；而当氧化还原电位处于较广的数值范围内时，甲烷氧化率并不呈现十分规律性的变化。

（5）有机质含量　通常情况下，甲烷氧化率是随着覆盖材料中有机质含量的增加而上升的。Christophersen 等通过实验指出，采用有机质含量较高的材料作为填埋场覆盖层是一种有效控制填埋场甲烷排放的方法。Humer 和 Lechner 的研究显示，富含有机质的堆肥材料用作覆盖层时能将填埋场中排放的甲烷全部氧化，原因是堆肥中的有机质为甲烷氧化菌提供了充足的营养，另外，堆肥粗大的孔隙允许透过更多的空气。

按照甲烷氧化率起点高低将本实验结果分为甲、乙两组讨论。两组实验的有机质含量与甲烷氧化率的关系见图 5-50 及图 5-51。

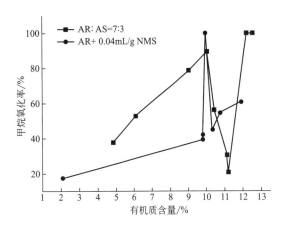

图 5-50　甲组有机质含量与甲烷氧化率的关系

AR—矿化垃圾；AS—矿化污泥

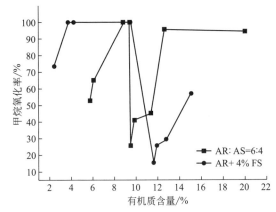

图 5-51　乙组有机质含量与甲烷氧化率的关系

AR—矿化垃圾；FS—新鲜污泥；AS—矿化污泥

甲组的甲烷氧化率起点较低，两条曲线呈现相似的走向。有机质含量在 10% 以下时，甲烷氧化率随着有机质含量的增大而提高。配方一为矿化垃圾∶矿化污泥＝7∶3，有机质含量从 4.84% 升至 10.06% 时，甲烷氧化率从 37.69% 提高到 89.41%；配方二为矿化垃圾＋0.04mL/g NMS 营养液，甲烷氧化率在有机质含量为 9.96% 时即可达到 100%。随后，甲烷氧化率有一个短暂的下降过程。配方一的有机质含量从 10.06% 增大到 11.2% 时，甲烷氧化率反而从 89.41% 下降到 20.74%。配方二的有机质含量从 9.96% 升至 10.36% 时，甲烷氧化率也从 100% 骤降至 44.95%。之后，二者的甲烷氧化率又都随着有机质含量的增大而提高。配方一的甲烷氧化率在有机质含量为 12.21% 和 12.54% 时达到了 100%。而且，配方一的甲烷氧化率要略高于配方二，原因之一就在于添加了矿化污泥的矿化垃圾体系的有机质含量要高于喷洒 NMS 营养液的矿化垃圾体系的有机质含量。

乙组的甲烷氧化率较高，在 50% 以上，但是曲线的走向与甲组相似。同样，有机质含量在 10% 以下时，甲烷氧化率随着有机质含量的增大而提高。配方一为矿化垃圾：矿化污泥＝6：4，随着有机质含量从 5.77% 增大到 9.45%，甲烷氧化率也从 52.86% 提高至 100%；配方二为向矿化垃圾中添加 4% 新鲜污泥，有机质含量为 3.72% 时，甲烷氧化率即可达到 100%，且当有机质含量为 9.51% 时，甲烷氧化率依然为 100%。随后，配方一在有机质含量为 9.51% 和配方二在有机质含量为 11.63% 时，甲烷氧化率均急速下降。之后，两条曲线又都开始缓慢上升。

甲烷氧化率与覆盖材料的有机质含量基本呈正相关性，但是有机质含量在 10%～12% 时，甲烷氧化率均存在一个最低点，随后又呈上升的趋势。由此说明覆盖材料的有机质含量存在于一个较高的数值范围内时，甲烷氧化率也相对较高。

（6）总氮含量 一般认为 N 对土壤中甲烷氧化菌的影响作用完全取决于土壤 N 含量。Bender 和 Conrad 认为 12.1～61mmol/L 的低浓度 $NH_3$ 具有刺激作用，＞61mmol/L 则产生抑制作用。Steudler 等发现 $CH_4$ 吸收率随氮肥用量增加和时间延续而降低，在 37kg/hm² N 用量下阔叶林和松林土壤 $CH_4$ 氧化率 120d 后分别下降 15% 和 24%，120kg/hm² N 用量下则降低 33%。Prieme 等研究发现 5～10cm 亚表层土壤氧化 $CH_4$ 的能力最强，这是因为其 $NH_3$ 和亚硝酸含量低。Hansen 等发现施用肥料可使土壤 $CH_4$ 氧化率下降 50%，拖拉机压实可使氧化率降低 52%，二者综合效应为 78%。

学者通过研究不同总氮含量的改性覆盖材料的甲烷氧化效果来分析总氮含量对甲烷氧化率的影响。按照甲烷氧化率曲线走向，实验结果可分为 a 组、b 组及 c 组进行分析。

如图 5-52 所示，a 组的两种配方是分别向矿化垃圾中添加 3% 和 4% 的新鲜污泥。两者的甲烷氧化率均随总氮含量的增加而降低，这与许多研究者的研究结论一致。向矿化垃圾中添加 3% 的新鲜污泥时，随着总氮含量从 0.15% 增长至 0.47%，甲烷氧化率从 100% 缓慢下降到 91.79%，之后就一直急速下降。而向矿化垃圾中添加 4% 的新鲜污泥时，总氮含量为 0.26% 和 0.41% 对应的甲烷氧化率均为 100%；随后在总氮含量为 0.48% 时，甲烷氧化率就已直降到了 25.71%；之后随着总氮含量增加，甲烷氧化率开始缓慢降低。

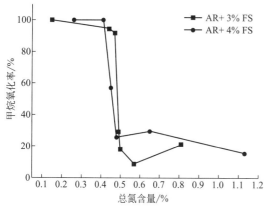

图 5-52 a 组总氮含量与甲烷氧化率的关系
AR—矿化垃圾；FS—新鲜污泥

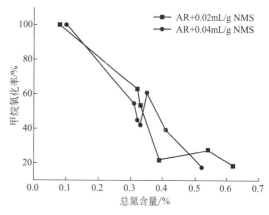

图 5-53 b 组总氮含量与甲烷氧化率的关系
AR—矿化垃圾

b 组的实验结果与 a 组相似，不过 b 组的甲烷氧化率随着总氮含量增加而下降的趋势更明显。如图 5-53 所示，不论是向矿化垃圾中喷洒 0.02mL/g NMS 营养液还是喷洒 0.04mL/g NMS 营养液时，随着总氮含量的增加，甲烷氧化率几乎呈直线下降的趋势。前者的甲烷氧化率在总氮含量为 0.54％时比 0.39％有略微的升高，分别是 27.73％和 21.69％，之后又随总氮含量增加而降低；而后者则是在总氮含量为 0.35％时比 0.33％高，分别是 60.75％和 42.05％，之后的变化趋势与前者相同。

当然，除了以上的研究结论以外，也有部分学者认为少量的 N 对甲烷氧化是有促进作用的，c 组的实验结果得到了类似的结论。如图 5-54 所示，配方为矿化垃圾∶矿化污泥＝6∶4 时，随着总氮含量的增加，甲烷氧化率呈现先升高后降低的趋势。总氮含量从 0.17％升至 0.37％时，甲烷氧化率从 52.86％提高到 100％；而后随着总氮含量继续上升，甲烷氧化率开始直线下降，总氮含量达到 0.44％时，甲烷氧化率仅为 25.7％。

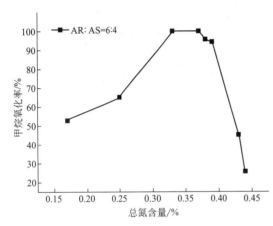

图 5-54　c 组总氮含量与甲烷氧化率的关系
AR—矿化垃圾；AS—矿化污泥

通常情况下，覆盖材料中总氮含量的增加对甲烷氧化有抑制作用。而在某些情况下，少量的 N 对甲烷氧化却有促进作用，但是一旦超过合适的量，甲烷氧化率会急速下降。这也说明总氮含量与甲烷氧化率的关系会因覆盖材料性质的不同而不同。

（7）温度　大多数甲烷氧化菌是中温性的。一般情况下，甲烷氧化率随着温度的升高而上升，Börjesson 和 Svensson 甚至宣称覆盖层温度是甲烷氧化过程的决定性因素。甲烷氧化菌能适应一定的温度范围。Boeckx 等认为甲烷氧化作用的最佳温度是 20～30℃，Dunfield 等则认为是 20～25℃。

不同配比矿化垃圾和矿化污泥的研究结果表明：随着温度的升高，甲烷氧化率呈递增的趋势。如采用矿化垃圾与矿化污泥配比为 7∶3 时，15℃、20℃和 25℃的甲烷氧化率分别为 52.75％、78.74％和 89.41％。而向矿化垃圾中添加 3％的新鲜污泥时，15℃、20℃和 25℃的甲烷氧化率分别可达到 63.47％、91.79％及 100％。当配方为向矿化垃圾中喷洒 0.08mL/g NMS 营养液时，甲烷氧化率随温度的升高存在一样的变化趋势，15℃、20℃和 25℃的甲烷氧化率分别为 51.92％、92.31％和 100％。

由以上结论可知：在一定范围内，甲烷氧化率会随着温度的升高而上升。原因是大部分甲烷氧化菌是中温性菌，而且在甲烷氧化菌可以耐受的温度范围内，温度越高，甲烷氧化菌的活性越强，对甲烷氧化作用就越有利。

## 七、覆盖层中甲烷生物氧化的影响因素

垃圾填埋气体主要包含 $CO_2$ 和 $CH_4$，二者均是主要的温室气体，其中，甲烷因更强的红外吸收能力和更短的大气层滞留时间而对温室效应的贡献更大。垃圾填埋气体是我国大气甲烷的主要排放源之一，估计到 2020 年来自垃圾填埋场的甲烷排放量将占总排放量的 31.6％。生物覆盖（biocover）是政府间气候变化专门委员会（IPCC）推荐用于减少垃圾填埋场甲烷排放的一种低成本技术，其主要原理是通过优化环境条件，强化填充介质中的微生

物消耗甲烷过程来实现甲烷排放的减量化。甲烷的氧化（或微生物活动）主要受制于温度、水分、pH 和营养供给等因素。在实际工程应用中，季节交替引起的温度变化、大气降水和干旱等都将直接影响到生物覆盖层中温度和含水率的变化，这种变化易引起覆盖层中甲烷氧化性能变化。研究表明，嗜甲烷菌生长的最佳适宜温度约为 30℃，随着温度的升高，微生物活性逐步降低，直到临界值达到 55℃。介质含水率是影响微生物氧化甲烷的决定性条件之一，主要原因在于适宜的含水率可以使嗜甲烷菌、水、氧气和甲烷有充分的接触时间。另一方面，过高的含水率会阻碍氧气扩散进入覆盖层，如 Cabral 等认为，当水饱和度大于 85％时扩散系数将骤减一个数量级，液相可用的 $CH_4$ 和 $O_2$ 将急剧减少，从而导致氧化效率下降。相反地，在干燥条件下介质颗粒周围水膜厚度变薄会导致微生物活性减弱，当含水率低于 10％时，甲烷的氧化效率将变得非常低。此外，Boeckx 等的研究表明，当含水率低于 5％时，甲烷的氧化效率急剧下降。

目前，有关生物覆盖在工程应用和野外条件下的研究仍然较少，大部分研究主要集中在利用不同测量手段（如同位素等）检验生物覆盖层对甲烷的氧化性能等方面。在野外条件下，含水率和温度作为控制生物覆盖层介质中微生物生长的两个重要影响因子，二者会随季节、降水过程等的变化而改变。具体的影响覆盖层中甲烷氧化的因素如下。

### 1. 生物覆盖层对甲烷氧化的影响

生物覆盖层甲烷氧化是控制垃圾填埋场甲烷排放通量的重要环节。每年大约有 $30 \times 10^{13}$ g 的甲烷在土壤中氧化，占总甲烷氧化量的 6％，这一数字表明相对于对流层而言，土壤作为甲烷汇的能力可以忽略不计。但是，如果缺少土壤这个汇，将会使大气中甲烷浓度以目前增长速率的 1.5 倍增加。以堆肥物为主要基质材料的生物覆盖层甲烷氧化技术能适应不同 $CH_4$ 浓度的填埋气，在低 $CH_4$ 浓度条件下仍能较好地实现甲烷氧化，其甲烷氧化能力显著高于以土壤为基质的传统填埋场覆盖层，对于垃圾填埋场温室气体减排意义重大。然而，目前的研究大多集中于单一堆肥物作为生物覆盖层基质，且以不同来源堆肥物（如庭院修剪物、生活垃圾、污泥等）作为生物覆盖层基质时的甲烷氧化能力变化很大。堆肥物的腐熟周期对其甲烷氧化能力有很大影响，腐熟时间较短的堆肥物甚至没有甲烷氧化能力。通过改性填埋场覆盖材料来强化其甲烷氧化活性成为一种经济适行的方法。另外，通气不良也是限制堆肥物作为垃圾填埋场覆盖层基质材料的主要原因。研究表明，有机垃圾堆肥物作为生物覆盖层基质材料使用时，对腐熟度的要求更高，即使达到堆肥产品的腐熟度要求也不一定具备良好的甲烷氧化能力，传统的堆肥物腐熟度标准不适于生物覆盖层。此外，有机垃圾堆肥物-陶粒复合基质为甲烷氧化细菌营造了良好的环境（养分、水分、氧气、甲烷），弥补了单一堆肥物腐熟度不足的缺陷，改善了生物覆盖层内的气体传输性能，最佳的甲烷氧化区域下移至表面下 40～50cm，且还有提高其甲烷氧化能力的空间，是一种适宜的填埋场生物覆盖层基质材料，值得进一步研究。对有机垃圾堆肥物而言，粒径变化（1～3.2mm）对覆盖层基质内气体扩散的影响不大，氧气不是堆肥物作为生物覆盖层基质的限制性因素。

### 2. 添加物质对填埋场终场覆盖层甲烷氧化的影响

根据已知的影响填埋土层中甲烷氧化菌的活性因素，在填埋覆土层添加矿化垃圾、活性污泥等可以有效地强化甲烷氧化菌的生物活性，加快甲烷的氧化速度。矿化垃圾是在填埋场中填埋多年，基本达到稳定化，可进行开采利用的垃圾，在长期的生物降解过程中，其表面附着了数量庞大、种类繁多、代谢能力极强的微生物群落。因其本身富含甲烷氧化菌（$1.25 \times$

$10^8 \sim 1.25 \times 10^9$ CFU/g），且成本低、氧化效果明显，并可增加再生填埋库容，使填埋场空间循环利用，所以是一种很好的甲烷氧化覆盖层材料。Lou 等通过实验发现，添加矿化垃圾和活性污泥，甲烷去除率分别可达 78.7％和 66.9％，且发现当用 14 年以上的矿化垃圾处理时，效果最好。Zhang 等研究发现，以 6∶4 的比例添加矿化垃圾和活性污泥到覆土中，甲烷氧化效率可达到最佳。此外，研究者还发现粉煤灰、陶粒等材料具有含水率低、孔穴丰富、比表面积大的优点，可添加到矿化垃圾和活性污泥中，配合使用来增强甲烷氧化效果。另外，种植植物也是改良填埋覆土的一种有效方法，目前填埋场覆土种植的植物主要为芒草、苜蓿和杨树等。有研究发现，利用矿化垃圾中的硫酸盐还原菌进行甲烷的共氧化是甲烷自然减排的另一种途径。

### 3. 填埋场终场覆盖层甲烷供应量对甲烷氧化的影响

高浓度的甲烷可刺激甲烷氧化菌的繁殖及提高氧化活性。这可能是因为高浓度甲烷为甲烷氧化菌的生长繁殖提供了充足的碳源，并诱导甲烷氧化酶处于较高的氧化活性。在加入外源甲烷的情况下，供试土壤中甲烷氧化菌种群数量出现增长，甲烷氧化速率也有显著提高。甲烷的供应是控制甲烷氧化速率最重要的因素。甲烷氧化菌数量和甲烷氧化速率存在显著正相关性，但二者的具体数值变化并不同步。这表明，虽然甲烷氧化菌的种群决定了覆土层能够氧化甲烷，但甲烷氧化菌种群的数量却并不是影响土壤甲烷氧化活性的唯一决定性因素。有报道认为决定甲烷氧化菌氧化甲烷活性的主要因素是甲烷氧化菌的氧化甲烷酶系活性。封场时间与甲烷通量、甲烷氧化菌数目和甲烷氧化速率呈显著负相关，即随着垃圾填埋场封场时间的增加，甲烷通量、甲烷氧化菌数量和甲烷氧化速率均呈明显的下降趋势。这可能是由于随着封场时间的延长垃圾层中的有机底物逐渐减少，甲烷的产生量也随之减少，从而导致甲烷通量的降低，继而影响到甲烷氧化菌的繁殖与氧化活性。不同垃圾填埋场的植被覆盖率与甲烷通量、甲烷氧化菌数量和氧化速率呈负相关。随封场时间的增加，植被覆盖率逐渐提高，甲烷通量逐渐降低，所表现出的相关性只是由于在共同因变量的影响下二者的变化具有时间上的同步性。在同一填埋区中的前期研究表明，在封场时间等因素相同的情况下，有植物覆被的覆土中甲烷氧化菌的数量和氧化速率均高于裸土，即植物的覆被可促进甲烷氧化菌的繁殖和氧化。但植物可能只是间接地影响了甲烷氧化菌的生长繁殖与氧化活性，并非是显著的直接影响。

### 4. 其他影响因素

影响甲烷氧化的其他主要因素有土壤结构和深度、养分状况、温度、湿度、甲烷和氧气浓度、土壤 pH 值、$NH_4^+$ 浓度及其他金属离子和营养物浓度等。以下就这几方面的因素做简要介绍。

（1）土壤结构　土壤结构因土壤类型不同而不同，Haubrichs 考察了 3 种不同类型（粗砂、黏土和细砂）土壤作为填埋场覆盖层时的甲烷氧化能力，发现：粗砂的甲烷氧化能力最高可达 $10.4\text{mol}/(\text{m}^2 \cdot \text{d})$，氧化率为 61％；黏土和细砂的甲烷氧化能力稍低，分别为 $6.8\text{mol}/(\text{m}^2 \cdot \text{d})$ 和 $6.9\text{mol}/(\text{m}^2 \cdot \text{d})$，氧化率分别为 40％和 41％。有研究表明，土壤的甲烷氧化能力有如下排序：砂土＞沙砾土＞黏质粉土＞黏土。

（2）土壤深度　填埋场覆盖土中的甲烷氧化活动主要发生在 $0 \sim 30\text{cm}$ 深处。而 $10 \sim 20\text{cm}$ 处甲烷氧化菌数量最多，活性最强，所以甲烷氧化活动在此处也最强烈。

（3）土壤中有机质含量　土壤中有机质含量对甲烷氧化有很大的影响。Scheutz 等研究发现土壤中有机质含量与甲烷氧化活性在一定程度上呈正相关性。在相同进气量的情况下：有机质含量为 1.7% 的填埋场覆盖土中甲烷的平均氧化速率为 $15mol/(m_{column}^2 \cdot d)$，最大氧化速率为 $18mol/(m_{column}^2 \cdot d)$；有机质含量为 1% 的填埋场覆盖土中甲烷的最大氧化速率仅为 $12mol/(m_{column}^2 \cdot d)$。

（4）温度　甲烷氧化是一个放热反应，理论上每产生 1mol 的甲烷，就会释放出 880kJ 的热量。Priemer 和 Christensen 对沙质壤土研究发现，甲烷氧化量与土壤温度呈极显著的正相关性，夏季高于冬季，并且发现甲烷氧化的季节性变化与温度密切关联，即便 1℃ 甚至 $-2℃$ 也能氧化甲烷。Flessa 和 Dorsch 发现甲烷氧化率每天的变化很大，达到 48%～61%，并且与温度有关，呈极显著正相关，而与水分含量呈负相关，对季节性变化的统计也表明与温度有关。Nebsit 和 Breitenbeck 经过试验发现，甲烷氧化的最佳温度是 20～30℃，4℃ 和 50℃ 时几乎完全抑制，10℃ 和 40℃ 分别为 30℃ 氧化率的 51%～62% 和 10%～12%。Boeckx 和 Cleemput 则认为甲烷氧化的最佳温度是 25～30℃，30～35℃ 降低了甲烷的氧化。

（5）湿度　湿度过高时，将会限制甲烷和氧气在土壤中的传递，从而减弱甲烷氧化作用。一般土壤的理想湿度在 13%～15.5%（质量分数，干基）之间。而一般填埋场覆盖土的最佳湿度为 25%～30%（质量分数，干基），湿度低于 15% 时，甲烷氧化效率可能比最优时下降 50% 甚至更多。不同的覆盖材料对应的最佳湿度是不同的，它还与温度及其他环境因素有关。

（6）甲烷和氧气浓度　由于甲烷氧化是个好氧过程，所以氧气的浓度是一个重要的制约因素。研究发现，在高甲烷浓度条件下，氧气主要是被甲烷氧化菌利用，但大部分甲烷并没有最终生成 $CO_2$，而是被甲烷氧化菌利用合成了生物质。甲烷和氧气浓度对甲烷氧化的影响分为以下 2 种：甲烷限制型（$CH_4$ 浓度 $<160\mu mol/mol$，$O_2$ 接近空气中的浓度）；氧气限制型 [$CH_4$ 浓度为 1%～7%（体积分数），$O_2$ 浓度为 15%～18%（体积分数）]。

（7）铵氮浓度　一般认为，$NH_4^+$ 可与甲烷竞争 MMO 上的活性位点，从而抑制甲烷的氧化作用。研究发现，高浓度的 $NH_4^+$（10～200mg/kg）明显抑制甲烷的氧化作用。但最近的研究表明，$NH_4^+$ 浓度的升高并不总是直接抑制甲烷氧化，而可能是由于硝化速率的提高或氮素的转化，抑制了甲烷氧化。Kightley 等研究发现，添加 $NH_4NO_3$ 后，填埋场覆盖土甲烷氧化能力下降了 64%，他们认为 $NH_4^+$ 抑制作用并不完全是由于 $NH_4^+$ 浓度的升高。

（8）其他营养物质　此外，铜、磷、钾等物质的浓度对甲烷氧化过程也有一定的影响。Mohanty 通过实验证明，以 $CuCl_2$ 的形式向稻田土壤中添加 0.02g 铜，甲烷氧化率会增加 5% 左右。Kightley 等向一般的土壤中添加一定量的市政污泥，使其中的磷含量和钾含量达到 0.1g/kg 土壤，甲烷氧化率可提高将近 26%。添加 $K_2SO_4$ 和 MgO 也能提高甲烷的氧化率。

（9）含水率　含水率对填埋场覆盖土甲烷氧化起着很重要的作用。首先，水环境为微生物新陈代谢提供基础。其次，含水量影响覆盖土的孔隙进而影响生物气的扩散，含水量过高影响氧气向内部扩散，同时影响甲烷在覆盖土中的扩散，影响甲烷氧化。多种研究表明合适的含水量是高效甲烷氧化的保证，含水量过高和过低，甲烷氧化率都会降低。在最佳含水率的条件下，有良好的微生物活性和快速的气相分子扩散过程来保证 $CH_4$ 的氧化。最佳含水率的范围为 15.6%～18.8%（质量分数）。

（10）pH 值　pH 值能影响甲烷氧化菌的活性，大多甲烷氧化菌为嗜中性的微生物，也有少数嗜酸甲烷氧化菌。对已报道的兼性甲烷氧化菌的发源地的生长特性总结（图 5-55），发现 *Methylocella silvestris*（BL2）的生长 pH 值范围为 4.2～7.0（最适 pH 值为 5.5）；*Methylocella tundrae* 的生长 pH 值范围为 4.2～7.5（最适 pH 值为 5.5～6.0）；*Methylocapsa aurea* KYGT 的生长 pH 值范围为 5.2～7.2；*Methylocystis* H2s 是一株温和的嗜酸菌，最佳生长 pH 值为 6.0～6.5；*Methylocystis heyeri* H2 的最优生长 pH 值为 5.8～6.2；*Methylocystis* SB2 的最佳生长 pH 值是 6.8；*Methylocystis* strain H2sT/S284 的最适生长 pH 值为 6.0～6.5。由以上结论可以基本推断出兼性甲烷氧化菌易在酸性环境中富集，最适 pH 值为 5.5～6.5。

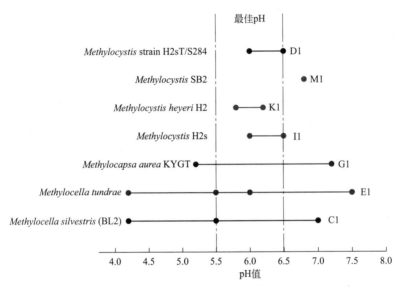

图 5-55　特征甲烷氧化菌最佳生长 pH 值

（11）孔隙率　孔隙率和空气压力对甲烷氧化的影响主要是空气的内扩散，土壤的孔隙率直接影响着氧气进入土壤，氧气是氧化过程的主要推动因素。表 5-12 为研究者利用不同孔隙率覆盖层研究的甲烷氧化动力学，从表中可以看出，以孔隙率很小的黏土、颗粒粗大的砂土或砂石土为氧化介质的 $K_s$ 较大，壤质沙土的 $K_s$ 较小，说明覆盖层颗粒度与孔隙率对甲烷的吸附氧化有较大的影响，适宜的孔隙率能够提高覆盖层对甲烷的吸附和氧化能力。

表 5-12　不同条件下甲烷氧化动力学参数

| 盖土类型 | 甲烷浓度（体积分数）/% | 甲烷半饱和常数 $K_s$ /(g/L) | 研究者 |
| --- | --- | --- | --- |
| 填埋场覆盖层复合土壤 | $1.7 \times 10^{-4}$～1.0 | 0.13 | Whalen S. C. |
| 覆盖层粗砂土 | 0.05～5.0 | 1.68 | Kightley, David |
| 填埋场表层黏土 | 0.016～8.0 | 1.81 | Bogner, E. Jean |
| 壤质覆盖沙土 | <2.0 | 0.057～0.36 | De Visscher, Alex |
| 壤质覆盖黏土 | <10.0 | 0.54 | Stein V. B. |
| 覆盖土 | 0.0～23.0 | 1.43 | Gebert, Julia |
| 砂石土 | 1.0～16.0 | 0.43～2.07 | Pawłowska |

除此之外，影响甲烷氧化效率的还有空气压力、$CH_4/O_2$、植被覆盖程度等因素，在垃圾填埋场建立和甲烷减排的研究中要充分考虑这些因素的影响，通过优化覆盖层氧化条件，提高单位覆盖层的甲烷氧化效率。

# 第三节　甲烷氧化菌在水稻田甲烷减排中的应用

## 一、水稻田中的甲烷排放现状与对策

水稻田是重要的甲烷人为源，全球水稻田排放甲烷的总量约为每年 0.2 亿～1.5 亿吨，占全球甲烷排放总量的 12%。我国水稻总产量占全球的 34%，居世界第一位。因此，控制和减少水稻田土壤的甲烷排放具有十分重要的意义。水稻田甲烷是由产甲烷菌所产生的，占优势的有马氏甲烷八叠球菌、甲酸甲烷杆菌、巴氏甲烷八叠球菌，这些菌大多嗜中温，适宜生存的温度为 30～40℃、pH 值为 6～8。产甲烷菌在土壤中分布不均，水稻根间土中的产甲烷菌数量高于行间土和根系。值得庆幸的是，水稻田土壤形成的甲烷并未全部进入大气，有相当一部分被处于土壤和表面水层中的甲烷氧化菌所氧化。实际上，水稻田甲烷排放量远低于其产生量。一般认为，在水稻田中产生的甲烷，80%～90%通过生物氧化转化为二氧化碳。

从微生物学角度出发，要减少由水稻田土壤释放至大气的甲烷数量，可包括以下 2 个途径：一是抑制产甲烷菌活性，减少水稻田土壤中的甲烷生产量；二是强化甲烷氧化菌活性，增加水稻田土壤和表面水层中的甲烷氧化量。水稻不同生长阶段、土壤氧化-还原电位、肥料种类等均对产甲烷菌数量和活性产生影响。一般水稻根系分泌物和脱落物与产甲烷菌数量成正比，有机物的施用能显著增加土壤产甲烷菌数量。试验发现，稻田使用液体肥料型甲烷抑制剂，不仅可以抑制稻田甲烷排放，而且有一定的经济效益。这种抑制剂的主要原料为腐殖酸，可将有机质转化为腐殖质，在增加稻谷产量的同时减少了甲烷形成所必需的基质。而水稻田土壤的甲烷氧化则主要受到土壤特性和环境因素的影响，具体包括土壤质地、土壤矿物质元素、土壤甲烷含量、土壤含水量、有机质、pH 值、温度、氮源等。

## 二、不同因素对水稻田甲烷生物氧化的影响

### 1. 灌溉方式对甲烷生物氧化的影响

通过改变灌溉方式，研究者发现控灌稻田的稻季甲烷排放量为 $(1.07\pm0.17)g/m^2$，较淹灌稻田 $(6.49\pm0.17)g/m^2$ 相比降低了 84%（$P<0.01$）。控灌稻田各生育阶段的甲烷排放量均小于淹灌，且排放量的降低幅度随生育期推进而增大。控灌稻田从分蘖后期开始的无水层状态提高了土壤氧化还原电位，持续抑制甲烷产生，因此在水稻生长中后期，控灌稻田甲烷排放一直稳定在很低的水平。此外，控灌稻田和淹灌稻田的水稻产量无显著差异（$P>0.05$）。因此，控制灌溉模式在保证水稻产量稳定并略有增加的基础上，大幅提高了水资源利用效率，实现了稻田甲烷减排与节水高产的共赢。

在早稻成活期，干湿灌溉、深水灌溉以及施猪粪处理的水稻田中甲烷氧化菌数量明显增

多。干湿灌溉处理可改善土壤通气状况，有利于甲烷氧化菌的生存；深水灌溉和猪粪处理可为甲烷氧化菌提供更多的生长基质。早稻生长后期，栽培措施的调整对甲烷氧化菌数量影响的显著性变小。同时，甲烷的排放与地表生物量也有很大的关系。将稻田水面上的叶子剪掉并不影响甲烷排放变化规律，这说明甲烷排放的日变化不是由水稻体的新陈代谢决定的。

### 2. 不同土壤质地对甲烷氧化活性的影响

在中国，水稻种植区根据土壤类型、地理形态、气候系统及水稻生长系统等进行划分。浙江省、湖南省、四川省分别属于河口过渡母质的土壤、红土母质的土壤和紫色土壤。不同地区的土壤有不同的物理化学和生物学特性，主要包括土壤质地、渗透率、动态水的含量、保水能力、有机物质的含量等。所有这些都影响甲烷的产生、氧化和传输，而甲烷产生、甲烷氧化和扩散传输能力的不同会因不同的土壤类型而有很大的差别。

从中国观测的结果来看，土壤中的有机碳与甲烷排放量的关系并不密切。四川稻田的有机质含量最低，但是甲烷的排放量很大。在北京，有机质含量为 1.33％的稻麦轮作田比含有机物 3.23％只种植水稻的田甲烷排放率高。这说明甲烷排放率还受到有关甲烷氧化和传输的土壤其他性质的影响。陈中云等研究了黄松田土、青紫泥田土等土壤中甲烷氧化菌的活性，发现尽管黄松田土（小于 0.02mm 的颗粒占 57.58％）中产甲烷菌种群数量平均数比青紫泥田土要大，但土壤甲烷氧化活性比青紫泥田土（小于 0.02mm 的颗粒占 80.51％）的高得多，并进而得出结论：甲烷氧化活性与直径为 0.02～2mm 的土壤颗粒含量呈正相关，而与直径小于 0.02mm 的土壤颗粒含量呈负相关。

### 3. 环境因素对甲烷氧化活性的影响

影响稻田土中产甲烷菌种群数量的主要环境因素包括厌氧条件下土壤含水量及土壤温度，而稻田土中的含氧量、含水量及甲烷含量是影响甲烷氧化菌种群数量的主要因素。稻田土壤温度对产甲烷菌种群数量的影响不明显，但对甲烷氧化菌种群数量和甲烷排放量却有明显影响。水稻土培养实验说明氧气混合比、土壤湿度、温度影响甲烷氧化率，但根部氧化膜中甲烷氧化的重要性和贡献率还有待更加精准的推导和预测。

甲烷氧化菌和产甲烷菌所需氧化还原条件相反，但甲烷氧化菌以产甲烷菌的产物甲烷为底物，其数量与活性受到甲烷浓度和生成速率的控制。研究人员发现，沈阳地区的甲烷氧化菌随季节变化表现出受甲烷浓度影响较大。对甲烷通量与甲烷氧化菌的季节变化进行多元回归分析，结果呈显著正相关关系（$R^2 = 0.837$，$P = 0.002$）；甲烷通量与甲烷氧化菌数具有显著正相关关系（$R^2 = 0.589$，$P = 0.037$）。

### 4. 其他环境生物对甲烷氧化活性的影响

除了产甲烷菌以外，很多学者还关注了氨氧化微生物与甲烷氧化菌间的关系。我国西南丘陵地区主要为淹水稻田，淹水土壤表面水层一般为 3～5cm，下面是厚度不到 1cm 的氧化层，再下面是厚度 10～20cm 的还原层。这种垂直分层导致土壤 $E_h$ 值、pH 值、温度、水分和养分等的差异，也展现了特有的氨氧化微生物和甲烷氧化菌分布规律。试验分别选取了重庆北碚区西南大学试验田、合川区大石镇高马村八社丘陵宽谷区和沙坪坝区青木关镇凤凰镇金塘三社低山地貌区，选取区域均属于中性紫色水稻土区，分别采集淹水层（0～3cm）、氧化层（3～5cm）、还原层（5～20cm）土壤样品。通过室内培养、定量 PCR、高通量测序等技术，研究了淹水稻田不同特征土层中氨氧化微生物和甲烷氧化菌的活性及群落结构。结果表明 3～5cm 土层的土壤环境更适宜于氨氧化作用的发生，以平均净氧化速率表征甲烷氧化能力，结果发现还原层显著低于淹水层与氧化层。通过定量 PCR 和高通量测序技术，并对目的基因进行聚类分析，结果发现甲烷氧化关键酶 pmoA 的多样性远大于 amoA，淹水稻田 I 型甲烷氧化菌的优势菌属为 *Methanotroph*（I 型 a）和 *Methylocaldum*（I 型 b），II 型甲烷氧化菌的优势菌属为 *Methylocystis*。随着土层深度的增加，I 型甲烷氧化菌在淹水层及氧化层不断富集，而 II 型甲烷氧化菌主要在还原层实现了富集。

# 第四节　甲烷氧化菌在煤矿场地甲烷减排中的应用

## 一、煤矿甲烷减排的研究概况

全世界从煤矿场地排放的甲烷占所有人为源甲烷的 8%，中国是世界第一产煤大国，煤矿中排放的 $CH_4$ 量占世界的 45%。典型的煤矿甲烷排放方式包括煤矿排气、开采前来自煤层的逸出气体和采空区的逸出气体，其中煤矿排气甲烷约占煤矿甲烷逸出量的 64%。煤矿瓦斯是影响煤矿安全生产的头号杀手，全国每年发生的重大煤矿瓦斯事故平均为 30～40 多起，给国家、社会和家庭都造成了不可弥补的损失，而伴随着煤矿开采强度加大，开采深度加深，部分地区事故率表现出上升的趋势。也有研究人员致力于煤矿甲烷资源化利用的研究，但因为瓦斯气体存在流量大、甲烷含量很低、浓度和流量不稳定等问题，资源化利用也存在较大的障碍。现有的瓦斯预防与防治方法不能起到很好的效果，因此急需探索新方法。随着微生物技术的发展，甲烷生物降解技术研究正日益受到学者重视。

## 二、甲烷氧化菌降解煤矿甲烷

煤化学家尤洛夫斯基早在 1939 年就提出了利用甲烷氧化菌降低煤井采空区内甲烷含量的构想。20 世纪 70 年代初，俄罗斯科研人员开发出了一种能有效地控制煤矿甲烷含量的生物降解瓦斯技术。该技术基于在好氧条件下甲烷氧化菌将甲烷氧化为二氧化碳的原理，将其研制成菌剂，通过钻孔输入到煤床，甲烷在原位被氧化，可实现 50% 的甲烷减排，该技术已在顿涅茨克和库兹涅茨克煤田的矿井中进行了工业化试验。随后，美国、加拿大、印度、澳大利亚等国利用生物技术也相继开展了类似的研究。查克拉沃夫在加拿大西部煤矿所采取的水样中存在甲烷氧化菌，经筛选分离和模拟试验，发现经过细菌处理后的甲烷浓度呈 10 倍甚至 100 倍急速降低。澳大利业研究人员把甲烷氧化菌的菌液喷洒到煤矿壁上，细菌以甲烷为唯一碳源而实现增殖，约 20d 后甲烷去除率达到 66%。此外，美国研究人员在自然界也成功筛选到了一株高效氧化甲烷的细菌——贝耶林克氏菌（*Beijerinckia* sp.），这种微生物生活在酸性沼泽地环境，既能高效氧化甲烷，又具有固定大气氮素的能力。国内对瓦斯生物降解的报道目前还不多，陈东科等驯化筛选并培育得到了 M3011 与 GYJ3 混合甲烷氧化菌菌种，在实验室条件下降解采自河南平顶山不同矿区、不同深度的 12 个含吸附甲烷的煤块样品，研究结果表明，加入甲烷氧化菌的试验组的甲烷浓度在 24h 内均有降低，平均降解率达到 44%。

国内对将甲烷氧化菌应用于煤矿治理的研究进行了初步尝试。江浩等采用甲烷氧化混合菌液为研究对象，在一矿井机巷钻 3 个试验孔，孔深均为 6m，试验压力为 8MPa，采用动水注压技术，实时监测甲烷浓度变化。经 4.5h 后，3 个试验孔的瓦斯浓度分别下降了 86%、87% 和 83%。毛飞等在井下进行微生物瓦斯处理，发现甲烷氧化菌能够较大程度地降低实验地点的瓦斯动力现象，回风流中瓦斯浓度分别降低了 22.54% 和 77.23%，吨煤瓦斯含量分别降低了 39.67% 和 13.45%。张瑞林等在实验室条件下以构造煤为研究对象，证明了甲烷氧化菌 AEM1235 菌悬液在高压（1～5MPa）、稀氧条件下仍对甲烷有良好的降解效果。

将瓦斯仅仅降解为无害的物质，国外已经有工程案例，但国内的研究还处在实验室阶段，主要存在以下问题。第一，实验仅是验证甲烷氧化菌对甲烷的氧化作用，没有深入去研究影响因素，缺乏更高精度的实时动态监测，不能确定反应各阶段中间产物对结果的影响。第二，甲烷氧化菌的生物学性质仍然需要通过驯化等手段进行改进。为了实现其应用价值、经济价值和环保价值，必须能让菌株适应煤层中的环境，能实现高密度生长，转化效率达到工业应用要求。第三，实验室模拟条件和实际煤矿差异较大，瓦斯含量、压力、温度以及氧化环境要实现完全模拟有一定难度，此外也很少考虑控制反应进度回收中间产物甲醇的问题。第四，国内瓦斯的利用率比较低，尽管利用前景广阔，但是在这方面的研究和投资很少，工作任务艰巨，包括利用生物技术对甲烷氧化菌的人工诱导培育。只有科研机构和相关企业密切合作，才能尽早实现瓦斯生物降解与利用技术的产业化和工业化。

## 三、生物反应器降解煤矿甲烷

通过喷洒或特殊钻井系统将活性嗜甲烷生物注入煤层已被证实在甲烷减排方面是有效的，但该方法也存在一定的局限性。甲烷氧化菌活性易受外界条件影响，直接喷洒或钻井注入后需封矿，不利于煤矿正常生产和实时监测。在现有理论和实践基础上，如果能利用生物反应工程技术原理研制出一种氧化甲烷的反应器，该方法更简单、安全，便于控制和监测，还可以做到边开采、边治理，不需要封矿处理，可有效缓解因瓦斯抽放或通风稀释排出外界的甲烷所造成的温室效应。

很多研究人员集中在生物反应器处理瓦斯的研究上。克里斯等利用堆肥松树皮作为填料，利用 *Flexibacterscant*、*Pseudomonas fluorescens* 和 *Pseudomonas aeruginosa* 等甲烷氧化菌株制成生物反应器，当气体停留时间大于 50min 时，甲烷去除效率可达 70% 以上。尽管气体在反应器中停留时间较长，且对于高浓度甲烷的去除率不高，但对于抑制煤矿矿井或周围空气中低浓度的瓦斯还是有一定意义的。国内学者也在生物降解煤矿瓦斯方面开展了系列研究。余海霞等采用生物反应器多层过滤技术开展研究。反应装置共设置 3 层，进气和喷淋方向均自上而下，停留时间 3.8min，采用静态挂膜的填料分别为瓷砂球、塑料球、陶粒滤料和碎木屑，采用动态挂膜的填料分别为蛭石、陶粒和挂膜生物大陶粒，设定混合气体流速 30～90L/h，中间气体流速 45L/h，喷淋液流速 75mL/min，甲烷初始含量 0～20%，定时检测反应装置入口及出口的气体。结果表明挂膜生物陶粒作为填料能获得较大的甲烷处理能力以及较强的抗冲击能力。

目前，国内煤矿瓦斯的主要治理技术包括煤层瓦斯含量与涌出量预测、矿井瓦斯抽放、矿井通风等。但由于中国煤层透气性差、地质构造复杂，治理瓦斯技术仍无法满足安全生产的要求。在煤层开采之前，利用甲烷氧化菌氧化煤层中吸附的甲烷，减少在煤层开采时的涌出量，可以对其他治理瓦斯的措施起到辅助作用。

尽管还有很多研究工作需要继续拓展，但是生物降解瓦斯乃至转化瓦斯制甲醇都展现出了广阔的前景。随着基因工程技术的不断发展，在甲烷氧化菌的关键酶 MMO 的研究上，国内外都有很大进展，在降解机理模拟等领域取得了一些成绩。因生物方法条件温和，可以大量生产，尤其是将甲烷生物氧化成可得到资源化产物甲醇，不仅可以有效解决能源危机，而且可以减少温室效应对环境的危害。在以后的研究中，应该注重设计和煤层中环境类似的实验室装置，更加真实地模拟瓦斯环境，对甲烷氧化菌的氧化特性进行连续观察，并注重生物驯化技术。无论如何，在煤矿甲烷减排的问题上，首先要解决的就是瓦斯控制，在研究成熟的基础上，再继续研究生物氧化甲烷制甲醇。

# 第五节　垃圾填埋场甲烷减排技术

垃圾填埋场是人为源甲烷排放的重要场所之一，每年向大气排放的甲烷量为 $3 \times 10^{13} \sim 7 \times 10^{13}$ g，占人为排放源的 $10\% \sim 20\%$。垃圾填埋场自运作起会一直向大气中排放甲烷，即使垃圾填埋场安装了新型的气体收集装置，也仅能收集 $60\% \sim 80\%$ 的填埋气，而且在垃圾填埋场封场后的几十年内都会向大气缓慢地输送甲烷。同时，不可否认的是由于垃圾填埋场覆土层中有大量甲烷氧化菌的存在，垃圾填埋场也是大气甲烷汇的重要场所，不但可以吸收 $10\% \sim 90\%$ 填埋场产生的甲烷，而且可以吸收部分大气中的甲烷。目前，为了提高垃圾场覆土层中甲烷的氧化速率，人们采取了各种方法，比如选用新型高效的生物覆盖层（bio-covers）、生物滤池（biofilters）等。生物覆盖层主要是一些具有通透性的生物材料，比如堆肥、污泥、木屑等，这些材料具有多孔性，有利于甲烷和氧气的穿透，同时还具有保湿性，可以为甲烷氧化菌提供良好的生长环境。生物滤池则有固定的反应床，微生物可以在其填充材料上形成生物膜，其填充材料一般也具有多孔、保湿的特征。生物滤池一般是一个独立的单元，依靠主动或被动的方式将填埋气和空气导入其中进行甲烷的氧化，因此该反应器也可以应用于其他有甲烷排放的地方，比如农场等。目前，有关生物覆盖层与生物滤池的研究比较广泛、深入，而且也已经有人对其进行了非常深入的总结，有关这部分的详细内容可以参见 Huber-Humer 等、Nikiema 等的综述文章。

在垃圾填埋场进行的甲烷生物氧化一般采用的是好氧方法，随着厌氧甲烷氧化的发现，人们也在垃圾填埋场及其周边环境中发现了甲烷的厌氧氧化。Grossman 等的研究表明，垃圾渗沥液污染区域及其周边存在着甲烷的厌氧氧化，但其氧化速率较富含硫酸盐海底沉积物中的低 1~3 个数量级，并推测可能是由垃圾渗沥液中硫酸盐浓度较低导致的，并且其氧化速率较垃圾填埋场覆土层中的好氧氧化也低了 3 个数量级。虽然好氧氧化是垃圾填埋场中甲烷氧化的最有效方法，但由于垃圾填埋场中普遍存在着缺氧区，甲烷的厌氧氧化对于垃圾填埋场中甲烷的吸收是非常有意义的，然而由于影响其氧化速率的因素众多，比如微生物生长量、底物、温度、pH 值以及湿度等，因此，如何优化其甲烷氧化过程、降低垃圾填埋场甲烷释放量是摆在科研工作者面前的难题。

随着城市化进程的加快、人口的增加以及生活消费水平的稳步提高，我国城市生活垃圾产量每年以 $8\% \sim 10\%$ 的比例递增。垃圾填埋量的增加使甲烷释放量呈上升趋势，从而加剧温室效应。而减少甲烷的排放是控制温室气体排放的重要环节，因此，研究填埋场甲烷的减排措施意义重大。减少垃圾填埋场甲烷排放的方法主要有自然减排和人工减排两大类。

## 一、自然减排

垃圾填埋时是分层进行覆土的，生长在覆盖土中的甲烷氧化菌能将有机物降解过程中产生的甲烷氧化为 $CO_2$，$CH_4$ 氧化率可达到 $12\% \sim 60\%$。研究表明，甲烷在充满空气的覆土层中的氧化可能是一个重要的甲烷排放的自然控制措施。英国的一项研究显示，若假设所有的覆土类型都具有最小的氧化能力，则英国所有填埋场产生的甲烷大约有 $7\%$ 被氧化掉。通过应用生活垃圾填埋场生物覆盖层，强化甲烷氧化菌活性，加快 $CH_4$ 的氧化速率，以便通过生物氧化作用实现填埋场甲烷减排。

## 二、人工减排

### 1.利用各种回收技术减排

从资源利用的角度看，垃圾填埋气体是一个巨大的能源宝库。填埋气中的甲烷是一种高发热量的清洁能源，回收利用填埋气不仅可以消除其对环境的危害，而且具有很高的经济价值，是积极主动的减排措施。据专家估算，如果 2005 年我国垃圾产生量为 1.33 亿吨，那么垃圾产生的甲烷气体相当于 12 亿～83 亿立方米的天然气。

（1）收集填埋气用于锅炉供热或并网发电　在垃圾填埋场产气活跃期，填埋场中 $CH_4$ 体积分数高达 $50\%$ 以上，是一种良好的可再生能源，利用填埋气发电和供热是国际上应用最广泛的温室气体减排技术。浙江省杭州市早在 1997 年就建立了国内第一个填埋气体收集利用装置，利用填埋气体进行发电。

（2）替代煤气作管道气　采用有效的预处理手段将垃圾填埋气中的 $CH_4$ 体积分数提高到 $95\%$，同时去除灰尘及酸性气体，可以制备性能卓越的管道气作为城市煤气的替代产品，从而有效地控制生活垃圾填埋场 $CH_4$ 的释放。

（3）用作运输工具的动力燃料　全球环境基金（GEF）在我国鞍山市建设了垃圾填埋沼气制取汽车燃料的示范工程。其产品是垃圾填埋气压缩气（CLFG），可用作汽车燃料，开辟了垃圾填埋气利用的新途径。

### 2.改进填埋技术

我国目前的生活垃圾填埋场几乎都是厌氧型的填埋场，虽然运行费用相对较低，但产生的甲烷气体大多没有回收利用，不仅存在安全隐患，而且增加了温室气体的排放。一项为期 10 年的填埋实验研究显示，将填埋构造由厌氧型改为半好氧型或渗沥液回灌的半好氧型，可以抑制温室气体的产生。不同填埋构造 $CO_2$ 和 $CH_4$ 的产生比例见表 5-13。

表 5-13　不同填埋工艺 $CO_2$ 和 $CH_4$ 的产生比例　　　　　　　　单位：%

| 填埋工艺 | $CO_2$ | $CH_4$ |
| --- | --- | --- |
| 厌氧填埋 | 50 | 50 |
| 半好氧填埋 | 80 | 20 |
| 渗沥液回灌半好氧填埋 | 90 | 10 |
| 好氧填埋 | 95 | 5 |

生物反应器填埋是 USEPA 推荐的第 3 代垃圾填埋技术。该技术在填埋场内交替使用好氧和厌氧两种工况，通过控制填埋场内的温度和水分状况，加速填埋场的稳定化，提高填埋气的产气速率和甲烷体积分数，改善填埋气利用的经济价值，提高垃圾填埋场温室气体的利

用效率。

　　由联合国开发计划署和全球环境基金资助的城市垃圾填埋气体回收利用示范项目在我国南京、鞍山、马鞍山开始实施，目前南京、鞍山的示范项目已经具备了试运行的条件，国内其他一些城市如上海、广州、北京等也在探讨建立填埋气资源化利用的装置。但总体来说，国内在填埋气体利用方面，无论硬件建设还是运行管理方面都缺乏经验。同时，项目的准备费用过高、缺乏可操作的经济激励政策以及 $CH_4$ 产气体不稳定等因素导致了填埋场 $CH_4$ 气体的资源化利用技术还不能适应市场需要。

　　国内外也有很多专利提出了氧化甲烷的新方法：

　　（1）一种催化甲烷氧化的方法　　在含有甲烷和氧气的反应体系中加入 $50\mu L/L$ 以上的 NO 或 $NO_2$，从而使反应温度降低 $200\sim300℃$。反应体系可以是甲烷气相氧化反应制备合成气的体系，如利用甲烷制备甲醛或甲醇或乙烯的体系。

　　（2）一种甲烷氧化混合菌的培养方法　　在对甲烷氧化菌进行振荡培养的过程中，向其中添加石蜡油，石蜡油受到机械力的作用形成微小的分散液滴，这些液滴可以在水相与有机相之间穿梭，强化了微生物利用甲烷的速度。与常规培养方法相比，该方法可以成倍地提高甲烷氧化菌的生长速度和细胞密度。

　　（3）一种氧化甲烷和其他可挥发性有机气体的方法和装置　　将从填埋场的气体收集系统中收集的甲烷和其他挥发性有机气体通过这种装置进入一个装有特殊氧化剂的容器中，容器中需装有玻璃珠等介质，还需要进行适当的空气供应，气体被氧化以后直接排入大气中。

　　综上所述，利用生物覆盖层来控制填埋场 $CH_4$ 的排放可能成为最经济、最有效的工程化手段。

# 第六章

# 甲烷氧化菌在氯代烃降解中的应用

## 第一节　氯代烃的用途、来源及危害

### 一、氯代烃的性质及用途

氯代烃是指烃类物质中一个或多个氢原子被氯原子取代的化合物，主要包括二氯甲烷（DCM）、三氯甲烷（CF）和四氯化碳（CT）等氯代烷烃以及三氯乙烯（TCE）和四氯乙烯（PCE）等氯代烯烃。氯代烃是一类重要的有机溶剂和产品中间体，被广泛用于机械制造、化工生产和电子元件清洗等各个行业。因氯代烃的难生物降解性，其经常在环境中检出，它们的物理化学性质如表 6-1 所列。

#### 1. 氯代烷烃

氯代烷烃是指烷烃中的一个或多个氢原子被氯原子取代的化合物，在室温下除了一氯甲烷和一氯乙烷为气体，以及六氯乙烷等少数固体以外，其他氯代烷烃均为无色易挥发液体，且难溶于水。氯代烷烃具有高稳定性、高挥发性、低可燃性和高溶剂容量性等共同特性，因此在化学工业中广泛用作溶剂、干洗剂、脱脂剂、黏合剂组分以及合成工业中的产品中间体等，常见的氯代烷烃为 DCM、CF 和 CT。

DCM 是一种无色挥发性有机液体，有中等甜味和一定香气。DCM 在水中的溶解度很低，但它可与许多有机溶剂混溶。DCM 是生产乙酸纤维素薄膜的主要原料，也是制药行业的常用溶剂。在美国、欧洲和日本，DCM 也用于金属脱脂、上光漆、黏合剂和杀虫剂。以美国为例，20 世纪 80 年代 DCM 生产和消费达到顶峰，产能为 37.6 万吨/年，2008 年减少至 71100t。1980 年全球 DCM 产量为 570000t，其中西欧生产 270000t。据估计，目前世界 DCM 的产量与 1980 年的水平相当，中国的年产能约为 55000t。不同国家（地区）的 DCM 生产量如图 6-1 所示。

CF 是一种高挥发性液体，微溶于水，又叫氯仿。氯仿可与大多数有机溶剂混溶且不具有反应活性，从而作为一种常见的溶剂广泛使用。如 CF 曾被广泛用于手术麻醉剂、咳嗽糖浆以及牙膏中。美国食品和药物管理局（FDA）于 1976 年禁止将其用于消费品中，因为发现

表6-1 氯代烃的物理化学性质及其毒性说明

| 底物 | 缩写 | 分子式 | 化学文摘号 | 外观 | 相对密度 | 熔点/℃ | 沸点/℃ | 水溶性/(g/L) | 正辛醇-水分配系数 | 20℃的蒸气压/kPa | 职业接触极限值 | 致癌性 | 优先控制污染物 |
|---|---|---|---|---|---|---|---|---|---|---|---|---|---|
| 氯甲烷 | | | | | | | | PCMs | | | | | |
| 一氯甲烷 | CM | $CH_3Cl$ | 74-87-3 | 无色气体 | 2.306 | -97.4 | -23.8 | 5.325 | 0.91 | 506.09 | 50μL/L | Group3 | N |
| 二氯甲烷 | DCM | $CH_2Cl_2$ | 75-09-2 | 无色液体 | 1.322 | -96.7 | 39.6 | 13.0 | 1.25 | 47.0 | 50μL/L | Group2B | Y(US.EPA.MEP of China.EC) |
| 三氯甲烷 | CF | $CHCl_3$ | 67-66-3 | 无色液体 | 1.483 | -63.5 | 61.2 | 8.0 | 1.97 | 21.0861 | 10μL/L | Group2B | Y(US.EPA.MEP of China.EC) |
| 四氯化碳 | CT | $CCl_4$ | 56-23-5 | 无色液体 | 1.5867 | -22.92 | 76.72 | 0.785 | 2.64 | 11.94 | 5μL/L | Group2B | Y(US.EPA.MEP of China) |
| 氯乙烷 | | | | | | | | PCAs | | | | | |
| 一氯乙烷 | CA | $C_2H_5Cl$ | 75-00-3 | 无色气体 | 0.906 | -139.0 | 12.3 | 5.74 | 1.54 | 133.3 | 100μL/L | Group3 | N |
| 1,1-二氯乙烷 | 1,1-DCA | $C_2H_4Cl_2$ | 75-34-3 | 无色液体 | 1.174 | -97 | 57.2 | 6.0 | 1.8 | 24.0 | 100μL/L | N | Y(US.EPA) |
| 1,2-二氯乙烷 | 1,2-DCA | $C_2H_4Cl_2$ | 107-06-2 | 无色液体 | 1.253 | -35.0 | 84.0 | 8.7 | 1.48 | 8.7 | 10μL/L | Group2B | Y(US.EPA.MEP of China.EC) |
| 1,1,1-三氯乙烷 | 1,1,1-TCA | $C_2H_3Cl_3$ | 71-55-6 | 无色液体 | 1.31 | -33.0 | 74.0 | <1 | 2.49 | 13.3 | 350μL/L | Group3 | Y(US.EPA.MEP of China) |
| 1,1,2-三氯乙烷 | 1,1,2-TCA | $C_2H_3Cl_3$ | 79-00-5 | 无色液体 | 1.435 | -37.0 | 114.0 | 4.5 | 2.35 | 2.5 | 10μL/L | Group3 | Y(US.EPA.MEP of China) |

| 底物 | 缩写 | 分子式 | 化学文摘号 | 外观 | 相对密度 | 熔点/℃ | 沸点/℃ | 水溶性/(g/L) | 正辛醇-水分配系数 | 20℃的蒸气压/kPa | 职业接触极限值 | 致癌性 | 优先控制污染物 |
|---|---|---|---|---|---|---|---|---|---|---|---|---|---|
| 1,1,1,2-四氯乙烷 | 1,1,1,2-TeCA | $C_2H_2Cl_4$ | 630-20-6 | 无色液体 | 1.5406 | −70.2 | 130.5 | 1.1 | 2.66 | 1.9 | 未测定 | Group2B | N |
| 1,1,2,2-四氯乙烷 | 1,1,2,2-TeCA | $C_2H_2Cl_4$ | 79-34-5 | 无色液体 | 1.595 | −44.0 | 146.5 | 2.857 | 2.39 | 0.647 | 1μL/L | Group3 | Y(US. EPA. MEP of China) |
| 五氯乙烷 | PCA | $C_2HCl_5$ | 76-01-7 | 无色液体 | 1.6728 | −29.0 | 162.0 | <0.1 | 3.67 | 0.453 | MAK：5μL/L | Group3 | N |
| 六氯乙烷 | HCA | $C_2Cl_6$ | 67-72-1 | 透明晶体 | 2.091 | 183~185 | 186.78 | <1.0 | 3.9 | 0.053 | 1μL/L | Group2B | Y(US. EPAC) |
| 氯乙烯 PCEs | | | | | | | | | | | | | |
| 一氯乙烯 | CE | $C_2H_3Cl$ | 75-01-4 | 无色气体 | 0.969 | −153.8 | −13.4 | 微溶 | 0.6 | 516.95 | 1μL/L | Group1 | Y(US. EPA) |
| 1,1-二氯乙烯 | 1,1-DCE | $C_2H_2Cl_2$ | 75-35-4 | 无色液体 | 1.213 | −122.0 | 32.0 | 2.5 | 1.32 | 66.5 | 5μL/L | N | N |
| 1,2-二氯乙烯 | 1,2-DCE | $C_2H_2Cl_2$ | 156-59-2(Z) 156-60-5(E) | 无色液体 | Zf:1.28 Ef:1.26 | Z:−81.47 E:−49.44 | Z:60.2 E:48.5 | 1~5 <1.0 | Z:2.0 E:2.09 | Z:26.66 E:53.33 | 200μL/L | N | N |
| 三氯乙烯 | TCE | $C_2HCl_3$ | 79-01-6 | 无色液体 | 1.46 | −73.0 | 87.2 | 1.280 | 2.42 | 7.8 | 50μL/L | Group2A | Y(US. EPA. MEP of China) |
| 四氯乙烯 | PCE | $C_2Cl_4$ | 127-18-4 | 无色液体 | 1.63 | −19.0 | 121.1 | 0.15 | 2.9 | 1.9 | 25μL/L | Group2A | Y(US. EPA. MEP of China) |

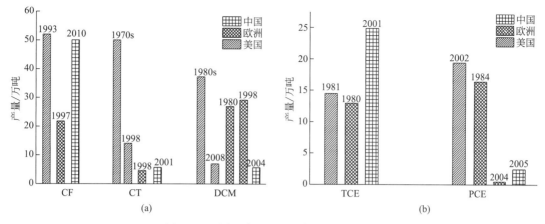

图 6-1　不同国家（地区）氯代烃的生产量

CF 在动物试验中有致癌性。目前，CF 主要用作制药工业的溶剂，也是生产染料、农药和一氯二氟甲烷（HCFC-22）的重要原料。CF 还可用于有机合成工业合成二氯卡宾。此外，它还可作为脂肪、油、橡胶、生物碱、蜡、杜仲胶和树脂的溶剂，也可用于灭火器及橡胶工业。CF 主要在美国、欧盟和日本生产，20 世纪 90 年代后期全球总产能为 52 万吨。1993 年美国的 CF 产量为 21.6 万吨，1997 年欧盟为 31.6 万吨。CF 曾主要用于生产 HCFC-22，占欧盟总用量的 90%～95% 左右。在《蒙特利尔议定书》签署后，其用于生产 HCFC-22 已逐渐取消。在中国，自 20 世纪 90 年代后期以来，CF 的产量急剧增加，近年来的年产量估计为 50 万吨。不同国家（地区）的 CF 产量如图 6-1 所示。

CT 是一种无色易挥发性液体，具有特殊甜味，常以气态形式存在于大气中。CT 不易燃烧，当浓度超过 $10\mu L/L$ 时，其气味会变难闻。对于化学工业中的非极性有机化合物（如脂肪、油脂、油漆、蜡、橡胶和树脂等）来说，CT 是极好的非极性溶剂。CT 过去广泛用作灭火器、干洗机、脱脂剂、杀虫剂和制冷剂的前体。CT 曾被用作杀虫剂，但 1970 年被美国禁止使用。此外，在《蒙特利尔议定书》之前，大量的 CT 被用于生产氟利昂制冷剂，包括 R-12（三氯氟甲烷）和 R-11（二氯氟甲烷）。然而，这些制冷剂会严重破坏臭氧层，因此这种使用在后来也被禁止。根据《化学和工程新闻》，20 世纪 70 年代，CT 的产量在美国每年达到 50 万吨，但自 20 世纪 80 年代以来急剧下降，原因是环境问题以及对氯氟烃（CF-Cs）的需求下降。在全球范围内，1987 年 CT 产量达到 96 万吨，然后在 1992 年减少到 72 万吨左右。在中国，2001 年 CT 年产量为 57600t，并逐渐下降。不同国家（地区）的 CT 生产量如图 6-1 所示。

### 2. 氯代烯烃

氯代烯烃是指烯烃中的一个或多个氢原子被氯原子取代的化合物，TCE 和 PCE 作为典型的氯代烯烃，以其优异的溶剂性能和极低的起火和爆炸潜力而闻名。氯代烯烃已被广泛用作个人和公共领域中的蜡、树脂、脂肪、橡胶、油和油漆清漆的溶剂，并且自 1920 年以来也广泛用于干洗和金属脱脂，TCE 和 PCE 是应用最广泛的氯代烯烃。

TCE 是一种无色不易燃、难溶于水、具有香味的液体。TCE 主要用于脱漆剂、黏合剂溶剂、油漆清漆剂以及金属脱脂剂。美国 1991 年的 TCE 产量为 146000t。1990 年西欧和日本的年产量分别为 131000t 和 57000t。2011 年中国的 TCE 产量约为 25 万吨，近年来其需求量逐渐增加。不同国家（地区）的 TCE 生产量如图 6-1 所示。

PCE 也称为全氯乙烯，是一种难溶于水的无色甜味液体。PCE 广泛用于衣物干洗、纺织加工和金属脱脂。美国每年生产 PCE 超过 181000t，如 2002 年美国的总产量为 195000t。欧洲的产量已从 1994 年的 164000t 下降到 2004 年的 44000t。相比之下，过去几十年来中国 PCE 的产量逐渐增加，2005 年 PCE 的生产能力约为 25000t。不同国家（地区）的 PCE 生产量如图 6-1 所示。

## 二、氯代烃的污染来源及污染情况

氯代烃污染的主要来源是生产含氯有机化合物时的排放、氯代烃类产品的不当使用、消毒过程以及不当的储存和处置方法，如图 6-2 所示。

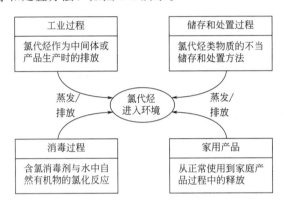

图 6-2　环境中氯代烃污染的主要来源

### 1. 氯代烷烃

大量的氯代烷烃通过排水或蒸发进入环境。CF 主要以废气和废水的形式排放到环境中，除了在制造和使用过程中释放 CF 外，水消毒过程中的消毒副产物是 CF 的另一大来源。主要人为 CF 源包括造纸厂、水处理厂、化学品制造厂和废物焚化炉。除了人类活动外，CF 还可通过火山排放物和海洋藻类等天然来源释放。此外，由于水和土壤中存在的有机物可与天然形成之次氯酸之间进行氯化反应，因此 CF 可自然产生。研究表明，CF 是地下水和地表水中的常见污染物。中国环境质量普查表明，包括京津地区、长江三角洲地区和珠江三角洲地区在内，CF、CT、TCE 和 PCE 位于最常检测到的污染物之列。此外，CF 还是美国环境保护局重点清单中的常见污染物，也是美国地质调查局最常检测到的污染物之一。

CT 在环境中的来源主要是生产和使用的不当排放，以及在填埋场处置时可能会蒸发到空气中或渗入地下水。应该指出的是，CT 也是室内空气的常见污染物，而来源似乎是建筑材料或产品，例如家用清洁剂。作为重要的有毒污染物，在美国环境保护局的优先列表中列出的 1662 个最严重危险废物地点中，至少有 425 个被发现含有 CT。

大部分 DCM 通过生产和使用含有 DCM 的产品（如清漆气提器和气雾剂产品）期间释放到大气中。根据美国环境保护局的资料，美国生产的 DCM 中有高达 85% 的二氯甲烷被释放到环境中。美国环境保护局的有毒化学物质排放清单表明，1988 年 23 万吨（美国当年的总产量）的 DCM 中大约有 17 万吨进入大气中，其中 6 万吨来自生产排放，其余 11 万吨归因于消费品和其他来源。在 1998～2001 年期间，美国 DCM 的总排放量下降到 1.5 万吨。

1991 年西欧的 DCM 排放总量估计为 18 万吨，约占全球排放量的 36%（每年 50 万吨）。Moranet 等发现 DCM 是最常检测到的污染物之一，其浓度接近甚至高于 1985～2002 年间全美 5000 多口井的最大污染物浓度。此外，DCM 是美国环境保护局超级基金最常检测到的 29 种化学品之一。但是，在中国没有关于 DCM 的相关信息。

### 2. 氯代烯烃

由于工业现场常发生泄漏以及处置不当，大量的 TCE 和 PCE 已被引入环境，尤其是地下水环境。在脱脂操作和相关产品的生产过程中，TCE 可以蒸气形式释放到环境中，或者通过生产和处理过程中的排水以及储存过程中的泄漏进入环境。在美国环境保护局超级基金国家重点清单站点中至少有 60% 发现了 TCE。TCE 还是地下水中最常报道的有机污染物。相对于其他挥发性有机化合物，TCE 是高于污染物限制浓度中排名第三的污染物。此外，美国 9%～34% 的供水存在 TCE 污染问题，在 1980 年的《综合环境响应责任法案》和 1976 年的《资源保护和恢复法案》中列出了超过 1500 个被 TCE 污染的危险废物场地。在中国，TCE 也被认为是环境中最常见的污染物。

PCE 在环境中广泛分布，它可从许多工业流程和消费产品中释放。根据美国环境保护局的有毒物质排放清单，在 1998～2001 年期间，PCE 的排放总量约为 1800t/a。PCE 的环境释放总量从 1988 年的 17000t 减少到 2008 年的 1000t，减少了近 94%。由于 PCE 的挥发性和持久性，PCE 易于释放到空气中并且难以降解。研究表明，每年大约有总消耗量中 85% 的 PCE 释放到大气中，从而导致 PCE 在空气中的浓度从农村地区的 30nL/L，到美国城市或工业地区的 4.5nL/L。使用 PCE 作为干洗溶剂在日常生活中很常见，在实施干洗规定以控制 PCE 排放之前，其室内空气浓度可高达 55000$\mu g/m^3$，而 PCE 排放量很少超过 5000$\mu g/m^3$。还有一部分 PCE 进入水体，因此，PCE 是地下水中的常见污染物之一。PCE 是超级基金中最常见的 29 种化学品、金属和其他化合物之一。

## 三、氯代烃的主要危害

人体可通过不同的途径暴露于氯代烃中，如吸入空气，摄入饮用水或食物，在沐浴或游泳期间皮肤吸收。图 6-3 为氯代烃的循环及人体暴露于氯代烃的主要途径示意图。氯代烃的毒理学表明它们是潜在的人类致癌物，因此部分氯代烃被中国生态环境部、美国环境保护局和欧盟列为优先污染物，并受到严格监控。

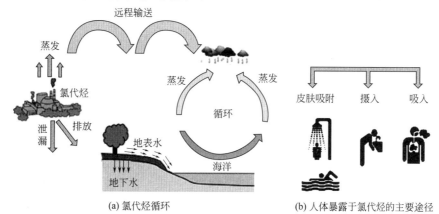

(a) 氯代烃循环　　　　(b) 人体暴露于氯代烃的主要途径

图 6-3　氯代烃循环及人体暴露于氯代烃的主要途径示意图

## 1. 氯代烷烃

除了对全球变暖、臭氧层耗竭和光化学烟雾形成的贡献外，氯代烷烃还对人类具有高毒性和致癌性。因此，氯代烷烃被列为当今最危险的大气污染物之一，其中 DCM 和 CF 被列入美国环境保护局努力减排的 17 种高危化学品清单中。由于氯代烷烃对环境和人类健康的有害影响，DCM，CF 和 CT 被美国环境保护局列为优先控制污染物，并被列入中国生态环境部水污染物黑名单中。CF 和 DCM 等多种氯代烷烃均在欧盟的 33 项优先控制污染物名单中。

暴露于 CF 中可能导致严重的健康问题。事实上，研究表明，肝细胞癌变与暴露于 CF 中有关。尽管没有关于 CF 致癌性的完整证据，但其致突变作用已在动物实验中得到证实。先前的研究已经显示动物肾小球的细胞毒性和再生与 CF 暴露有关。急性 CF 暴露会引起中枢神经系统抑制，表现出兴奋、恶心、呕吐、头晕和嗜睡等症状，而 CF 的慢性影响包括肝损伤等。根据美国国家职业安全与健康研究所的统计，$500 \mu L/L$ 以上的 CF 浓度可对人类构成生命威胁。美国国家关于致癌物毒理学计划的第十二次报告认为 CF 是一种人类致癌物质，且国际癌症研究机构（IARC）将其归类为 2B 组，表明其可能的致癌性质。因此，美国环境保护局对饮用水中最大 CF 含量（$70 \mu g/L$）进行了严格控制。

CT 在毒素诱导的肝损伤动物试验中已被广泛研究。除了肝损伤外，CT 暴露还会引起其他组织如肾、肺、睾丸、脑和血液的损伤。此外，研究还表明，暴露于 CT 对人类健康有严重的不利影响，不仅会使肝脏和肾脏功能退化，而且可能导致对中枢神经系统的急性影响，包括头晕、头痛、抑郁和困惑等，严重者甚至可能呼吸衰竭、昏迷和死亡。有限的流行病学数据表明，某些出生情况（如体重和腭裂）与饮用水暴露之间可能存在关联。但是水中含有多种化学物质，CT 的作用尚不清楚。因此，未来仍需要流行病学研究来评估 CT 的风险。由于潜在的危害，IARC 将 CT 归类为 2B 类污染物，是一种可能的人类致癌物。

研究表明，除了肝脏和肾脏的毒性外，职业性接触 DCM 会对中枢神经系统和生殖系统产生许多不利影响。此外，还发现 DCM 可通过代谢转化为 CO 而引起身体的一氧化碳中毒，急性吸入暴露可引起视神经病变和肝炎。尽管大量动物实验支持致癌性与暴露于 DCM 的关联，但 DCM 对人类的致癌性仍缺乏证据，因为人类研究中的癌症并不总是表现在动物致癌性研究中观察到的相同部位。未来的流行病学研究仍应重点关注 DCM 暴露的风险评估和潜在的癌症形成机制。根据 IARC，DCM 已被列为人类可能的致癌物质（2B 组）。

## 2. 氯代烯烃

TCE 和 PCE 位列高于美国全国地下水中最高污染物浓度（$5 nL/L$）的最常检测到的挥发性有机化合物之中，分别排名第一和第三。这两种化合物也位于卫生与公众服务部门公布的对人体健康构成最严重威胁的前 33 种重点危险物质之中。在饮用水中含有这些物质可能对人体产生致癌作用。事实上，有流行病学证据表明食管癌、宫颈癌和非霍奇金淋巴瘤与暴露于 TCE 和 PCE 有关。特别值得注意的是，有足够的证据证明这两种氯代烯烃对人类的致癌性，并且国际癌症研究机构（IARC）已将其归类为第 1 组污染物。因此，美国环境保护局和中国生态环境部严格规范饮用水中的 TCE 和 PCE。此外，多种氯代烯烃已被美国环境保护局列为优先污染物。

由于 TCE 在环境中的广泛存在，人体暴露于 TCE 可通过吸入、摄入和皮肤接触而发生。暴露于 TCE 已显示出对人类的中枢神经系统、免疫系统和内分泌系统有不良影响。TCE 也与言语和听力障碍、肝脏问题、皮疹、肾脏疾病、尿路和血液疾病有关。此外，TCE暴露也可能导致包括系统性红斑狼疮在内的自身免疫性疾病，并可能诱发某些类型的癌症，如儿童白血病、非霍奇金淋巴瘤、多发性骨髓瘤、肾癌、肝癌和宫颈癌。然而，与TCE暴露有关的癌症流行病学研究仍然有激烈的争论。TCE暴露与癌症相关性最强的流行病学证据中包括对肝脏和肾脏的病变以及淋巴瘤的形成的证据，但对于是否可从整个流行病学数据库中获取TCE的人类致癌性有不同的观点。此外，人体研究受到群体和规模的限制，剂量反应评估仍然缺乏。因此，未来对TCE暴露及其毒理效应关系的研究仍需谨慎进行。由于其对人类的潜在毒性，TCE已被国际癌症研究机构列入2A组，表明它可能对人类致癌。

人类暴露于PCE的主要途径包括吸入、摄入受污染的水或食物以及皮肤接触。环境空气中存在PCE会导致普通人群暴露于PCE，尤其是城市地区。其他的暴露可能来自室内空气，其中含有从干洗店蒸发的PCE和被PCE污染的水的使用。暴露在高于平均水平的人群主要为制造或使用PCE的工厂的工人以及居住在这些工业场所附近的人员。据估计，美国每年有超过150万工人接触到这种化学物质。平均职业接触水平曾是$59\mu L/L$甚至更高，但目前的接触水平已经大幅降低，估计在$1\sim10\mu L/L$的范围内。PCE易于在胃肠道和肺部吸收，急性吸入PCE蒸气可能导致中枢神经系统急性功能障碍，而慢性暴露可能导致神经行为功能缺陷。根据美国职业安全与卫生管理局的报告，空气中PCE的浓度超过$100\mu L/L$时，会对人体产生神经毒性作用，包括行为和协调功能方面的变化以及中枢神经系统的损害。国际癌症研究机构（IARC）已经找到足够的证据来证明实验动物中PCE是致癌物质，但对于人类的致癌性却没有可用证据。对长期接触PCE的人（例如干洗店工作人员）进行的大量研究，发现了一些癌症症状，如膀胱癌、食道癌、大肠癌、肾脏癌和宫颈癌已被观察到，但几乎没有一致的情形出现。因此，应该进行更多关于PCE暴露与其毒理作用相关性的流行病学研究，以更好地了解其致癌性和潜在的致癌机制。与TCE类似，IARC已将PCE归类为可能的人类致癌物（2A组）。

通常，氯代烃具有高挥发性和强持久性的共同特征。这些化合物曾被广泛用于溶剂、清洁剂、脱脂剂和各种商业产品，生产地区主要在美国、欧洲、日本和中国。由于它们在人类活动中的广泛使用，氯代烃成为一类在环境介质中经常检测到的污染物，包括土壤、空气和水。氯代烃污染的主要来源是生产过程的排放，含氯代烃产品的使用、消毒过程以及不适当的储存和处置过程。根据《蒙特利尔议定书》，一些氯代烃的使用受到限制甚至被禁止，并且这些化合物在自然条件下可发生生物和非生物降解，因此它们在空气、地下水以及其他环境介质中的浓度预计未来会降低。但是，由于其持久性和对生物降解的抵抗性，氯代烃仍能在环境中长时间存留。

# 第二节　甲烷氧化菌对氯代烃的生物转化

## 一、甲烷氧化菌降解氯代烃的发现与发展

### 1. 甲烷氧化菌降解氯代烃的发现

1985年Wilson首次发现了富含甲烷氧化菌的土壤在天然气刺激下能够降解TCE，这打

破了甲烷氧化菌只能利用甲烷的传统认识，并在一定程度上促进了兼性甲烷氧化菌的发现。随后的十几年，研究者利用不同甲烷氧化菌对氯代烃降解进行了探索，包括混合菌和纯菌，所研究的污染物也不再局限于某一种氯代物。1986 年，Fogel 等利用由泥沙中分离的混合甲烷氧化菌对 TCE 等 6 种氯代烯烃的降解进行了研究，利用同位素$^{14}$C 示踪及添加特异性抑制剂乙烯证明了甲烷氧化菌能够将氯代烃转化为 $CO_2$ 并能利用其合成自身生物质。1988 年，C. D. Little 等利用仅以甲烷、乙醇为碳源的 I 型甲烷氧化菌 strain 46-1 降解 TCE，根据放射性同位素在气液相中的变化推测了其共代谢的降解机理及其降解产物。同年，关于甲烷氧化菌降解氯代烃的第一个专利和随后利用混合菌株在反应器中降解卤代烃的专利申请成功。

此后，Janssen 等也在同一年对比了混合菌株及 2 种纯菌（*Methylomonas methanica* NCIB11130 和 *M. trichosporium* OB3b）对 7 种氯代烃的降解。其研究发现，在甲烷存在时它们都能够降解反-1,2-二氯乙烯（*t*-1,2-DCE）。分离的纯菌与混合菌相比并无明显差异，说明氯代烃的降解只是甲烷氧化菌的作用。研究者先后对甲烷氧化菌株——*Methylocystis* sp. strain M 降解 TCE 做了研究，然而 Uchiyama 等放射性标记法发现纯化前的混合菌株（MU-81）与纯菌株（*Methylocystis* sp. strain M）对 TCE 的降解有明显的区别（混合菌株有时能将 TCE 全部降解，而纯菌株不能），进一步分离发现了一种非自养菌 strain DA4，进而证明了该菌株在甲烷氧化菌降解氯代烃过程中起着重要的作用。以上研究表明，混合菌中的非甲烷氧化菌的种类繁多，而且这些菌在降解氯代烃过程中的作用有很大差异。

之前的大多数研究都停留在实验室层面，但环境中氯代烃污染都存在污染范围广、面积不集中的特点，这就对不改变环境条件、不转移污染沉积物的原位生物修复技术提出了新的需求。Semprini 等在自然状态下的蓄水层中利用甲烷富集驯化本土甲烷氧化菌，并研究了 TCE、*c*-DCE、*t*-DCE 和氯乙烯（vinyl chloride，VC）四种氯代烃的生物降解，其降解结果与在培养基中一致（转化率：TCE，20%～30%；*c*-DCE，45%～55%；*t*-DCE，80%～90%；VC，90%～95%），利用气质色谱检测了降解过程的中间体，并且得到 2 点重要的结论：污染物的氯化程度越小其转化率越大；甲烷氧化菌降解氯代物是共代谢过程。

### 2. 可降解氯代烃甲烷氧化菌的筛选分离

分离具有高活性、高耐受性的甲烷氧化菌对于氯代烃生物降解的工程应用具有重要意义。近年来，有实验室专门针对具有高耐受性的氯代烃降解功能的纯种和混合甲烷氧化菌进行了分离筛选工作。

（1）纯种甲烷氧化菌的分离与特性研究　赵天涛课题组选取 4mm 筛下和 2mm 筛上矿化垃圾颗粒 100g，置于 500mL 血清瓶后具塞密封，用 100mL 甲烷置换瓶中空气，30℃下密闭驯化 2 周实现甲烷氧化菌的复壮。对富集得到的甲烷氧化菌进行 10 倍系列稀释，以甲烷为碳源用 NMS 固体平板分离纯化，连续纯化 4～5 代得到单菌落，获得了具有氯代烃降解功能的甲烷氧化菌——*Methylocystis* sp. JTC3，菌株 JTC3 即为在高浓度氯代烃驯化后所获得的甲烷氧化菌，该菌株菌落特征：透明圆形，菌落直径 1～1.5mm，表面光滑微隆起，湿润，与培养基结合不紧密，易挑取，周围平整；光学显微镜革兰氏染色呈阴性，球菌，菌体直径约为 0.5μm，无鞭毛，无芽孢。

通过 PCR 扩增得到 1500bp 左右的特异性 16S rDNA 条带（图 6-4），测序为 1487bp；

构建了基于 16S rDNA 的系统发育树（图 6-5），菌株有 3 大分支：一是包括 5 株甲基孢囊菌和 4 株甲基弯菌的 α-变形菌纲分支；中间是包括 6 个菌株的 γ-变形菌纲分支；最下面一支是外群生丝微菌属的一个菌株。一般当一个分支上置信度大于 95％ 时，该分支内的 2 个菌株为同一种，菌株 JTC3 属于 α-变形菌纲分支，与 *Methylocystis* sp. M 以 99％ 的置信度聚为一支。

经 NCBI 网站的 BLAST 分析，JTC3 菌株的 16S rDNA 序列中，有 92％ 的碱基与甲基孢囊菌属（*Methylocysti*）的 EB-1、IMET 10484、WI 14M 等菌株一致性达到 99％，95％ 的 16S rDNA 序列与 *Methylocystis* sp. M 一致性达 98％。综上系统发育树分析和 BLAST 比对结果及其代谢特征，甲烷氧化菌 JTC3 为 α-变形菌纲/根瘤菌目/甲基孢囊菌属一个种，命名为 *Methylocystis* sp. JTC3。

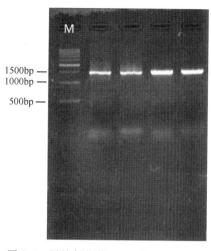

图 6-4　甲烷氧化菌 JTC3 的 16S rDNA

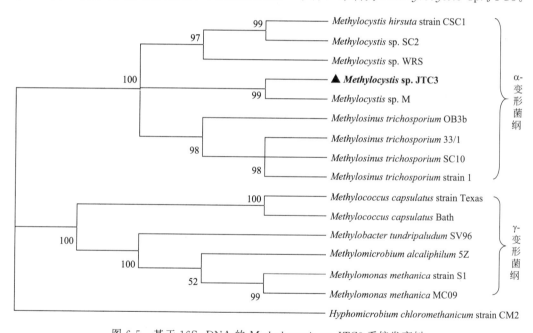

图 6-5　基于 16S rDNA 的 *Methylocystis* sp. JTC3 系统发育树

利用甲烷氧化菌 JTC3 对 1,2-二氯乙烷、1,2-二氯丙烷、TCE 等 5 种氯代烃进行降解研究，5d 后氯代烃的降解效果如图 6-6 所示。由图 6-6（a）可见，除 TCE 外，其他 4 种氯代烃基本无变化，这与 Oldenhuis 等得出的 TCE 为易降解化合物并且甲烷氧化菌与不同氯代烃亲和性不同的结论相一致，TCE 5d 的降解量为 0.29μmol/L。图 6-6（b）为 5d 后的 TCE 浓度变化，5d 对照组浓度基本无变化，实验组由初始 (15.64±0.27)μmol/L 降为 (0.97±0.041)μmol/L，平均降解率为 93.79％，其降解速率随浓度的减小逐渐降低，而对照组浓度 5d 后基本无变化。研究发现，当 TCE 浓度在 0.20～250.38μmol/L 范围内时，最大氧化速率 $v_{max}$ 变化达 120 倍（图 6-7），说明氯代烃初始浓度对甲烷氧化菌的降解活性影响显著。

*Methylocystis* sp. M 在 TCE 初始浓度为 7.6μmol/L（原文为 $1×10^{-6}$）时，6d 后才开始降解 TCE，第 7 天时 TCE 降解率约为 91%。与甲基孢囊菌 *Methylocystis* sp. M 比较，JTC3 菌株能耐受高浓度的 TCE，且降解 TCE 效率更好。

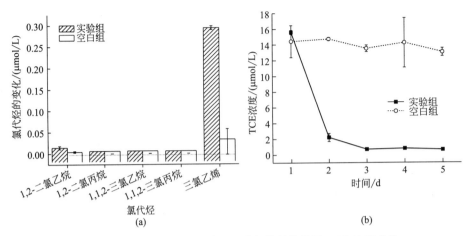

图 6-6　甲烷氧化菌 JTC3 降解 5 种氯代烃效果及 TCE 浓度变化

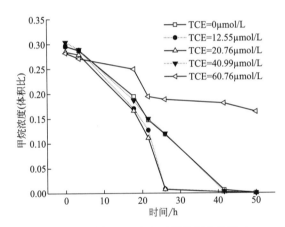

图 6-7　不同 TCE 浓度对甲烷氧化的影响

分子生物学的快速发展使基因测序和分析成为研究蛋白质结构和功能的重要方法，结合计算化学方法和谱学表征信息，可以预测蛋白质的某些生化参数、修饰蛋白质的某些功能，提供阐明蛋白质结构和功能的重要信息，这些都以 GeneBank 中有大量的基因信息为前提。但 GeneBank 数据库中 *pmoCAB* 基因信息并不完善，目前只有 9 株 7 个属的甲烷氧化菌全基因组（包含 *pmoCAB*）序列信息，5 株甲烷氧化菌的 *pmoCAB* 序列在 GeneBank 中单独注册，这阻碍了对 MMO 结构和催化功能的深入研究，从一定程度上限制了甲烷氧化菌在温室气体减排和污染物降解领域中的应用，研究人员针对 JTC3 深入开展了 *pmoCAB* 基因的研究。

菌株 JTC3 的 *pmoCAB* 基因簇中部 *pmoA* 基因片段的 PCR 产物电泳结果见图 6-8（a），在 500bp 附近有一条特异性的 DNA 条带，经纯化测序为 489bp，与 GeneBank 中甲烷氧化菌的 *pmoA*（AM849782.1）序列一致性达到 99%，表明该特异性片段为 *pmoA* 的基因片段。

在此基础上用三轮半巢式 PCR 扩增菌株 JTC3 的 *pmoC* 端和 *pmoB* 端基因片段，结果见图 6-8（b）。根据 GenBank 中 *pmoCAB* 同源基因序列信息可以预测 JTC3 的 *pmoCAB* 基因簇、*pmoC* 片段及 *pmoB* 片段的序列长度范围，用以分析 PCR 结果。图 6-8（b）显示，*pmoC* 端片段在 1000～1500bp 处有单一 DNA 条带（预测值约 1340bp），*pmoB* 端片段在 1500bp 附近有单一 DNA 条带（预测值约 1570bp），均与预测的序列长度相符，且无非特异性条带，这表明经过三轮半巢式 PCR 成功扩增出 *pmoC* 端和 *pmoB* 端片段基因。

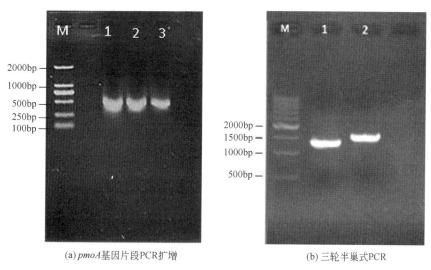

(a) *pmoA* 基因片段 PCR 扩增      (b) 三轮半巢式 PCR

图 6-8   *Methylocystis* sp. JTC3 的 *pmoCAB* 基因簇分段扩增电泳图

将测序所得的 *pmoC* 片段和 *pomB* 片段基因序列与已测得的 *pmoA* 序列拼接，得到 *pmoCAB* 基因簇全序列，在 GeneBank 数据库中登记，登记号为 *pmoCAB* KF742676、*pmoA* KF742674、*pmoB* KF742675、*pmoC* KF742673。分析得知 *pmoCAB* 基因簇共 3226bp，其中第 1～771bp 间片段为 *pmoC* 基因，第 1087～1845bp 间 759bp 片段为 *pmoA* 基因，第 1967～3226bp 间 1260bp 片段为 *pmoB* 基因，其余为非编码中间序列。

BLAST 分析 *Methylocystis* sp. JTC3 的甲烷单加氧酶各组分基因及氨基酸序列结果见图 6-9。由图可知，*Methylocystis* sp. JTC3 与 *Methylocystis* sp. M 有较高的序列一致性，*pmoC*、*pmoA* 和 *pmoB* 三个基因序列的一致性均达到 99%，对应的氨基酸序列一致性分别为 99%、100%、100%。JTC3 的 pMMO 与菌株 M 的 pMMO 序列高度一致，这与系统发育树的分析结果一致。JTC3 的 16S rDNA 与菌株 M 遗传距离最近，进一步证明了 *Methyl-*

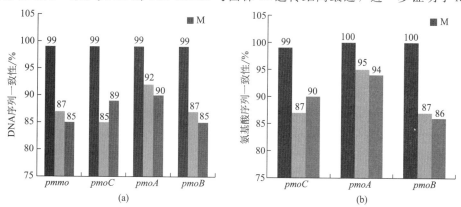

图 6-9   JTC3 与三株甲烷氧化菌的 pMMO 序列一致性比较

*ocystis* sp. JTC3 是甲基孢囊菌属的一个种，但 JTC3 降解 TCE 效果明显优于菌株 M。

与 *Methylocysti* sp. SC2 和 *Methylocystis* sp. GSC357 相比，*Methylocystis* sp. JTC3 的 pMMO 核苷酸序列和对应的氨基酸序列一致性达到 85% 以上。4 株菌的 3 个基因比较，*pmoA* 序列在不同菌株间比较保守，对应的氨基酸序列一致性达到 94% 以上，核苷酸序列一致性达到 90% 以上。

*pmoCAB* 序列的种系发生与其 16S rDNA 高度一致。在 *pmoCAB* 的 3 个功能基因中，*pmoA* 基因序列比较保守，近年来常被作为标记基因研究不同环境中甲烷氧化菌的种群分布及数量变化，在 GeneBank 数据库中报道也较多，但独立注册的 *pmoA* 基因大部分都在 450~520bp 之间，没有完整的 *pmoA* 阅读框，本研究获得了从起始密码子 ATG 至终止密码子 TAA 之间 759bp 的完整 *pmoA* 基因开放阅读框。

根据 ExPASy 的软件包工具计算得到 *Methylocystis* sp. JTC3 中 pMMO 的 α、β、γ 亚基的理论等电点分别为 6.56、6.96、5.05，理论分子质量分别为 45.6kDa、28.6kDa、29.1kDa。甲烷氧化菌 *Methylococcus capsulatus* Bath 的 pMMO α、β、γ 三个亚基分子质量分别为 45kDa、24kDa、22kDa 的亚基。根据氨基酸序列预测的 pMMO 理论分子质量与实际接近，γ 亚基的分子质量差异较大，达到 24.4%。对于分离纯化难度较大的蛋白质，用分子生物学手段获得其基因，并用软件分析获得部分生化参数是一个全新的思路。

*Methylocystis* sp. JTC3 能够高效降解 TCE，且低浓度 TCE 能够促进其氧化甲烷，用 16S rDNA 对其鉴定为甲基孢囊菌属的一个种，其 *pmoCAB* 基因簇共 3226bp，且基因序列与 *Methylocystis* sp. M 的 *pmoCAB* 序列一致性较高，与同属的 SC2、GSC357 序列一致性相对低。

*Methylocystis* sp. JTC3 与 *Methylocystis* sp. M 的 pMMO 各组分中，只有 *pmoC* 对应的 γ 亚基与 *Methylocystis* sp. M 有 2 个氨基酸残基（D/S5，T/A131）不一致。*Methylocystis* sp. TJC3 的 5 位的天冬氨酸残基含有一个游离羧基属于酸性氨基酸残基，131 位的苏氨酸残基含有一个游离羟基，与之对应的 *Methylocystis* sp. M 第 5 位丝氨酸残基则含有极性羟基，第 131 位为丙氨酸残基没有游离的官能团，这两个氨基酸残基差别都涉及与酶的活性中心有密切关系的官能团——羟基，两个氨基酸的差异性对其与底物结合能力是否有影响有待进一步研究。

不同甲烷氧化菌间甲烷单加氧酶基因序列的差异决定了基础代谢和生理功能的差异，同源性接近的菌株代谢模式本应相似，但 JTC3 降解 TCE 效果明显优于菌株 M，且菌株 M 对 TCE 的降解过程是 sMMO 起主导作用。确切的 pMMO 氨基酸序列和高级结构是了解不同菌株间代谢异同的前提，也为酶的定点改造提供依据。*pmoCAB* 基因簇测序为了解各亚基的底物结合位点、酶促反应活性中心特征、JTC3 对氯代烃类底物的选择性及降解能力等深入研究打下坚实基础。

（2）混合甲烷氧化菌的筛选分离　填埋场覆盖层长期受高浓度、成分复杂污染物驯化，衍生了多种环境适应能力强的功能微生物，在氯代烃污染物生物降解领域具有很大的应用潜力。基于 TCE 驯化后的填埋场覆盖层，赵天涛课题组富集筛选了混合菌群 SWA1，基于该菌株展开了系列研究。

① 氯代烃对混合甲烷氧化菌 SWA1 的抑制特性。试验中将富含甲烷氧化菌的覆盖土微生物培养至稳定期中，根据菌液浓度与菌液光密度（$OD_{600nm}$）的关系曲线 $y = 3.8390x$ 得到富集菌液的浓度；备置不同浓度的氯代烃水溶液。以一种氯代烃一种浓度为例，将培养好

的菌液分装于 5 个 100mL 血清瓶中，添加 0.5mL 配制好的氯代烃水溶液，具丁基橡胶胶塞和铝盖密封；用甲烷置换瓶中空气，甲烷体积分别为 2mL、3mL、5mL、7mL、10mL。监测初始甲烷浓度，每隔一段时间监测甲烷消耗量，计算甲烷氧化速率。设立批次实验，改变氯代烃种类和浓度，重复以上步骤。

甲烷氧化菌在甲烷单加氧酶作用下将甲烷氧化，反应过程符合 Michaelis-Menten 动力学方程：

$$r_s = \frac{r_{max} c_S}{K_m + c_S} \tag{6-1}$$

式中　$r_s$——底物消耗速率，mol/(g·h)；

　　$r_{max}$——底物最大消耗速率，mol/(g·h)；

　　$c_S$——底物浓度，mol/L；

　　$K_m$——米氏常数，mol/L。

当有抑制剂存在时，抑制剂的酶抑制分为以下几种情况。

a. 竞争性抑制。反应过程中抑制剂 I 在酶的活性部位上结合，阻碍了酶与底物的结合，使酶催化底物的反应速率下降，底物最大消耗速率不受抑制剂影响。竞争性抑制方程如下：

$$r_{SI} = \frac{r_{max} c_S}{K_{mI} + c_S} \tag{6-2}$$

式中　$r_{SI}$——有抑制时底物消耗速率，mol/(g·h)；

　　$K_{mI}$——有竞争抑制时的米氏常数，mol/L。

其中 $K_{mI}$ 与抑制剂的关系为：

$$K_{mI} = K_m + \frac{K_m}{K_I} c_I \tag{6-3}$$

式中　$K_I$——抑制剂的解离常数，mol/L；

　　$c_I$——抑制剂浓度，mol/L。

将式（6-3）代入式（6-2），转化为：

$$r_{SI} = \frac{r_{max} c_S}{K_m \left(1 + \dfrac{c_I}{K_I}\right) + c_S} \tag{6-4}$$

式（6-4）即为竞争性抑制动力学方程。

b. 非竞争性抑制。抑制剂与酶分子的结合点不在酶催化反应的活性部位，底物与酶的结合并不影响抑制剂与酶的结合，而抑制剂与酶的结合却阻止底物与酶的结合，米氏常数保持不变，因此方程如下：

$$r_{SI} = \frac{r_{I,max} c_S}{K_m + c_S} \tag{6-5}$$

式中，$r_{I,max}$ 为存在非竞争性抑制时的底物最大消耗速率。

其中 $r_{SI}$ 与抑制剂的关系为：

$$r_{I,max} = \frac{r_{max}}{\left(\dfrac{1 + c_I}{K_I}\right)} \tag{6-6}$$

将式（6-6）代入式（6-5）转化为：

$$r_{SI} = \frac{r_{max} c_S}{\left(1 + \dfrac{c_I}{K_I}\right)(K_m + c_S)} \tag{6-7}$$

c.反竞争性抑制。抑制剂不能直接与游离酶相结合，只能与复合物（酶和底物）相结合生成三元复合物（酶底物抑制剂）。反竞争性抑制方程为：

$$r_{SI} = \frac{r_{I,max} c_S}{K_{mI} + c_S} \tag{6-8}$$

$r_{I,max}$ 和 $K_{mI}$ 与抑制剂的关系为：

$$r_{I,max} = \frac{r_{max}}{\left(1 + \dfrac{c_I}{K_I}\right)} \tag{6-9}$$

$$K_{mI} = \frac{K_m}{\left(1 + \dfrac{c_I}{K_I}\right)} \tag{6-10}$$

将式（6-9）和式（6-10）代入式（6-8），转化为：

$$r_{SI} = \frac{r_{max} c_S}{K_m + c_S\left(1 + \dfrac{c_I}{K_I}\right)} \tag{6-11}$$

双倒数法对（L-B法）Michaelis-Menten方程变形，可得到 $1/r_s$ 关于 $1/c_S$ 的线性方程。由抑制模型可知：当为竞争性抑制时，抑制剂存在不影响底物最大氧化速率（$r_{max}$），不同抑制剂浓度条件下拟合直线的截距保持不变，均为 $1/r_{max}$；当为非竞争性抑制时，米氏常数（$K_m$）保持不变，不同抑制剂条件下拟合直线与 $X$ 轴的交点不变，均为 $-1/K_m$；当为反竞争性抑制时，由式（6-9）和式（6-10）可知 $\dfrac{r_{I,max}}{K_{mI}} = \dfrac{r_{max}}{K_m}$，因此，不同抑制剂浓度条件下拟合直线的斜率保持不变，均为 $\dfrac{K_m}{r_{max}}$。

以抑制剂二氯甲烷、1,2-二氯乙烷和四氯乙烯为例，三种抑制形式的线性拟合如图6-10所示，A为竞争性抑制，B为非竞争性抑制，C为反竞争性抑制。表6-2为多种氯代烃为抑制剂时不同抑制形式拟合的可决系数。竞争性抑制、非竞争性抑制和反竞争性抑制拟合的可决系数变化范围分别为0.937~0.999、0.880~0.996和0.172~0.993。差异性分析结果表明，不同拟合的可决系数有显著性差异，氯代烃作为抑制剂的抑制形式为竞争性抑制。结果与Alvarez-Cohen等和Mcfarland等的TCE共代谢降解中的竞争性抑制研究结果相一致，然而Albann等发现在以覆盖土降解甲烷过程中，氯代烃作为抑制剂主要表现为反竞争性抑制（$R^2_{反竞争性抑制} = 0.983$；$R^2_{竞争性抑制} = 0.758$）。分析认为前期研究多数是在实验室中的纯种甲烷氧化菌或菌悬液，使用单一的抑制剂，无论从微生物群落结构还是填埋气复杂程度都与真实填埋场中有较大差别，另外，酶动力学是复杂的过程，尤其在复杂填埋气生物降解过程中产生的中间产物同样可能造成抑制效应，Alvarez-Cohen等就证明了氯仿和TCE的共代谢降解产物对细胞的毒性作用。这也说明，在复杂的填埋场中，填埋气中挥发性氯代烃等抑制剂与酶的结合方式可能有多种，在反应过程中并非某一种酶参与。

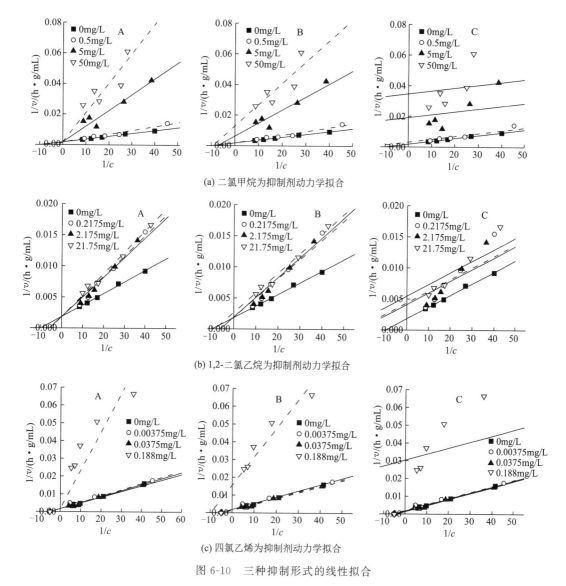

图 6-10　三种抑制形式的线性拟合

表 6-2　不同抑制形式拟合的可决系数

| 氯代烃 | 浓度/(mg/L) | 拟合可决系数 $R^2$ | | |
|---|---|---|---|---|
| | | 竞争性抑制 | 非竞争性抑制 | 反竞争性抑制 |
| 空白 1 | 0 | 0.995 | | |
| 空白 2 | 0 | 0.989 | | |
| 二氯甲烷 | 0.5 | 0.989 | 0.986 | 0.869 |
| | 5 | 0.977 | 0.971 | 0.321 |
| | 50 | 0.957 | 0.936 | 0.172 |
| 三氯甲烷 | 0.04 | 0.990 | 0.979 | 0.767 |
| | 0.4 | 0.991 | 0.972 | 0.771 |
| | 2 | 0.982 | 0.959 | 0.247 |

| 氯代烃 | 浓度/(mg/L) | 拟合可决系数 $R^2$ | | |
| --- | --- | --- | --- | --- |
| | | 竞争性抑制 | 非竞争性抑制 | 反竞争性抑制 |
| 四氯化碳 | 0.05 | 0.996 | 0.978 | 0.543 |
| | 0.5 | 0.992 | 0.991 | 0.928 |
| | 2.5 | 0.981 | 0.982 | 0.702 |
| 1,2-二氯乙烷 | 0.2175 | 0.993 | 0.981 | 0.743 |
| | 2.175 | 0.992 | 0.981 | 0.744 |
| | 21.75 | 0.997 | 0.996 | 0.797 |
| 1,1,2-三氯乙烷 | 0.1 | 0.966 | 0.911 | 0.992 |
| | 1 | 0.964 | 0.923 | 0.993 |
| | 10 | 0.937 | 0.928 | 0.507 |
| 1,1,2,2-四氯乙烷 | 0.00725 | 0.999 | 0.981 | 0.420 |
| | 0.0725 | 0.999 | 0.981 | 0.414 |
| | 0.725 | 0.985 | 0.915 | 0.458 |
| 1-氯丙烷 | 0.14 | 0.996 | 0.995 | 0.916 |
| | 0.68 | 0.990 | 0.989 | 0.863 |
| | 3.4 | 0.996 | 0.995 | 0.898 |
| 1,3-二氯丙烷 | 0.2 | 0.987 | 0.988 | 0.844 |
| | 0.4 | 0.960 | 0.982 | 0.710 |
| | 2 | 0.963 | 0.930 | 0.729 |
| 1,2,3-三氯丙烷 | 0.1 | 0.995 | 0.916 | 0.668 |
| | 0.5 | 0.998 | 0.980 | 0.738 |
| | 2.5 | 0.955 | 0.922 | 0.879 |
| 顺-1,2-二氯乙烯 | 0.0875 | 0.974 | 0.880 | 0.805 |
| | 0.175 | 0.982 | 0.933 | 0.838 |
| | 1.75 | 0.989 | 0.962 | 0.906 |
| 反-1,2-二氯乙烯 | 0.1575 | 0.993 | 0.989 | 0.470 |
| | 0.315 | 0.974 | 0.927 | 0.753 |
| | 3.15 | 0.983 | 0.967 | 0.708 |
| 三氯乙烯 | 0.0025 | 0.984 | 0.966 | 0.759 |
| | 0.025 | 0.995 | 0.987 | 0.837 |
| | 0.25 | 0.949 | 0.946 | 0.867 |
| 四氯乙烯 | 0.00375 | 0.987 | 0.981 | 0.970 |
| | 0.0375 | 0.994 | 0.977 | 0.990 |
| | 0.188 | 0.997 | 0.983 | 0.407 |

由式（6-3）可知，$K_I > 0$，$K_I$ 减小，则 $K_{mI}$ 增大，表明底物与酶的结合能力降低。根据竞争性抑制动力学，通过拟合直线的截距和斜率可以得到 $K_{mI}$，根据式（6-3）以 $K_{mI}$ 对 $C_I$ 作图即可得到不同氯代烃的解离常数 $K_I$，拟合结果如表 6-3 所列。由表可以看出，1,1,2-三氯乙烷和 1-氯丙烷的解离系数分别为 -30.111mg/L 和 -24.323mg/L，$K_{mI}$ 的变化范围分别为 0.042～0.066 和 0.076～0.093，明显小于无氯代烃的 $K_m$（空白 1 为 0.103），说明该两种氯代烃在浓度为 0.1～10mg/L 和 0.14～3.4mg/L 的范围内不仅没有抑制甲烷氧化菌的活性，而且在一定程度上强化了甲烷氧化。Zhao 等发现氯仿浓度小于 80mg/L 时，可促进兼性甲烷氧化菌 *Methylocystis* strain JTA1 的活性。

表 6-3　竞争性抑制拟合结果

| 氯代烃 | 浓度 /(mg/L) | 竞争性抑制方程 | 有竞争性抑制时的米氏常数 $K_{mI}$ | 氯代烃的解离常数 $K_I$/(mg/L) |
|---|---|---|---|---|
| 空白 1 | 0 | $y = 1.87 \times 10^{-4} x + 0.0018$ | 0.103 | 0 |
| 二氯甲烷 | 0.5 | $y = 2.53 \times 10^{-4} x + 0.0018$ | 0.139 | 19.428 |
| | 5 | $y = 1.03 \times 10^{-3} x + 0.0018$ | 0.566 | |
| | 50 | $y = 1.93 \times 10^{-3} x + 0.0018$ | 1.060 | |
| 三氯甲烷 | 0.04 | $y = 3.39 \times 10^{-4} x + 0.0018$ | 0.187 | 0.215 |
| | 0.4 | $y = 3.20 \times 10^{-4} x + 0.0018$ | 0.176 | |
| | 2 | $y = 1.79 \times 10^{-3} x + 0.0018$ | 0.984 | |
| 四氯化碳 | 0.05 | $y = 5.13 \times 10^{-4} x + 0.0018$ | 0.282 | 16.017 |
| | 0.5 | $y = 2.09 \times 10^{-4} x + 0.0018$ | 0.115 | |
| | 2.5 | $y = 4.60 \times 10^{-4} x + 0.0018$ | 0.253 | |
| 1,2-二氯乙烷 | 0.2175 | $y = 3.27 \times 10^{-4} x + 0.0018$ | 0.180 | 278.515 |
| | 2.175 | $y = 3.18 \times 10^{-4} x + 0.0018$ | 0.175 | |
| | 21.75 | $y = 3.47 \times 10^{-4} x + 0.0018$ | 0.191 | |
| 1,1,2-三氯乙烷 | 0.1 | $y = 1.21 \times 10^{-4} x + 0.0018$ | 0.066 | -30.111 < 0 |
| | 1 | $y = 1.03 \times 10^{-4} x + 0.0018$ | 0.056 | |
| | 10 | $y = 7.60 \times 10^{-5} x + 0.0018$ | 0.042 | |
| 1,1,2,2-四氯乙烷 | 0.00725 | $y = 7.44 \times 10^{-4} x + 0.0018$ | 0.409 | 4.996 |
| | 0.0725 | $y = 7.55 \times 10^{-4} x + 0.0018$ | 0.415 | |
| | 0.725 | $y = 8.52 \times 10^{-4} x + 0.0018$ | 0.468 | |
| 1-氯丙烷 | 0.14 | $y = 1.52 \times 10^{-4} x + 0.0018$ | 0.084 | -24.323 < 0 |
| | 0.68 | $y = 1.69 \times 10^{-4} x + 0.0018$ | 0.093 | |
| | 3.4 | $y = 1.38 \times 10^{-4} x + 0.0018$ | 0.076 | |
| 1,3-二氯丙烷 | 0.2 | $y = 2.47 \times 10^{-4} x + 0.0018$ | 0.136 | 4.278 |
| | 0.4 | $y = 4.51 \times 10^{-4} x + 0.0018$ | 0.248 | |
| | 2 | $y = 4.60 \times 10^{-4} x + 0.0018$ | 0.253 | |
| 1,2,3-三氯丙烷 | 0.1 | $y = 3.92 \times 10^{-4} x + 0.0018$ | 0.216 | 43.223 |
| | 0.5 | $y = 3.94 \times 10^{-4} x + 0.0018$ | 0.217 | |
| | 2.5 | $y = 3.18 \times 10^{-4} x + 0.0018$ | 0.175 | |

| 氯代烃 | 浓度 /(mg/L) | 竞争性抑制方程 | 有竞争性抑制时的米氏常数 $K_{mI}$ | 氯代烃的解离常数 $K_I$/(mg/L) |
|---|---|---|---|---|
| 空白 2 | 0 | $y=3.18\times10^{-4}x+0.0018$ | 0.200 | 0 |
| 顺-1,2-二氯乙烯 | 0.0875 | $y=5.24\times10^{-4}x+0.0017$ | 0.308 | 14.111 |
| | 0.175 | $y=5.56\times10^{-4}x+0.0017$ | 0.327 | |
| | 1.75 | $y=5.14\times10^{-4}x+0.0017$ | 0.302 | |
| 反-1,2-二氯乙烯 | 0.1575 | $y=1.09\times10^{-3}x+0.0017$ | 0.641 | 4.112 |
| | 0.315 | $y=8.72\times10^{-4}x+0.0017$ | 0.513 | |
| | 3.15 | $y=8.01\times10^{-4}x+0.0017$ | 0.971 | |
| 三氯乙烯 | 0.0025 | $y=5.18\times10^{-4}x+0.0017$ | 0.305 | 0.197 |
| | 0.025 | $y=6.33\times10^{-4}x+0.0017$ | 0.373 | |
| | 0.25 | $y=3.78\times10^{-4}x+0.0017$ | 0.223 | |
| 四氯乙烯 | 0.00375 | $y=3.55\times10^{-4}x+0.0017$ | 0.209 | 0.013 |
| | 0.0375 | $y=3.22\times10^{-4}x+0.0017$ | 0.189 | |
| | 0.188 | $y=2.17\times10^{-3}x+0.0017$ | 1.276 | |

除 1,1,2-三氯乙烷和 1-氯丙烷外，实验条件下其他氯代烃对覆盖土微生物均表现为竞争性抑制。竞争性抑制时的米氏常数 $K_{mI}$ 变化范围为 0.115～1.06 和 0.209～1.276，高于对应的空白组 0.103 和 0.200。随着氯代烃浓度的增大，$K_{mI}$ 增大，抑制效应增大。氯代烃的解离常数 $K_I$ 的变化范围为由四氯乙烯的 0.013mg/L 到 1,2-二氯乙烷的 278.515mg/L，说明四氯乙烯在较低的浓度（0.00375～0.188mg/L）时对该覆盖土微生物就有很强的抑制效应，而 1,2-二氯乙烷（0.216～21.75mg/L）只有微弱的影响。就氯代烃的结构而言，氯代烯烃的解离常数变化范围为 0.013～14.111mg/L，氯代烷烃的解离系数变化范围为 0.215～278.515mg/L，说明氯代烯烃有更强的抑制效应，而氯原子数与解离系数间无明显关系，说明氯代烃饱和程度影响抑制程度。Albanna 等以三氯乙烷、三氯乙烯和二氯乙烯的混合物为抑制剂研究不同温度对覆盖土的抑制效应，结果显示，混合抑制剂的解离常数的变化范围为 0.088～0.462mg/L，且随温度的增加（5～35℃）而增大，说明抑制效应随温度增加而增加。

覆盖土微生物在填埋气去除（包括甲烷氧化和挥发性氯代烃等非甲烷有机物生物降解）中起重要作用。本研究表明，就甲烷单加氧酶而言，甲烷和多种氯代烃之间存在竞争性抑制，这对于强化不同氯代烃的共代谢生物降解有重要意义。作为复杂的次生环境，覆盖土中微生物种类和功能还未全部认清，已有研究表明覆盖土中存在其他可直接降解氯代烃的微生物和苯酚羟化酶等共代谢降解酶，也说明氯代烃在覆盖土微生物中的存在形式不止一种，充分认识氯代烃在微生物中与酶的结合形式及多种抑制形式的主导机制，对于从分子水平调控覆盖层中氯代烃的生物降解有指导作用。

② 氯代烯烃胁迫下混合甲烷氧化菌 SWA1 的降解活性及群落结构。当前氯代烯烃的生物降解研究中，浓度多维持在小于 10mg/L 的范围，混合菌的低耐受性限制了其在高污染场地的应用，关于高耐受、可高效降解氯代烯烃混合菌的研究鲜有报道。基于菌株 SWA1，开展了氯代烯烃耐受性及降解特性研究，研究结果可为高耐氯代烯烃混合甲烷氧化菌的筛选和应用提供基础。

不同浓度氯代烯烃胁迫下混合菌群 SWA1 的生长特性、甲烷氧化能力及氯代烃降解情况如图 6-11 所示。主要通过监测比生长速率最大时的时间（MIT）、最高菌体浓度（MD）和最大比生长速率（$\mu$）来考察 SWA1 的特性变化。随着 $t$-1,2-DCE 浓度的增大（0～580mg/L），MIT 缓慢增大，变化范围为 37～73h；无 $t$-1,2-DCE 时，MD 和 $\mu$ 最大，为 0.20g/L 和 0.02h$^{-1}$；当添加 $t$-1,2-DCE 浓度为 150mg/L 时，MD 和 $\mu$ 减小，但随着 $t$-1,2-DCE 增大，MD 和 $\mu$ 均无显著变化，变化分别为 0.12～0.15g/L 和 0.009～0.012h$^{-1}$。表明该 $t$-1,2-DCE 浓度范围对 SWA1 的调整期具有一定的影响，随着菌体耐受性的提高，能迅速生长。添加 TCE（0～250mg/L）后，SWA1 的 MIT 迅速增大，变化范围为 24～142h，增长近 6 倍；浓度为 0～200mg/L 时，SWA1 的 MD 无显著变化，为 0.13～0.16g/L，$\mu$ 显著减小，为 0.028～0.01h$^{-1}$；当 TCE 浓度增加到 250mg/L 时，SWA1 几乎无生长，此时 $\mu$ 为 0，表明最高耐受浓度约 250mg/L。添加不同浓度的 PCE（0～500mg/L）时，SWA1 的 MIT 显著增大，变化范围为 24～115h；当 PCE 浓度为 0～400mg/L 时，MD 和 $\mu$ 无显著性差异，当增加到 500mg/L 时几乎无生长，此时 $\mu$ 为 0，表明对 PCE 最高耐受浓度为 500mg/L ［图 6-11（a）、（b）和（c）］。

SWA1 生长过程中监测了甲烷消耗情况，甲烷、氧化消耗速率和二氧化碳的生成速率具有相同的变化趋势，均随氯代烃浓度的增大而减小。$t$-1,2-DCE 浓度为 0～580mg/L 时，甲烷氧化速率由 6.52mmol/（h·g）减小到 2.56mmol/（h·g）；PCE 浓度为 0～400mg/L 时，甲烷氧化速率缓慢减小，当增加至 500mg/L 时，无甲烷氧化；随着 TCE 浓度的增加，甲烷氧化速率迅速减小，当达到 250mg/L 时，无甲烷氧化。根据不同氯代烃时 SWA1 的生长特性和甲烷氧化特性变化可知，对 3 种氯代烯

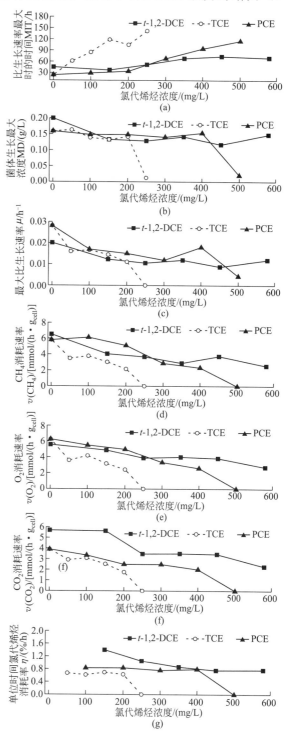

图 6-11　不同浓度氯代烯烃胁迫下菌体
生长特性、甲烷氧化活性和氯代烃降解情况

烃的耐受性顺序为 $t$-1,2-DCE＞PCE＞TCE。现有研究最多的为微生物对 TCE 的耐受性，不同环境下所筛选微生物对 TCE 有不同的耐受程度。Broholm 等研究了 TCE 对湖水沉积物分离的混合甲烷氧化菌的活性影响，发现当浓度为 13mg/L 时，已无甲烷氧化发生，而 Choi 等研究发现湿地土壤中富集的甲烷氧化菌混合菌对 TCE 的最高耐受浓度为 146mg/L。对比结果表明，SWA1 具有更高的 TCE 耐受能力 [图 6-11（d）、（e）和（f）]。混合菌群 SWA1 生长到稳定期，对 3 种氯代烯烃的去除率均大于 90%，SWA1 在污染物降解中具有高的应用潜力，单位时间（$h^{-1}$）内对 $t$-1,2-DCE 具有更高的降解效率，并随着浓度的增大而缓慢减小。当菌体活性未完全抑制时，TCE 和 PCE 的去除效率变化很小，菌体完全抑制后无氯代烃降解 [图 6-11（g）]，表明混合菌群具有更强的环境适应能力。已有研究发现，混合菌群中微生物间可形成如形态变化、修改细胞属性等多种对有机溶剂的自适应机制，同时最新研究还发现混合菌对底物具有交替利用的现象，这对于混合菌产生高耐受性具有重要意义。

氯代烯烃驯化过程中各参数间相互关系如表 6-4 所列。各氯代烯烃浓度 $c$(CAH) 与甲烷氧化速率 $v$($CH_4$)（$r=-0.943\sim-0.829$，$P<0.05$）、氧气消耗速率 $v$($O_2$)（$r=-0.999\sim-0.943$，$P<0.01$）和二氧化碳产生速率 $v$($CO_2$)（$r=-0.999\sim-0.943$，$P<0.01$）呈显著负相关，与 MIT 呈显著正相关（$r=0.886\sim0.999$，$P<0.05$），表明高浓度氯代烯烃抑制菌体生长和生物氧化活性。$v$($CH_4$) 和 $v$($CO_2$) 相关性结果显著，表明二氧化碳主要来源于甲烷的生物氧化。TCE 和 $t$-1,2-DCE 共代谢降解过程中，$v$($CH_4$) 与氯代烯烃去除效率 $\eta$ 呈负相关，表明甲烷和氯代烯烃间存在竞争性抑制关系。而在 PCE 胁迫条件下，$v$($CH_4$) 与 PCE 去除效率为正相关关系，表明 SWA1 对氯代烯烃存在不同的降解机制。已有研究表明，低氯取代烃更易发生共代谢生物降解，全氯代烃难以发生共代谢降解，关于 PCE 的去除机理还需进一步深入探究。

表 6-4 氯代烯烃胁迫下甲烷氧化参数、菌群生长参数及氯代烯烃降解参数相关性

| 氯代烯烃 | | $c$(CAH) | MD | $\mu$ | TMI | $v$($O_2$) | $v$($CH_4$) | $v$($CO_2$) | $\eta$ |
|---|---|---|---|---|---|---|---|---|---|
| $t$-1,2-DCE | $c$(CAH) | 1 | -0.26 | -0.60 | 0.89① | -0.94② | -0.83① | -0.94② | 0.30 |
| | MD | | 1 | 0.83① | -0.31 | 0.37 | 0.03 | 0.37 | -0.50 |
| | $\mu$ | | | 1 | -0.71 | 0.66 | 0.43 | 0.66 | -0.80 |
| | TMI | | | | 1 | -0.83① | -0.60 | -0.83① | 0.40 |
| | $v$($O_2$) | | | | | 1 | 0.77 | 0.99② | -0.60 |
| | $v$($CH_4$) | | | | | | 1 | 0.77 | -0.20 |
| | $v$($CO_2$) | | | | | | | 1 | -0.60 |
| | $\eta$ | | | | | | | | 1 |
| TCE | $c$(CAH) | 1 | -0.77 | -0.94② | 0.94② | -0.94② | -0.94② | -0.94② | 0.30 |
| | MD | | 1 | 0.60 | -0.89① | 0.60 | 0.60 | 0.60 | -0.30 |
| | $\mu$ | | | 1 | -0.89① | 0.99② | 0.99② | 0.99② | -0.10 |
| | TMI | | | | 1 | -0.89① | -0.89① | -0.89① | 0.40 |
| | $v$($O_2$) | | | | | 1 | 0.99② | 0.99② | -0.99③ |
| | $v$($CH_4$) | | | | | | 1 | 0.99② | -0.99③ |
| | $v$($CO_2$) | | | | | | | 1 | -0.99③ |
| | $\eta$ | | | | | | | | 1 |

| 氯代烯烃 | | c(CAH) | MD | μ | TMI | v(O₂) | v(CH₄) | v(CO₂) | η |
|---|---|---|---|---|---|---|---|---|---|
| PCE | c(CAH) | 1 | −0.60 | −0.66 | 0.99② | −0.99② | −0.94② | −0.99② | −0.60 |
| | MD | | 1 | 0.94② | −0.60 | 0.60 | 0.43 | 0.60 | −0.40 |
| | μ | | | 1 | −0.66 | 0.66 | 0.54 | 0.66 | −0.30 |
| | TMI | | | | 1 | −0.99② | −0.94② | −0.99② | −0.60 |
| | v(O₂) | | | | | 1 | 0.94② | 0.99② | 0.60 |
| | v(CH₄) | | | | | | 1 | 0.94② | 0.60 |
| | v(CO₂) | | | | | | | 1 | 0.60 |
| | η | | | | | | | | 1 |

①差异具有显著性（$P<0.05$）；②显著差异（$P<0.01$）；③极显著差异（$P<0.001$）。

选取不同氯代烯烃、不同浓度驯化后混合菌样品进行高通量测序，14 个样品共获得 460598 条 16S rRNA 基因片段序列。在 97% 的对比度下，共有 1540 个 OTUs，覆盖度高于 99.9%，表明抽样完全。不同氯代烯烃胁迫条件下样品多样性指数（Ace 指数）及微生物群落结构种间差异如图 6-12 所示。$t$-1,2-DCE 驯化后 OTU 水平的 Ace 指数无显著性变化，表明未显著改变微生物多样性。TCE 和 PCE 胁迫下，Ace 指数显著增大，且随 TCE 和 PCE 浓度的增大而增大，表明 TCE 和 PCE 显著增大 SWA1 的微生物多样性。群落结构种间差异结果［图 6-12（b）］显示 TCE 或 PCE 驯化后样品的微生物多样性与 $t$-1,2-DCE 驯化后微生物群落结构具有显著性差异（$P<0.01$），而 TCE 驯化和 PCE 驯化后的微生物群落结构无显著性差异，表明 SWA1 对不同结构和性质的污染物有不同响应。

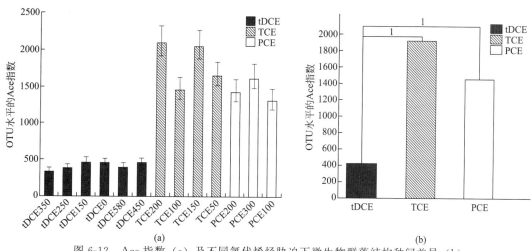

图 6-12  Ace 指数（a）及不同氯代烯烃胁迫下微生物群落结构种间差异（b）
1—差异性极显著（$P<0.001$）

不同氯代烯烃耐受条件下样品在各分类水平下的层级聚类和 PCA 分析如图 6-13 所示。由图可知，不同分类水平下的层级聚类图和 PCA 图差别较大。门水平层级聚类和 PCA 分析结果［图 6-13（a）和（d）］显示 SWA1 在门水平的群落组成不受氯代烃种类和浓度的影响，表明 SWA1 门水平微生物结构稳定。纲水平层级聚类和 PCA［图 6-13（b）和（e）］结果表明该水平微生物群落结构在同一氯代烯烃驯化后具有相似性。属水平层级聚类和 PCA［图 6-13（c）和（f）］结果显示，同一氯代烯烃驯化后，微生物群落结构和多样性相似度最大，表明不同氯代烯烃对 SWA1 属组成和相对丰度有显著影响。TCE 和 PCE 耐受性驯化后 SWA1 的微生物群落结构相似度大，表明 TCE 和 PCE 对微生物的影响机理更相似。

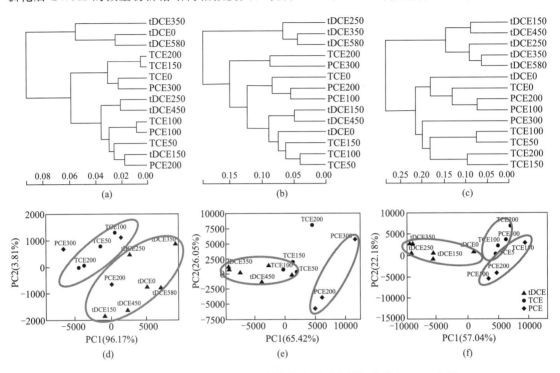

图 6-13　不同氯代烯烃胁迫下不同分类水平下的层级聚类和 PCA 分析
（a）和（d）分别为门水平层级聚类图和门水平 PCA 图；（b）和（e）分别为纲水平层级聚类图和纲水平 PCA 图；
（c）和（f）分别为属水平层级聚类图和属水平 PCA 图

高通量测序技术分析不同氯代烯烃胁迫下 SWA1 群落结构组成。所有样品中变形菌门（Proteobacteria）和拟杆菌门（Bacteroidetes）为主导菌门，相对丰度大于 98%，而变形菌门（Proteobacteria）相对丰度大于 85%。不同浓度不同氯代烯烃驯化样品中变形菌门（Proteobacteria）和拟杆菌门（Bacteroidetes）相对丰度无显著性差异（$P = 0.45 \sim 0.52$），表明 SWA1 中大多数功能微生物均属于这两门。已有对覆盖土微生物群落结构的研究表明，对覆盖土的多样性测序表明变形菌门（Proteobacteria）、厚壁菌门（Firmicutes）和拟杆菌门（Bacteroidetes）为主导菌门。

不同氯代烯烃胁迫下 SWA1 属水平群落组成及优势菌属差异性如图 6-14 所示。t-1,2-DCE 胁迫下 SWA1 中优势菌属为甲基单胞菌属 *Methylomonas*（31.7%～62.2%）、嗜甲基菌属 *Methylophilus*（17.4%～26.6%）、甲基孢囊菌科（未分类）*Methylocystaceae _ un-classified*（2.9%～13.3%）和 *Sediminibacterium*（1.4%～9.5%）。TCE 胁迫下 SWA1 优势菌属为嗜甲基菌属 *Methylophilus*（26.9%～46.3%）、甲基孢囊菌属（未培养）、*Methy-locystaceae _ uncultured*（8.1%～25.1%）、甲基八叠球菌属 *Methylosarcina*（3.8%～23.2%）和甲基孢囊菌科（未分类）*Methylocystaceae _ unclassified*（1.3%～21.8%）。PCE 胁迫下优势菌属为嗜甲基菌属 *Methylophilus*（37.9%～61.7%）、甲基孢囊菌科（未培养）*Methylocystaceae _ uncultured*（1.7%～33.4%）、甲基单胞菌属 *Methylomonas*（0.4%～16.6%）和 *Ferruginibacter*（3.4%～5.3%）[图 6-14（a）]。以上结果表明，不

同氯代烯烃胁迫下，SWA1中微生物群落结构多样性和相对丰度发生显著变化。Choi 等研究 TCE 和 PCE 对湿地土壤分离的混合甲烷氧化菌的影响，分析了其中甲烷氧化菌的群落结构组成及变化，发现甲基孢囊菌属（*Methylocystis*）为优势菌属，对 TCE 和 PCE 具有高耐受性。Shukla 等研究了由水稻田分离的混合甲烷氧化菌对 TCE 的降解，证明混合菌种 *Methylocystis* 对 TCE 降解起重要作用。而本研究中利用填埋场分离的混合菌在 TCE 和 PCE 胁迫下，*Methylophilus* 在混合菌群中相对丰度最大，对 TCE 和 PCE 具有高的耐受性，表明不同污染场地的微生物结构和功能具有很大差异。

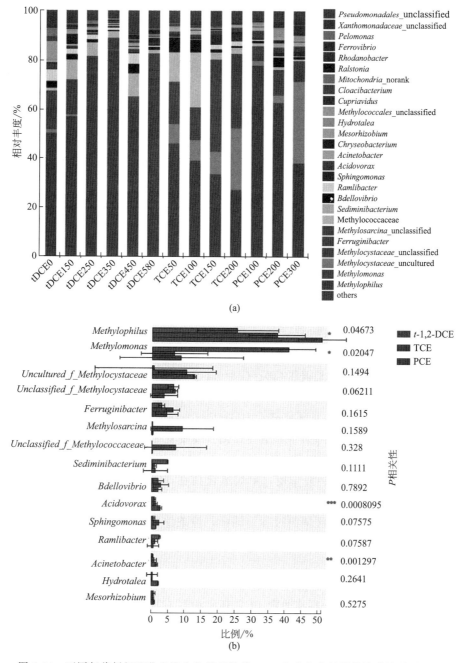

图 6-14　不同氯代烯烃驯化后微生物群落结构（a）和多物种差异性检验柱形图（b）

不同氯代烯烃胁迫下，物种差异性分析结果如图 6-14 (b) 所示。*Methylophilus* ($P=$ 0.047)、*Methylomonas* ($P=0.020$)、嗜酸菌属 *Acidovorax* ($P=0.0008$) 和不动杆菌属 *Acinetobacte* ($P=0.0013$) 差异性显著，$t$-1,2-DCE 胁迫下 *Methylomonas* 的相对丰度最大，表明 *Methylomonas* 对 $t$-1,2-DCE 有高的耐受性，在 $t$-1,2-DCE 的生物降解中起重要作用，已有关于 *Methylomonas methanica* NCIB1113 降解 $t$-1,2-DCE 的报道。

氯代烯烃胁迫条件下生物降解参数与微生物群落结构相关性如表 6-5 所列。随 $t$-1,2-DCE 浓度的增大，金黄杆菌属 *Chryseobacterium*、*Sediminibacterium* 和 *Methylomonas* 的相对丰度增加，该类菌株可耐受高浓度 $t$-1,2-DCE。甲烷氧化菌菌科 *Methylocystaceae* _ unclassified、甲基球目菌目（未分类）*Methylococcales* _ unclassified、*Methylophilus* 和非甲烷氧化菌菌属 *Ramlibacter*，*Acidovorax* 与 $v_{CH4}$ 呈显著正相关 ($r=0.89\sim0.99$, $P<$ 0.05)，表明在 $t$-1,2-DCE 胁迫条件下这些菌属对甲烷氧化起重要作用。在混合菌属中，非甲烷氧化菌 *Ramlibacter* 和 *Acidovorax* 一方面可能通过与甲烷氧化菌的协同作用关系促进甲烷氧化，另一方面可能直接参与甲烷代谢，有研究显示 *Acidovorax* 在甲烷产生环境中具有高的相对丰度，关于这些非甲烷氧化菌在甲烷消耗中的作用还需进一步验证。SWA1 中只有 *Methylomonas* ($r=0.486$) 和 *Sediminibacterium* ($r=0.657$) 相对丰度与 $t$-1,2-DCE 降解效率 $\eta$ 呈正相关，表明它们对 $t$-1,2-DCE 的降解起主要作用。已有研究证明含有 *Methylomonas* 的混合菌或分离的纯菌株 *Methylomonas* 都能通过共代谢降解 $t$-1,2-DCE 等氯代烃，未见 *Sediminibacterium* 降解氯代烃的报道。有研究表明 *Sediminibacterium* 在混合菌中可产生葡萄糖等化合物，因此，*Sediminibacterium* 可通过为其他微生物提供生长底物的协同作用方式促进氯代烃降解。纯种菌株共代谢降解氯代烯烃研究中发现氯代烯烃去除和甲烷氧化间存在不可避免的竞争性抑制，相关性结果显示 SWA1 中与甲烷氧化和 $t$-1,2-DCE 去除相关菌属不尽相同（表 6-5），这在一定程度上可缓解竞争性抑制的发生，更有利于氯代烯烃的去除。

TCE 胁迫条件下，菌属 *Methylocystaceae* _ unclassified、*Methylocystaceae* _ uncultured、*Ramlibacter*、*Methylosarcina*、鞘氨醇单胞菌 *Sphingomonas*、*Sediminibacterium* 和 *Acidovorax* 与 TCE 浓度呈显著正相关 ($r=0.50\sim0.90$)，表明这些菌属耐高浓度 TCE。SWA1 中甲烷氧化菌菌属 *Methylophilus*、*Methylomonas* 及非甲烷氧化菌菌属 *Cloacibacterium* 对甲烷氧化起主要作用，有研究显示 *Cloacibacterium* 为水环境沉积物和市政废水中的主要微生物，表明其在有机物降解中起重要作用。高耐受 TCE 微生物均与 $\eta$ 呈正相关关系，菌属 *Methylocystaceae* _ uncultured、*Ramlibacter*、*Methylosarcina*、*Sediminibacterium* 和 *Acidovorax* 对 TCE 的去除起主要作用，甲烷氧化菌在 TCE 降解研究中已有许多报道，也有研究证明 *Acidovorax* 对地下水中 TCE 去除起重要作用，可知 SWA1 对于氯代烯烃的去除并非只有甲烷为底物的共代谢降解过程。同样，该条件下，甲烷氧化微生物和氯代烯烃降解微生物的主要菌属不尽相同，生物降解过程中混合菌属 SWA1 中各菌株既有协同作用关系又相互独立。

PCE 胁迫下，根据微生物群落结构变化，可知甲烷氧化相关微生物为 *Methylophilus*。*Methylocystaceae* _ uncultured 在高浓度 PCE 环境中具有高的相对丰度，表明其对 PCE 有高的耐受性。在优势菌属中 *Acidovorax* 有报道可进行 PCE 的生物降解。不同氯代烯烃胁迫条件下，SWA1 群落结构具有显著性差异，甲烷氧化微生物和氯代烯烃降解微生物均不尽相同，说明群落结构改变是 SWA1 功能变化的重要原因。

表 6-5　氯代烯烃胁迫条件下生物降解参数与微生物群落结构相关性

| 氯代烯烃 | 菌属 | c(CAH) | MD | TMI | μ | AS | v(CO₂) | v(CH₄) | v(O₂) | v(Cl⁻) | η |
|---|---|---|---|---|---|---|---|---|---|---|---|
| t-1,2-DCE | *Methylocystaceae_unclassified* | -0.89① | -0.09 | -0.83 | 0.43 | -0.89 | 0.77 | 0.89① | 0.77 | -0.20 | -0.43 |
| | *Ramlibacter* | -0.43 | -0.37 | -0.09 | -0.09 | -0.43 | 0.37 | 0.83① | 0.37 | -0.03 | -0.14 |
| | *Methylococcales_unclassified* | -0.83① | 0.03 | -0.60 | 0.43 | -0.83 | 0.77 | 0.99② | 0.77 | -0.37 | -0.54 |
| | *Chryseobacterium* | 0.26 | -0.31 | -0.14 | -0.03 | 0.26 | -0.37 | -0.26 | -0.37 | 0.49 | 0.26 |
| | *Methylophilus* | -0.83① | 0.03 | -0.60 | 0.43 | -0.83 | 0.77 | 0.99② | 0.77 | -0.37 | -0.54 |
| | *Sediminibacterium* | 0.20 | -0.94 | 0.20 | -0.66 | 0.20 | -0.26 | 0.09 | -0.26 | 0.60 | 0.49 |
| | *Acidovorax* | -0.54 | -0.03 | -0.26 | 0.26 | -0.54 | 0.43 | 0.89① | 0.43 | -0.14 | -0.31 |
| | *Methylomonas* | 0.43 | -0.20 | 0.14 | -0.37 | 0.43 | -0.54 | -0.77 | -0.54 | 0.60 | 0.66 |
| | *Bdellovibrio* | -0.31 | -0.31 | -0.03 | -0.03 | -0.31 | 0.20 | 0.77 | 0.20 | 0.09 | -0.09 |
| | *Ferruginibacter* | 0.09 | 0.49 | 0.31 | 0.20 | 0.09 | -0.14 | 0.09 | -0.14 | -0.14 | -0.09 |
| TCE | *Methylocystaceae_unclassified* | 0.60 | -0.20 | 0.50 | -0.70 | 0.60 | -0.70 | -0.70 | -0.70 | -0.60 | 0.56 |
| | *Methylocystaceae_uncultured* | 0.90① | -0.30 | 0.80 | -1.00 | 0.90① | -0.99② | -0.99② | -0.99② | 0.10 | 0.72 |
| | *Ramlibacter* | 0.80 | -0.50 | 0.90① | -0.90① | 0.80 | -0.90① | -0.90① | -0.90① | 0.20 | 0.82 |
| | *Methylococcacea_unclassified* | 0.10 | -0.20 | 0.20 | 0.00 | 0.10 | 0.00 | 0.00 | 0.00 | 0.90① | 0.05 |
| | *Methylosarcina* | 0.80 | -0.50 | 0.90① | -0.90① | 0.80 | -0.90① | -0.90① | -0.90① | 0.20 | 0.82 |
| | *Sphingomonas* | 0.50 | -0.40 | 0.60 | -0.60 | 0.50 | -0.60 | -0.60 | -0.60 | -0.50 | 0.67 |
| | *Methylophilus* | -0.90① | 0.50 | -0.70 | 0.70 | -0.90① | 0.70 | 0.70 | 0.70 | -0.10 | -0.67 |
| | *Sediminibacterium* | 0.80 | -0.50 | 0.90① | -0.90① | 0.80 | -0.90① | -0.90① | -0.90① | 0.20 | 0.82 |
| | *Acidovorax* | 0.80 | -0.50 | 0.90① | -0.90① | 0.80 | -0.90① | -0.90① | -0.90① | 0.20 | 0.82 |
| | *Methylomonas* | -0.90 | 0.50 | -0.70 | 0.70 | -0.90 | 0.70 | 0.70 | 0.70 | -0.10 | -0.67 |
| | *Acinetobacter* | 0.20 | 0.00 | 0.10 | -0.10 | 0.20 | -0.10 | -0.10 | -0.10 | 0.80 | -0.05 |
| | *Cloacibacterium* | -0.99② | 0.60 | -0.90① | 0.90① | -1.00 | 0.90① | 0.90① | 0.90 | 0.00 | -0.87 |

注: ①指有显著性差异 (P<0.05); ②指差异性极著 (P<0.001)。

自然环境中，污染物的有效去除依赖于混合菌种中多种微生物的协同作用关系。基于 Spearman 相关性系数，建立种群中不同菌属间的相互作用关系网，获得物种在环境样本中的共存关系。t-1,2-DCE 和 TCE 胁迫下 SWA1 中优势菌属相互作用关系网如图 6-15 所示。SWA1 中绝大多数优势菌属间为正相关，表明在生物降解过程中，协同作用是各菌属间的主要关系。不同甲烷氧化菌间、不同非甲烷氧化菌间及甲烷氧化菌和非甲烷氧化菌间均存在相互作用关系，各菌属间既有直接作用又有间接相互作用。t-1,2-DCE 胁迫条件下，*Methylophilus*、*Methylococcales* _ unclassified、*Methylocystaceae* _ unclassified 和 *Cloacibacterium* 各菌属间均存在正相关关系。TCE 胁迫条件下，*Ramlibacter* 黄单胞菌（未分类）*Xanthomonadaceae* _ unclassified、*Methylosarcina*、*Acidovorax* 和 *Sediminibacterium* 菌属间存在正相关关系。根据甲烷氧化菌代谢特性，二氧化碳产生速率为甲烷氧化速率的一半，该反应体系中，唯一生长底物为甲烷，共代谢底物为氯代烯烃，监测过程中发现二氧化碳增加速率与甲烷消耗速率几乎相等，而所添加氯代烯烃中所含的当量二氧化碳远小于甲烷中的当量二氧化碳，这表明近一半的二氧化碳来源于非甲烷氧化菌的新陈代谢，生长底物来源于甲烷氧化菌代谢的有机物。已有相关研究表明，甲烷氧化菌与非甲烷氧化菌间的相互作用关系可以为混合菌提供稳定的生长环境和合适的基质组成。

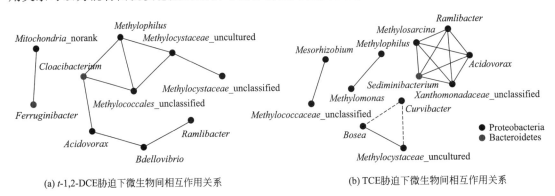

(a) t-1,2-DCE胁迫下微生物间相互作用关系　　(b) TCE胁迫下微生物间相互作用关系

图 6-15　不同氯代烯烃胁迫下微生物间的相互作用关系网

物种丰度值越大节点越大，节点颜色相同表示属于同一门；实线表示物种之间正相关，虚线表示物种之间负相关；
线越粗，表示物种之间的相关性越高；线越多，表示该物种与其他物种之间的联系越密切

③ 铜离子对甲烷氧化菌混合菌 SWA1 降解 TCE 的影响。铜离子是甲烷氧化菌降解过程中重要的辅酶因子，考察铜离子对甲烷氧化菌降解氯代烃的影响可深入认识混合甲烷氧化菌的共代谢降解机制。

研究人员在铜离子浓度为 $10\mu mol/L$ 和无铜离子的对照条件下，以甲烷为碳源进行连续 5 次传代培养，评估混合菌群在离位条件下的生长稳定性，结果如图 6-16 所示。在连续 5 次传代过程中，混合菌群 SWA1 生长特性稳定，经过 24h 培养后均达到指数生长期，pH 值在 7.0 左右。因此，

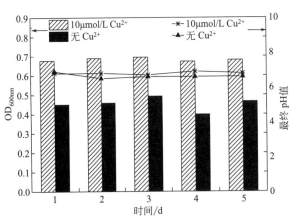

图 6-16　混合菌群 SWA1 生长稳定性

从垃圾填埋覆盖土中富集的混合菌群 SWA1 能以甲烷为碳源，实现连续稳定的离位培养。此外，由图 6-16 可知，当铜离子浓度为 $10\mu mol/L$ 时，稳定期 $OD_{600nm}$ 维持在 0.65 左右，高于对照组的 0.45，这说明添加铜离子有利于混合菌群的生长。

共代谢条件（甲烷浓度为 20%）下，铜离子对混合菌群 SWA1 降解 TCE 的影响如图 6-17 所示。铜离子添加量的不同导致了 TCE 降解率和降解速率的变化。当铜离子浓度为 $0.03\mu mol/L$、$3\mu mol/L$ 和 $5\mu mol/L$ 时，在反应的第 3 天，TCE 降解率就分别达到了 89.21%、70.15% 和 80.85% [图 6-17（a）]。96h 时，随铜离子浓度的增加出现了 2 个 TCE 降解峰值。当 $c(Cu^{2+})=0.03\mu mol/L$ 时，TCE 降解率达到最高 95.75%，其 TCE 降解速率为 29.60nmol/min，是其他实验组的 1.2～1.6 倍。在铜离子浓度为 1～15$\mu mol/L$ 范围内，当铜离子浓度为 $5\mu mol/L$ 时，TCE 降解率达到最高的 84.75% [图 6-17（b）]。由 Dong 等关于 pMMO 及 pMMO-NADH 的研究显示，随着铜离子浓度的增大，*Methylococcus capsulatus* Bath 甲烷消耗速率逐渐提高。可以初步推断，铜离子浓度变化影响了混合菌群 SWA1 中非甲烷氧化菌群的活性，继而影响了整个体系降解 TCE 的活性。为了更好地理解铜离子对混合菌群 SWA1 共代谢降解 TCE 的规律，继续考察了降解过程碳源消耗、关键酶定量分析以及群落结构变化。

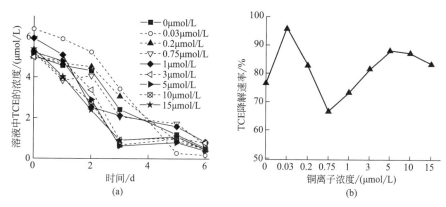

图 6-17　铜离子对混合菌群 SWA1 生物降解 TCE 的影响

不同浓度铜离子条件下，TCE 降解过程中混合菌群对甲烷的消耗过程如图 6-18 所示。空白对照组和铜离子浓度较低（$0.03\mu mol/L$ 和 $0.2\mu mol/L$）的实验组甲烷消耗速率较低，在反应的第 4 天甲烷基本完全消耗，比其他实验组延迟了近 1d [图 6-18（a）]。

考察了各时间段甲烷消耗速率随铜离子浓度变化情况，由图 6-18（b）可知，随着铜离子浓度的变化，甲烷氧化速率存在着显著差异。反应时间为 0～24h，发现随铜离子浓度的增大，甲烷氧化速率先增后减，在 $0.75\mu mol/L$ 时，甲烷氧化速率达到最大即 124.52mmol/（L·min），当铜离子浓度大于 $0.75\mu mol/L$ 时，铜离子对甲烷氧化的刺激效果逐渐减弱，说明由于短时间内初始高铜离子浓度毒性而产生了不利效果。反应时间为 0～48h 和 0～72h，发现铜离子浓度越大，甲烷氧化速率越快，铜离子的添加显著刺激甲烷的氧化，实验组的甲烷氧化速率是空白对照组的 1～2.6 倍。这一刺激最可能是由混合菌群细胞特殊活性的增大引起的，且 TCE 降解过程中不同铜离子浓度对混合菌群 SWA1 生长情况的影响也证实了这一点。由图 6-19 可知，单位时间内混合菌群细胞浓度随铜离子浓度的增大而增加，同时，稳定期细胞浓度亦与铜离子浓度呈正相关，该现象与 *Methylococcus capsulatus* Bath 细胞的浓度及活性随铜离子浓度增大而增加的结论相符。此外，72h 平均甲烷氧化速率整体

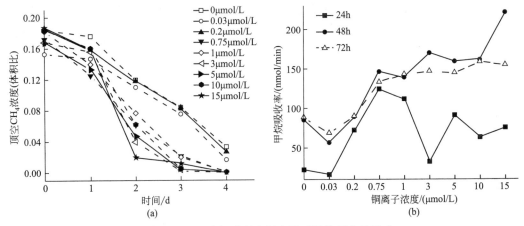

图 6-18　TCE 降解过程中铜离子对甲烷氧化的影响

都低于前 48h，但整体趋势一致，这说明随着甲烷逐渐消耗，TCE 和甲烷共同竞争关键酶，或是 TCE 氧化产物和酶出现不可逆键合或反应过程还原型辅酶 NADH 逐渐被消耗。

由图 6-18（b）分析可知，反应时间为 0～72h 的区间内，实验组铜离子对甲烷氧化的刺激作用总体上均随铜离子浓度的增大而增加，平均为对照组的 1～1.8 倍。以上结果充分说明了铜离子添加促进了甲烷氧化速率的提高，且随反应时间延长铜离子对微生物的毒性作用减弱。但与不同铜离子浓度对 SWA1 生物降解 TCE 的影响结果（图 6-19）对比发现，甲烷氧化活性与 TCE 的降解活性并非正相关，推测和混合菌群中其他微生物菌群的活性存在关联。

混合菌群对 TCE 的降解是在 sMMO 和 pMMO 等关键酶的催化作用下完成的，TCE 降解过程中，不同浓度铜离子条件下混合菌群降解关键酶调控基因转录表达丰度如图 6-20 所示。经内参 16S rRNA 基因归一化后，随铜离子浓度的增大，$pmoA$ 和 $mmoX$ 基因的相对表达丰度存在差异，在铜离子浓度为 $0.03\mu mol/L$ 时，$pmoA$ 和 $mmoX$ 基因的表达丰度均出现峰值，而 $pmoA$ 基因的相对表达量（$4.22\times10^{-3}\pm4.98\times10^{-5}$）比 $mmoX$ 基因（$9.30\times10^{-6}\pm4.89\times10^{-7}$）高 3 个数量级，且随铜离子浓度的增大，$pmoA$ 与 $mmoX$ 基因的相对表达丰度的差异越大，说明该混合菌群富含的甲烷氧化菌主要表达 $pmoA$ 基因。铜离子在 $0～0.75\mu mol/L$ 浓度区间时，$mmoX$ 基因的整体表达水平要高于 $1～15\mu mol/L$ 浓度下的水平。

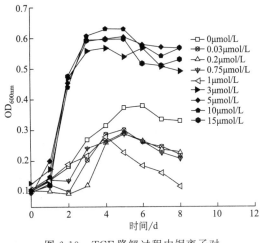

图 6-19　TCE 降解过程中铜离子对 SWA1 生长情况的影响

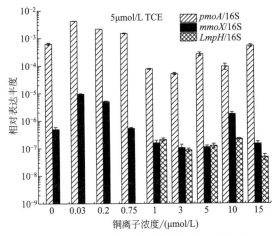

图 6-20　TCE 降解过程中不同铜离子浓度对关键基因相对表达丰度的影响

Choi 等对 *Methylococcus capsulatus* Bath 的研究发现，其 *pmoA* 基因转录产物的浓度随生长培养基中铜离子浓度（0~55μmol/L）的增大而增加。即铜离子浓度越大，越有利于 *pmoA* 基因的表达。而由图 6-20 可知，这一规律对于混合菌群 SWA1 降解 TCE 的过程并不适用。对照不同铜离子浓度对 SWA1 生物降解 TCE 的影响结果（图 6-19）也可以发现，TCE 的降解并不和 MMO 丰度呈正相关。以上结果说明，随着铜离子浓度变化，混合菌群中非甲烷氧化菌群的活性受到了影响，而这些菌群在 TCE 降解过程中也起到了关键作用。

已有研究证实苯酚羟化酶等共代谢脱卤酶也可以催化降解 TCE。如图 6-20 所示，在 0~0.75μmol/L 时未检测到 *LmpH*，而当大于 1μmol/L 时该基因开始表达，整体表达水平基本稳定，与 *mmoX* 差异不明显，但是与 *pmoA* 的表达水平相差 2~3 个数量级，说明铜离子有利于 *LmpH* 基因的表达。而由图 6-19 可知，当铜离子浓度为 5μmol/L 时，出现了一个 TCE 降解峰值，这说明在高浓度铜离子区间内，苯酚羟化酶等非甲烷氧化菌的共代谢作用对 TCE 降解同样起到了关键作用。

TCE 降解过程中，在低铜离子浓度和高铜离子浓度范围内分别出现了 2 个 TCE 降解峰值，选取该样本进行高通量测序，分析微生物群落结构的变化。铜离子浓度为 0.03μmol/L 和 5μmol/L 时的混合菌群序列信息和多样性指数如表 6-6 所列。两个样品序列数分别为 10799 条和 11964 条，测序的覆盖度基本达到 100%，说明对混合菌群中的微生物序列有足够的测序深度，测序结果充分表现了混合菌群中微生物数量和种类的真实情况。

表 6-6　典型样品的高通量测序序列信息和多样性指数

| 铜离子浓度 | 序列数/条 | 0.97 | | | | | |
| --- | --- | --- | --- | --- | --- | --- | --- |
| | | OTUs | Ace | Chao 1 | Coverage | Shannon | Simpson |
| 0.03μmol/L | 10799 | 62 | 62 | 62 | 1.0000 | 2.66 | 0.159 |
| 5μmol/L | 11964 | 52 | 52 | 52 | 0.9999 | 1.28 | 0.574 |

铜离子浓度为 0.03μmol/L 和 5μmol/L 时的混合菌群微生物群落结构如表 6-7 所列，两个样本中优势微生物均为甲基孢囊菌科（Methylocystaceae）（Ⅱ型甲烷氧化菌）的甲烷氧化菌。除甲烷氧化菌外，还含有乳球菌属（*Lactococcus*）、芽孢杆菌属（*Bacillus*）、鞘氨醇单胞菌属（*Sphingomonas*）、假单胞菌属（*Pseudomonas*）和嗜甲基菌属（*Methylophilus*）等多种环境功能微生物。随着铜离子浓度的增大，Methylocystaceae 的 OTU 数量（3899~9018）和百分含量（36.1%~75.42%）显著增大，其他微生物的 OTU 数量和百分比都显著降低，甚至消失，说明铜离子浓度的增大刺激Ⅱ型甲烷氧化菌的生长，同时对其他非甲烷氧化菌的抑制作用使得高铜离子浓度范围混合菌群的微生物多样性降低，证实了铜离子浓度的变化改变了混合菌群的群落结构。

经调研发现，该混合菌群中非甲烷氧化菌类型的多种微生物都能够进行 TCE 降解，其 OTU 数量和生物特性如表 6-7 所列。其中，乳球菌属（*Lactococcus*）、鞘氨醇单胞菌属（*Sphingomonas*）能够有效去除 TCE；芽孢杆菌属（*Bacillus*）能直接以 TCE 为碳源；节细菌属（*Arthrobacter*）和假单胞菌属（*Pseudomonas*）含有苯酚羟化酶（与前面所提到的 *LmpH* 的结果相符），能共代谢降解 TCE。因此，混合菌群 SWA1 降解 TCE 是多种途径的协同作用，包括含有 MMOs（sMMO 和 pMMO）或苯酚羟化酶微生物的共代谢催化氧化，以及芽孢杆菌属、乳球菌属、鞘氨醇单胞菌属等微生物的直接氧化。

表 6-7　不同铜离子浓度对混合菌群 SWA1 中微生物特性的影响

| 生物种类 | 序列数/条 | | 生物特性 |
| | $c(Cu^{2+})$ | | |
| | 0.03μmol/L | 5μmol/L | |
| --- | --- | --- | --- |
| Methylocystaceae | 3899(36.1) | 9018(75.42) | 可进行 TCE 共代谢降解的甲烷氧化菌 |
| Lactococcus | 1413(13.08) | 752(6.29) | 可实现 TCE 降解 |
| Bacillus | 857(7.94) | 512(4.28) | 可作为 Bacillus 的碳源 |
| Solibacillus | 551(5.10) | 327(2.73) | 对铜离子有高耐受性,可降解 TCE |
| Methylophilus | 566(7.39) | 109(0.91) | 能够利用氯代烃 |
| Taibaiella | 798(5.24) | 0.00 | 无报道 |
| Sphingomonas | 304(2.82) | 184(1.54) | 可利用脂肪烃作为碳源 |
| Pseudomonas | 282(2.61) | 142(1.19) | 具有苯酚羟化酶,能共代谢降解 TCE |
| Sediminibacterium | 114(1.06) | 248(2.07) | 具有 TCE 降解酶 |
| Arthrobacter | 185(1.71) | 111(0.93) | 具有苯酚羟化酶,能共代谢降解 TCE |
| Ferrovibrio | 287(2.66) | 6(0.05) | 无报道 |
| Aquicella | 254(2.35) | 0.00 | 无报道 |
| Azospirillum | 190(1.76) | 57(0.48) | 在 TCE 降解中起重要作用 |
| Opitutus | 112(1.04) | 22(0.18) | 无报道 |
| 其他 | 987(9.14) | 476(3.92) | 无报道 |
| 总计 | 10799 | 11964 | — |

注:括号内数值为相对丰度值,单位为%。

　　由不同铜离子浓度对 SWA1 生物降解 TCE 的影响结果(图 6-19)可知,铜离子浓度为 0.03μmol/L 时,TCE 降解率为 95.75%,高于另一降解峰值的 84.75%。对照不同铜离子浓度对混合菌群 SWA1 中微生物特性的影响结果(表 6-7)可以发现,该样本中乳球菌属、鞘氨醇单胞菌属及芽孢杆菌属丰度为 13.08%、2.82% 和 7.94%,高于另一峰值样本中的 6.29%、1.54% 和 4.28%,这一结果有力地证明了,在低浓度铜离子区间,除了共代谢降解作用外,直接氧化作用对 TCE 降解也起到了关键作用,这些微生物之间存在共营养、共代谢等互利共生关系。研究表明,Ⅱ型甲烷氧化菌利用丝氨酸途径代谢碳,主要含 $C_{18}$ 磷酸脂肪酸,胞内膜分布于细胞壁周围,在甲烷氧化菌 MMO 代谢甲烷及 TCE 的过程中产生的次级代谢产物如甲醇、甲醛等可能为其他非甲烷氧化菌提供了碳源等,维持了非甲烷氧化菌的存在,共存的非甲烷氧化菌在获得碳源后产生的一些酶进而可以促进 TCE 的代谢降解。

　　④ 固定化甲烷氧化菌 SWA1 降解氯代烃。与微生物游离培养相比,固定化细胞反应器可通过吸附、挂膜作用,大幅度提高单位体积内微生物的浓度,具有催化效率高、稳定性好和缓冲能力强等优点。固定化甲烷氧化菌不仅能实现氯代烃的高效去除,而且可以实现微生物的循环利用,可为甲烷氧化在工程中的应用提供理论基础。

　　研究者基于甲烷氧化菌开展了固定化细胞反应器降解 TCE 的研究。甲烷氧化菌固定化反应器结构如图 6-21 (a) 所示。反应器为玻璃材质,内径 40mm,高 260mm,外侧设控温夹套。反应器采用上下双塞头方式,材料填充、取样分析操作简单,支架加固增加密封性。固定化材料以插层螺旋方式进行填充,总质量约 20g。

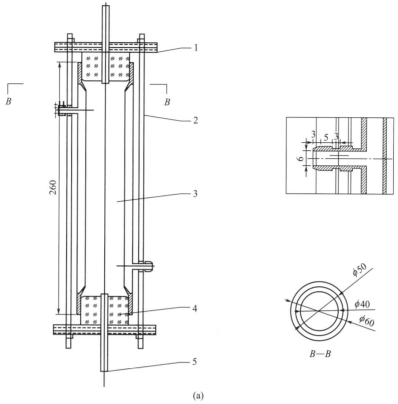

(a)

1—垫木；2—紧固丝杆；3—双塞头反应器主体(玻璃)；4—孔塞(聚四氟)；5—玻璃管

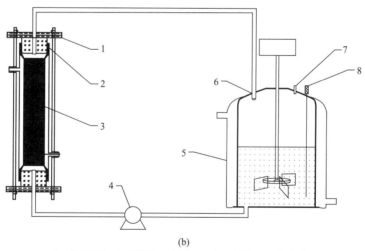

(b)

1—紧固装置；2—双塞头反应器；3—填充材料；4—蠕动泵；
5—微生物培养体系；6—培养液加入口；7—碳源加入口；8—pH值溶氧检测

图 6-21　双塞头固定化细胞反应器及运行过程

反应器运行过程 ［图 6-21 (b)］分为生物固定和 TCE 降解两个阶段。生物固定阶段，在微生物培养体系内盛装 700mL NMS 培养基后，按照接种量 3% 加入混合菌群 SWA1 种子液，设定搅拌加热器转速为 20r/min，水浴温度 30℃。从进气孔通入甲烷和氧气，待培养系统内细胞光密度（$OD_{600nm}$）达到 0.7，通过蠕动泵（流速为 3.3mL/s）循环输送菌液至固定化细胞反应器，完成混合菌群 SWA1 的固定。

固定化结束后，停止通入甲烷和氧气，添加 TCE 使反应器中初始浓度为 18mg/L，调节蠕动泵进料流速为 3.3mL/s。降解过程中定期采集反应器内气相和液相，气相色谱分析 TCE 浓度，离子色谱分析氯离子浓度。采集 TCE 降解前后反应器内固定化材料，用于扫描电镜分析材料上固定化微生物的微观结构变化。

研究中，考察了高分子纤维膜、活性炭纤维、脱脂棉和聚氨酯泡沫四种材料对混合菌 SWA1 的吸附特性，结果如表 6-8 所列。等温吸附方程拟合结果表明四种材料均属于 Freundlich 吸附，其中活性炭纤维、聚氨酯泡沫和脱脂棉三种材料都具有较好的吸附效果，平衡吸附量分别为 8.2mg/g、8.1mg/g、8.7mg/g，高分子纤维膜的吸附效果较差，其平衡吸附量为 6.0mg/g。与其他三种吸附材料相比，活性炭纤维能快速达到吸附平衡（20h），吸附速率为 0.06 $\mu g/h$，是聚氨酯泡沫和脱脂棉两种材料的 3 倍以上。另外，通过考察四种材料在吸附后的甲烷消耗速率比较吸附后的生物活性，结果表明活性炭纤维的甲烷消耗速率最高，为 0.77 mL/(g·h)。综合考虑，选定活性炭纤维作为固定化材料。

表 6-8　四种不同材料的吸附特性数据

| 材料 | Freundlich | $n$ | 拟合度 $R^2$ | 平衡时间 /h | 平衡吸附量 /(mg/g) | 生物活性 /[mL/(g·h)] |
|---|---|---|---|---|---|---|
| PFM | $y=0.83x-2.30$ | 11.99 | 0.87 | 76 | 6.01 | 0.55 |
| ACF | $y=0.39x-0.06$ | 2.58 | 0.91 | 20 | 8.18 | 0.77 |
| PF | $y=0.25x+0.81$ | 3.93 | 0.83 | 73 | 8.14 | 0.37 |
| AC | $y=0.28x+1.06$ | 3.55 | 0.79 | 73 | 8.71 | 0.34 |

注：PFM 指高分子纤维膜；ACF 指活性炭纤维；PF 指聚氨酯泡沫；AC 指脱脂棉。

扫描电镜观察 TCE 降解前后活性炭纤维上微生物的微观结构，结果如图 6-22 所示。原始活性炭纤维由活性炭纤维丝无规则交织而成 [图 6-22（a）]，活性炭纤维丝直径约为 20$\mu m$，形成的活性炭纤维具备利于吸附的多孔结构，孔径范围为几微米到几十微米，保证了不同大小的菌体进入吸附材料内部。从微生物形态上来看，TCE 降解前 [图 6-22（b）]，载体材料上吸附了大量微生物，部分为棒形，长度约 1.5～4$\mu m$，部分为块茎形，其长轴约 1～1.5$\mu m$，短轴为 0.5～1$\mu m$。TCE 降解后 [图 6-22（c）]，载体材料上微生物多数为块

(a)　　　　　　　　　　(b)　　　　　　　　　　(c)

图 6-22　原材料与 TCE 降解前后扫描电镜图
（a）为 ACF 原材料微观结构；（b）为 TCE 降解前 ACF 微观结构；（c）为 TCE 降解后 ACF 微观结构；
TCE 为三氯乙烯；ACF 为活性炭纤维

茎形，少数为球形，直径约 0.5～1μm。以上结果表明，经过 TCE 降解后，反应器内微生物种群结构发生了明显变化，部分微生物由于 TCE 的毒性而死亡，部分微生物对 TCE 具有高耐受性或可利用 TCE 为碳源生长从而实现了富集。

生物固定阶段共持续 36d，反应器中共加入 11 批菌液，固定化过程中 pH 值维持在 7.5 左右，温度恒定在 30℃，反应器内单位质量固定化材料吸附菌体浓度为 36.8mg/g，达到实验室液体培养的 92 倍。固定化细胞在不同温度下甲烷的消耗速率如图 6-23 所示。温度为 35℃时，甲烷消耗速率最大，为 460mL/d，单位质量微生物平均甲烷消耗速率为 0.6μmol/(g·d)。研究

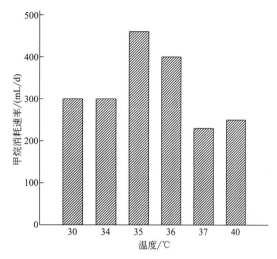

图 6-23　温度对混合菌群 SWA1
甲烷消耗速率的影响

表明，尽管覆盖土在自然环境条件下温度变化范围较大，但覆盖土生物活性温度一般为 30～35℃，说明该生物反应器中微生物保持了与原土壤微生物相同的活性。

固定化结束后，恒定温度为 35℃，TCE 初始浓度为 18mg/L。反应器中 TCE 和混合液中氯离子的浓度随时间的变化曲线如图 6-24 所示。实验组和未富集菌体的空白组相比较，TCE 浓度都呈现了递减的趋势，反应 1d 后，实验组 TCE 浓度降为 1.07mg/L，减少量明显高于空白组的 9.88mg/L，降解率达 94.1%，是相同条件下游离细胞 TCE 消耗量的 2 倍。反应 3d 后，实验组和空白组的 TCE 浓度分别为 0.24mg/L 和 1.89mg/L。对比氯离子浓度变化可知，降解过程中有 20μmol 有机氯转化为氯离子，而空白组氯离子浓度并无明显变化，这说明除了生物降解，部分 TCE 被活性炭纤维吸附。反应初期 TCE 降解速率较高，这说明了初始静息细胞活性较强，但随着酶的消耗和 TCE 底物的抑制作用，实验组 TCE 和氯

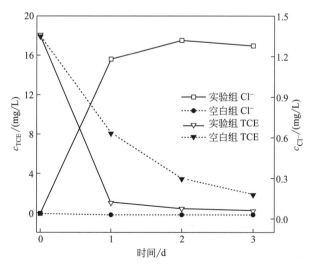

图 6-24　TCE 浓度与 Cl⁻ 浓度随时间的变化曲线

TCE—三氯乙烯；Cl⁻—氯离子

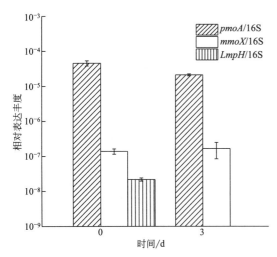

图 6-25　TCE 降解前后功能基因相对表达丰度变化

离子浓度变化缓慢，表明 TCE 降解速率逐渐减小。已有研究证实，初始阶段静息细胞有很强的降解能力，但随着酶的消耗，污染物降解速率会受到影响。

考察 TCE 降解前后混合菌群 SWA1 中关键酶基因转录表达丰度的变化，结果如图 6-25 所示。经内参 16S rRNA 基因均一化后，TCE 降解过程中 $pmoA$ 和 $LmpH$ 基因相对表达丰度存在差异，TCE 降解前 $pmoA$ 和 $LmpH$ 基因的相对表达量（$4.6 \times 10^{-5} \pm 7.7 \times 10^{-6}$ 和 $2.2 \times 10^{-8} \pm 2.3 \times 10^{-9}$）明显高于降解后基因的相对表达量（$2.1 \times 10^{-5} \pm 1.4 \times 10^{-6}$ 和 0），而 $mmoX$ 基因的相对表达量无明显变化（$1.4 \times 10^{-7} \pm$

$2.4 \times 10^{-8}$ 和 $1.7 \times 10^{-7} \pm 8.2 \times 10^{-8}$），说明该混合菌群固定化结束后在以甲烷为底物条件下，除 pMMO 外还有共代谢降解的苯酚羟化酶，在 TCE 降解过程中起主要作用。尽管多种酶对 TCE 都有降解能力，但 $pmoA$ 基因的相对表达量比 $LmpH$ 基因高 3 个数量级，表明 pMMO 比苯酚羟化酶对 TCE 具有更强的亲和氧化能力。

自然环境条件下，微生物之间形成多种相互作用关系，使混合菌对于污染物有更强的耐受性。高通量测序技术考察了 TCE 降解前后反应器中固定化微生物的群落结构。样品的序列信息和多样性指数如表 6-9 所列，两个样品序列数分别为 33150 条和 59758 条，测序覆盖度基本达到 100%，说明对混合菌群 SWA1 中的微生物序列有足够的测序深度，测序结果充分反映了 SWA1 中微生物数量和种类的真实情况。门分类水平的群落结构如图 6-26 所示，固定化的主要微生物为变形菌门（Proteobacteria）（49.5%）和拟杆菌门（Bacteroidetes）（44.5%），氯代烃降解后变形菌门（Proteobacteria）减少了 7%，拟杆菌门（Bacteroidetes）减少了 26.4%，新出现了绿弯菌门（Chloroflexi）（19.9%）和酸杆菌门（Acidobacteria）（15.0%），说明 TCE 降解过程中混合菌群 SWA1 群落结构发生了变化。已有相关研究表明，在覆盖土对 TCE 的耐受性研究中也发现了甲烷氧化菌群落结构的显著变化。

表 6-9　典型样品的高通量测序序列信息和多样性指数

| 样品 | 序列数/条 | 0.97 | | | | | |
|---|---|---|---|---|---|---|---|
| | | OTUs | Ace | Chao 1 | Coverage | Shannon | Simpson |
| 降解前 | 33150 | 52 | 52 | 52 | 1.0000 | 2.5 | 0.1 |
| 降解后 | 59758 | 211.3 | 154.3 | 159.8 | 0.9995 | 2.6 | 0.1 |

TCE 降解前后主要菌属及生物特性如表 6-10 所列。TCE 降解前固定化的优势菌属包括以 MMOs（sMMO 和 pMMO）共代谢降解 TCE 的 $Methylocystaceae\_unclassified$ 和以 MMOs 氧化甲烷代谢产物甲醇为碳源和能源生长的生丝微菌属 $Hyphomicrobium$，而非优势菌群中还有很多功能微生物可以直接或共代谢方式降解 TCE，如嗜甲基菌属（$Methylophilus$）能以甲醇等为碳源利用脱卤素酶降解 TCE，慢生根瘤菌属（$Bradyrhizobium$）能够氧化二氯乙烯、氯乙烯和 TCE，罗尔斯通菌属（$Ralstonia$）可以苯酚为碳源产生苯酚羟化酶共代谢降解 TCE。

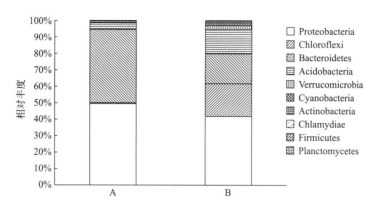

图 6-26　TCE 降解前后门分类水平的群落结构

A—TCE 降解前群落结构；B—TCE 降解后群落结构

表 6-10　TCE 降解前后主要微生物及其生物特性

| 生物种类 | 序列数/条 | | |
|---|---|---|---|
| | 降解前 | 降解后 | 生物特性 |
| *Chitinophagaceae*_unclassified | 8296(23.6) | 5389(8.6) | — |
| *Methylocystaceae*_unclassified | 6819(19.4) | 0(0) | Ⅱ型甲烷氧化菌,可以共代谢降解 TCE |
| *Ferruginibacter* | 5380(15.3) | 5693(9.1) | — |
| *Hyphomicrobium* | 3466(9.8) | 3166(5.0) | 可以甲醇为碳源 |
| *Methylophilus* | 1688(4.8) | 625(0.99) | 能通过脱卤素酶直接代谢氯代烃 |
| *Bradyrhizobium* | 1672(4.8) | 2527(4.0) | 能够氧化二氯乙烯、氯乙烯和 TCE |
| *SJA-149_norank* | 1349(3.8) | 9430(15.0) | — |
| *Sediminibacterium* | 1002(2.9) | 226(0.4) | 兼性厌氧菌,能共代谢降解氯代烃 |
| *Chitinophagaceae*_unclassified | 961(2.7) | 23(0.03) | — |
| *Ralstonia* | 780(2.2) | 1605(2.6) | 可以苯酚为底物共代谢降解 TCE |
| *Rhodanobacter* | 578(1.7) | 1287(2.0) | — |
| *Xanthobacter* | 533(1.5) | 889(1.4) | — |
| *Mesorhizobium* | 415(1.2) | 1089(1.7) | 可以利用葡萄糖的好氧菌,并能积累重金属 |
| *Anaerolineaceae*_unclassified | 211(0.6) | 12485(19.9) | 在甲烷存在的条件下是生长优势菌属 |
| *Methylocystis* | 0(0) | 9927(15.8) | 可共代谢降解多种氯代烃的模型菌株 |
| *mle1-27_norank* | 0(0) | 2901(4.6) | — |
| *Opitutus* | 0(0) | 1336(2.1) | 厌氧菌,以多糖为碳源 |
| *MLE1-12_norank* | 0(0) | 1160(1.9) | — |
| 其他 | 1856(5.6) | 2928(4.9) | — |
| 共计 | 33150 | 59758 | — |

注：括号内的数值为相对丰度值，单位为%。

　　TCE 降解后优势菌属为 *Anaerolineaceae* _ unclassified 和甲基孢囊菌属（*Methylocystis*），除优势微生物外，还含有生丝微菌属（*Hyphomicrobium*）、嗜甲基菌属（*Methylophilus*）、慢生根瘤菌属（*Bradyrhizobium*）、罗尔斯通菌属（*Ralstonia*）等多种环境功能

微生物。经过 TCE 降解过程，*Methylocystaceae*_unclassified 的序列数量显著减少（19.4％到 0），而 *Anaerolineaceae*_unclassified 和甲基孢囊菌属（*Methylocystis*）的序列数显著增加（0.6％到 19.9％和 0 到 15.8％）。进一步证明 TCE 或其次级代谢产物可以刺激某些微生物的生物活性，也可不同程度地抑制其他微生物的生物活性。

因此，该固定化混合菌群 SWA1 降解 TCE 是多种功能微生物、多种降解机制的协同作用，包括含有 MMOs 的 *Methylocystaceae*_unclassified、甲基孢囊菌属（*Methylocystis*）和含有苯酚羟化酶的罗尔斯通菌属（*Ralstonia*）的共代谢催化氧化，以及慢生根瘤菌属（*Bradyrhizobium*）的直接氧化。除了共代谢和直接氧化外，这些微生物之间还存在共营养等互利共生关系。研究表明，*Methylocystaceae*_unclassified 在 TCE 的降解过程中产生的次级代谢产物如甲醇、甲醛等，可能为其他微生物［如生丝微菌属（*Hyphomicrobium*）和甲基孢囊菌属（*Methylophilus*）］提供了碳源，维持了它们的存在。共存的微生物在获得碳源后，产生的一些酶进而可以促进 TCE 的降解。

## 二、甲烷氧化菌中氯代烃降解的关键酶

甲烷氧化菌能够产生两种类型的 MMO（sMMO 和 pMMO），MMO 在降解过程中起着关键作用。由于两种酶在底物范围、底物亲和性和对抑制剂敏感程度等方面的差异性，导致不同菌株催化降解氯代烃的范围和效率不同。

两种 MMO 如何催化氯代烃氧化及其活性的差异是长期困扰研究者的问题。研究表明，当菌体生长在高浓度铜离子条件下时，MMO 的还原型辅酶（NADH）会受到抑制，Ⅱ型甲烷氧化菌中的 sMMO 在较低铜离子浓度时才能表达，而 pMMO 几乎存在于所有的甲烷氧化菌中。但 sMMO 似乎比 pMMO 有更广泛的特异性，大量关于 sMMO 的研究已经通过 *M. trichosporium* OB3b 展开，纯 sMMO 比其他混合或纯菌株对 TCE 的降解速率高出至少 1 个数量级，这说明它在生物降解领域中有着更加广泛的应用潜力。

Anderson 等利用表达 pMMO 的混合甲烷氧化菌对氯乙烯（VC）等五种氯代烯烃的降解做了研究，发现顺-1,2-二氯乙烯（*cis*-1,2-dichloroethylene，*c*-1,2-DCE）、TCE 和 1,1-DCE 的降解率远小于表达 sMMO 的菌株，但 *t*-1,2-DCE 和 VC 的降解量是所报道的表达 sMMO 细胞的 20 倍，这说明同一种酶对不同底物的亲和能力差别较大。Oldenhuis 等利用 *M. trichosporium* OB3b 连续培养方式对包括 TCE 在内的 11 种氯代脂肪烃降解进行了研究，发现 sMMO 的表达不受抑制且存在共底物（乙酸盐）时 TCE 才能被降解，说明 TCE 降解是严格的共代谢过程。Tsien 等利用铜离子抑制 sMMO 的合成时，甲烷和甲醇的氧化率无变化，但随着 sMMO 的出现 TCE 降解率逐渐增大，这也间接说明了 TCE 降解是 sMMO 的作用，随后他们用蛋白质免疫印迹技术直接验证了该结论。Fox 等利用由 *M. trichosporium* OB3b 菌株中纯化的 sMMO 对卤（氟、氯、溴）代烯烃的降解做了研究，发现包括 TCE 在内的多种卤代烯烃都能被降解，且高于其他能降解氯代烃的微生物 7000 倍以上。Jahng 等同样将由污染水体中分离的 *M. trichosporium* OB3b 中纯化的 sMMO 应用于 TCE 降解，降解能力是其他降解 TCE 酶的 50 倍以上。

尽管 sMMO 对许多氯代烃有高效的催化氧化作用，但 sMMO 在氯代烃和甲烷之间强烈的竞争性抑制和 *smmo* 基因位点表达易受环境影响等原因限制了该类菌体的应用。Jahng 等将克隆的 5.5kb *smmo* 位点基因导入 *Pseudomonas putida* F1/pSMMO20 中，含该基因的质粒在菌体中能稳定存在，该重组菌株能利用 CF 生长，其生长速率高于菌株

*M. trichosporium* OB3b，但其对 TCE 的降解能力较 *M. trichosporium* OB3b 弱，且过程中不存在竞争性抑制。Fox 等和 Jahng 等的研究表明，sMMO 在工程上的应用是可行的，利用基因工程的方法有望实现生物降解污染物的新突破。Lee 等发现，表达 pMMO 甲烷氧化菌较 sMMO 菌株有更高的生长速率，但当 VC，*t*-DCE，TCE 的浓度大于 $10\mu mol/L$ 时，其活性细胞对氯代烃降解率却低于表达 sMMO 的菌株；三种氯代烃浓度大于 $100\mu mol/L$ 时，表达 pMMO 细胞的生长速率和对氯代烃的降解速率都会增加。这些发现都表明，对于污染物的降解，MMO 的结构和菌体生长的相对速率是重要的影响因素。

Phelps 等分离了一株能够产生 pMMO 并能结构性表达 sMMO 的 *M. trichosporium* OB3b 变体菌株。而且，在无铜离子条件下，其对 TCE 的降解速率是野生菌株的 2 倍。Koh 等分离得到了第一个已知能表达 sMMO 的 Ⅰ 型甲烷氧化菌 *Methylomonas methanica* 68-1，该菌株能降解萘和 TCE，其活性比相同条件下 *M. trichosporium* OB3b 中的高，但对 TCE 的亲和性小于 *M. trichosporium* OB3b［分别为（$40\pm3$）$\mu mol/L$ 和（$126\pm8$）$\mu mol/L$］，利用基因探针基因组示踪和印迹杂交分析显示两种菌株内的 sMMO 几乎没有同源性。以上研究表明，sMMO 在自然界中发展是多样的。

sMMO 催化氧化的范围非常广泛，包括烷烃的羟基化，烯烃、醚类、氯代烷烃的环氧化等，但在实际应用过程中，菌体降解范围、菌株的生长效率、生物转化的产物、酶的稳定性及基因的表达规律等都是重要的影响因素。

## 三、甲烷氧化菌的共代谢降解动力学

（1）氯代烃降解动力学概述　在确定了一些甲烷氧化菌能够降解氯代烃后，研究者着手对其降解动力学进行研究，以实现氯代污染物的调控和生物降解。Strand 等在封闭的反应器中研究了 TCE、TCA 降解动力学和甲烷氧化动力学，而封闭系统的优点是最大限度避免了由环境因素对实验的影响。结果显示：两种氯代烃浓度小于 $3000\mu g/L$ 时，其降解均符合一级动力学，动力学常数分别为 $3.7\times10^{-4}L/(mg\cdot h)$ 和 $8.8\times10^{-5}L/(mg\cdot h)$；TCE 浓度大于 $7770\mu g/L$ 时，菌体无降解活性；甲烷浓度大于 $0.25mg/L$ 时，TCA 降解受到抑制；停止甲烷供应，TCE 和 TCA 的降解逐渐停止且二者混合时其降解率很低。这表明了生物降解过程中底物之间存在竞争性抑制且动力学研究存在一定的底物浓度范围。

随后 E. Arvin 利用含有由氯代烃污染水体分离的混合甲烷氧化菌的生物膜反应器探究了 TCE 等 4 种氯代烃的降解动力学，当氯代烃浓度为 $0\sim1.0mg/L$ 时，降解均符合一级动力学，TCE 和 TCA 有相同的降解速率（其他研究中 TCA 降解速率很小或无降解）。Broholm K. 等首次利用混合菌株提出并验证了底物竞争性抑制，以不同初始浓度的 TCE（$50\sim4300\ \mu g/L$）和甲烷（$0.53\sim3.2mg/L$）模拟了降解模型，该模型的建立为甲烷氧化菌降解 TCE 的研究及原位生物修复的工程设计提供了一定的理论指导。

由于在生长底物和共代谢底物之间存在着竞争性抑制，所以确定最适底物比例至关重要。研究者以 TCE 降解为例建立了生长底物、共代谢底物和氯代物降解率之间的三维曲面（图 6-27）。当 TCE 浓度为 $7.5mg/L$ 时，最佳 TCE 的降解率处在较为狭小的区域，所以在降解研究过程中氯代烃的降解率通常较低。

（2）模型菌株 *Methylosinus trichosporium* OB3b　研究者在分析氯代烃降解动力学时所用的菌体、底物及反应条件的不同，造成了不同条件下同一参数的不可比性。本书全面总结了模型菌株 *M. trichosporium* OB3b 对多种氯代烃的降解动力学参数，如表 6-11 所

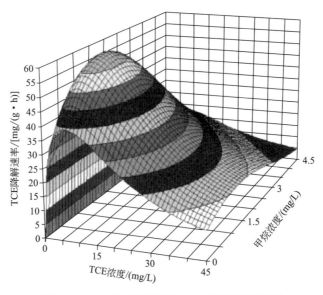

图 6-27　TCE 和底物浓度与 TCE 降解率的关系

列。Oldenhuis 等研究了 *M. trichosporium* OB3b 对 TCE 等 9 种氯代烃的降解动力学，其中 CF、*t*-1,2-DCE 和 TCE 的最大降解速率（$v_{max}$）分别为 550nmol/（$mg_{cell}$ · min）、330nmol/（$mg_{cell}$ · min）和 290nmol/（$mg_{cell}$ · min），为易降解化合物。当 sMMO 存在时，二氯甲烷（dichloromethane，DCM）和 CF 能够被 *M. trichosporium* OB3b 快速降解，CF 的速率常数是 TCE 的 8 倍，而 1,2-DCA、TCA 和 1,1-DCE 却很难被降解（速率常数小于 2mg/L），说明这种酶与 CF 的亲和性最大。

表 6-11　不同条件下菌株 *M. trichosporium* OB3b 对氯代烃的降解动力学参数

| 氯代烃 | 初始浓度<br>/(mg/L) | 半饱和常数<br>$K_s$/(mg/L) | 最大降解速率<br>$v_{max}$/[mg/(mg · d)] | 拟一级动力学常数<br>$K_a$/[L/(mg · d)] | 温度<br>/℃ |
|---|---|---|---|---|---|
| DCM | 0.42～21.2 | 0.34 | 4.0 | 11.9 | 30 |
|  |  |  |  | 11.52 | 30 |
| CF | 0.6～29.9 | 4.06 | 94.2 | 23.2 | 30 |
|  | 0.1 |  |  | 0.3 | 室温 |
|  | 0.13～0.15[①] | 3.1 | 2.8 | 0.88 | 22 |
|  |  |  |  | 1.87 | 30 |
| 1,2-DCA | 0.5～24.8 | 7.6 | 9.3 | 1.2 | 30 |
|  |  |  |  | 1.44 | 30 |
| TCA | 0.67～33.4 | 28.6 | 4.6 | 0.16 | 30 |
| VC |  |  |  | 10.94 | 30 |
| 1,1-DCE | 0.48～24.2 | 0.48 | 0.84 | 1.7 | 30 |
|  | 0.01～3.4[①] | >3.4 | >7.5 | 2.4 | 22 |
|  |  |  |  | 4.61 | 30 |

| 氯代烃 | 初始浓度 /(mg/L) | 半饱和常数 $K_s$/(mg/L) | 最大降解速率 $v_{max}$/[mg/(mg·d)] | 拟一级动力学常数 $K_a$/[L/(mg·d)] | 温度 /℃ |
|---|---|---|---|---|---|
| c-1,2-DCE | 0.48~24.2 | 2.9 | 25.4 | 8.7 | 30 |
|  | 0.05~5.6① | 1.1 | 9.5 | 5.1 | 22 |
|  |  |  |  | 7.06 | 30 |
| t-1,2-DCE | 0.48~24.2 | 14.3 | 46.2 | 3.2 | 30 |
|  | 0.05~37① | 6.4 | 24.8 | 3.7 | 22 |
|  |  |  |  | 4.75 | 30 |
| TCE |  |  |  | 4.46 | 30 |
|  | 0.66~32.9 | 19.1 | 54.9 | 2.9 | 30 |
|  | 0.06~8.0 | 10.8 |  | 1.7 | 22 |
|  | 1.0 |  |  | 3.31 | 室温 |
|  | 0.0263~13.15 |  |  | 3.08 | 30 |
|  |  | 7.0~36② | 0.454~0.757 |  | 30 |

① 为变种菌株 M. trichosporium OB3b pp358 的降解动力学参数。

② 单位为 μmol/L。

Van Hylckama 等利用自动进样装置研究了 8 种氯代脂肪烃的降解动力学常数，这保证了气液传质的快速平衡，将实验误差降低到最小。结果显示，DCM 和 VC 的降解速率比其他 6 种氯代烃高 1 个数量级，DCM、VC、c-1,2-DCE、t-1,2-DCE、1,1-DCE、TCE、CF、1,2-二氯乙烷（1,2-dichloroethane，1,2-ECD）的一阶速率常数依次减小。同时，这也是第一次利用 M. trichosporium OB3b 研究 VC 的速率常数。Speitel 等在同样条件下研究了氯代物的降解，结果显示，TCE 的速率常数（0.5~3.31mg/d）是 CF（0.2~0.4mg/d）的 2.4~11 倍，存在甲烷时由于严重的酶竞争性抑制机制，CF 的速率常数更小，但有的研究结果显示 CF 的降解速率高于 TCE。这也说明不同实验条件及菌体的变异性差异产生不同的实验结论是不可避免的。

Fox 等通过额外添加生物酶研究了 sMMO 对氯代烃降解的动力学常数，结果显示，1,1-DCE、c-1,2-DCE 和 TCE 的降解速率提高了 5 个数量级，t-1,2-DCE 也增大了 4 个数量级。由此可知，通过添加 sMMO 组成酶（hydroxylase 羟化酶、reductase 还原酶和 NADH）可以增强其活性，如果菌体或 sMMO 能够实现工程化应用，通过额外添加合成生物酶提高其活性不失为一种有效的方法。Arvin 利用生物膜反应器研究发现，t-1,2-DCE 在混合甲烷氧化菌中比 M. trichosporium OB3b 的降解速率快，TCA 的降解速率和 TCE 在同一数量级。所以为了使氯代烃的需氧生物降解达到实际的可行性，提高 TCE、TCA 和 c-1,2-DCE 等的降解率是极其必要的。

Aziz 等和 Fitch 等利用 M. trichosporium OB3b 的变种菌株——M. trichosporium OB3b PP358，对单一和混合氯代烃的降解动力学做了研究，该菌株对 TCE、CF、c-1,2-DCE、t-1,2-DCE 和 1,1-DCE 的最大降解速率 $v_{max}$ 分别为 >20.8mg/(mg$_{cell}$·d)、3.1mg/(mg$_{cell}$·d)、9.5mg/(mg$_{cell}$·d)、24.8mg/(mg$_{cell}$·d) 和 >7.5mg/(mg$_{cell}$·d)，半饱和常数 $K_s$ 的变化范围为 1~10mg/L。二元氯代烃混合物 TCE（0.3~<0.5mg/L）、c-DCE（<5mg/L）、TCE（<7mg/L）和 1,1,1-TCA 降解过程未发现竞争性抑制。自然环境下的污染物是非单一性的，为了使菌体实现工程上的应用，有必要建立合理的单一氯代烃、二元氯代烃甚至多

元氯代烃降解动力学模型。

不同氯代烃的动力学常数相差悬殊，可以看出各氯代烃的半饱和速率常数 $K_s$、最大降解速率 $v_{max}$、虚拟一阶速率常数 $K_a$ 的变化范围分别为 $0.34 \sim 28.6$ mg/L、$0.45 \sim 94.2$ mg/($mg_{cell} \cdot d$)、$0.16 \sim 11.52$ L/(mg·d)。在不同条件（温度、培养条件、氯代烃浓度等）下，即使是同一氯代烃其动力学常数也相差很大（如 CF 的 $v_{max}$ 最大值是最小值的 33.6 倍，$K_a$ 变化了 77.7 倍；TCE 在浓度 $0.0263 \sim 32.9$ mg/L 范围内，$v_{max}$ 变化了 120 倍）。在动力学研究中，氯代烃的种类、结构、培养条件及菌株的类型等是重要的影响因素。

对比而言，*M. trichosporium* OB3b 通常比混合菌的降解能力强。同时，有研究表明，氯化程度也影响氯代烃的相对速率常数，且随着氯化程度的增加，降解能力逐渐减弱。DCM 的降解速率常数比含有一个氯原子的 CF 要高。氯代烷烃的生物降解速率与氯代烯烃相比有很大的不同，TCA 的速率常数比 CF 要低；对于氯代烯烃，VC 的速率常数最大，TCE 的最小（图 6-28）。

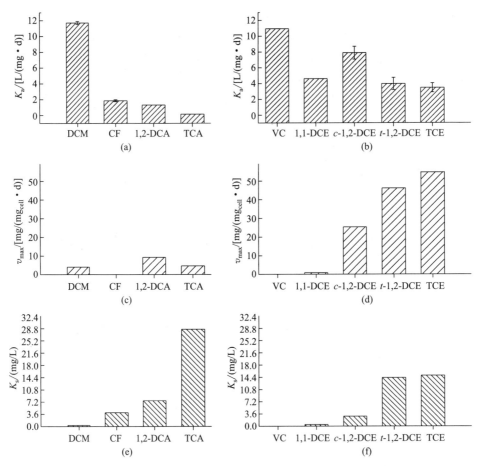

图 6-28　烃的氯化程度对一阶速率常数 $K_a$、最大降解速率 $v_{max}$ 和半饱和常数 $K_s$ 的影响

(a)、(c)、(e) 为氯代烷烃；(b)、(d)、(f) 为氯代烯烃

## 四、兼性甲烷氧化菌的氯代烃降解特性

兼性甲烷氧化菌有着独特的生理学和底物选择特性。*Methylocella* 是首先被确定和公认

的兼性甲烷氧化菌。大多数甲烷氧化菌都有 pMMO，也有少数同时有 sMMO 和 pMMO。但 *Methylocella* 仅有 sMMO，并且较常见甲烷氧化菌而言缺少广泛的胞内膜体系，而其另一显著特点是能利用多碳化合物（乙酸、丙酮酸、琥珀酸、苹果酸和乙醇），实际上这些多碳化合物是优先被 *Methylocella* 利用的。

尽管通过降解动力学能够判断污染物的降解是哪种 MMO 的作用，但是污染物与生长底物之间存在着复杂的酶竞争机制。尽管甲烷氧化菌有广泛的底物降解范围，但是甲烷在水中是微溶的这个事实使得甲烷氧化菌作为介质的生物修复实现有了一定的难度。研究发现一些兼性甲烷氧化菌能利用多种碳源表达 MMO，这就使得在没有甲烷的条件下利用甲烷氧化菌降解污染物成为可能，从而有望克服 MMO 的底物竞争性抑制。

近几年来研究者们研究最多的为 α-Proteobacteria 的兼性甲烷氧化菌——*Methylocystis* strain SB2，研究发现，它能够结构性表达 MMO，并且能够在以乙酸或乙醇为底物的培养基中降解多种氯代烃类污染物。J. Im 等研究发现，以甲烷或乙醇为碳源时能够降解除 DCM 外的多种氯代烃，且所有氯代烃都会影响甲烷的氧化，除 1,1,1-TCA 外，其他氯代烃不影响菌体在乙醇中的生长；以乙醇为培养基时，添加乙酸盐抑制了所有氯代烃的降解，混合氯代烃（烷烃和烯烃）在甲烷或乙醇培养基中只有烯烃能被降解。这些事实说明，该降解过程是由于 pMMO 的作用，pMMO 的竞争性抑制限制了菌株的生长和氯代烃的降解，且不同氯代烃的降解机理不同。

随后，Yoon 等首先利用 PCR 和反转录 PCR（RT-PCR）技术证明在乙酸盐中 *pmoA* 的表达比在甲烷中减少了 1~2 个数量级，利用添加抑制剂的方法对 *Methylocystis* strain SB2 降解 TCE 等 3 种氯代烃的研究同样得到了 J. Im 等的结论。Jagadevan 等基于 *Methylocystis* strain SB2 降解氯代烃的研究得到了 2 点重要的结论：①*Methylocystis* strain SB2 在乙醇中生长时 pMMO 为非必需酶，乙醇能够作为一种选择性生长基质促进污染物的降解；②菌株 SB2 能够利用乙醇增强污染物的转移和降解。

20 世纪末，Han 等和 Lontoh 等对 *Methylomicrobium* album BG8 降解氯代烃做了较为系统的研究，通过同位素示踪法对代谢产物进行了研究，通过降解过程探究了氯代烃的降解动力学。Han 等以甲烷为底物对 10 种氯代烃降解做了研究，推导出 DCM、VC、*t*-1,2-DCE、*c*-1,2-DCE 的降解遵循 Michaelis-Menten 动力学方程，并根据氯代烃降解程度及对菌体的毒性作用将其分为 4 类：①能够被降解，对菌体毒性小；②能够被降解，有强烈的毒性作用；③不能被降解，对菌体毒性小；④不能被降解，有强烈的毒性作用。Oldenhuis 等特意把 TCE 对细胞的毒性做了详细研究，利用活性炭对 TCE 的吸附和解析观察细胞的活性及其降解情况，发现细胞的失活程度与 TCE 的降解量成正比，且 $^{14}C$ 标记的 TCE 在转化过程中，包括 MMO 在内的各种蛋白质都出现了放射性，这证实了细胞失活是由于降解产物与细胞蛋白质共价键的非特异性结合。Han 等研究表明，一氯甲烷能够作为菌体碳源促进其在甲醇中生长，并得到其表观速率常数 $K_{obs}$ 和最大降解速率 $v_{max}$ 分别为 $(11\pm3)\mu mol/L$ 和 $15\pm0.6 nmol/(mg \cdot min)$。Lontoh 等将 *Methylococcus capsulatus* Bath 中纯化的 pMMO 用于 TCE 降解研究，结果表明 TCE 能被 pMMO 降解为 $CO_2$，通过乙炔至失活原理证明 *Methylomicrobium* album BG8 中 pMMO 是氯代物氧化的活性物，并提出了 TCE 降解途径：TCE 首先转化为环氧化合物，而后通过自发化学反应释放 HCl 变为乙醛酸盐，其在 pMMO 的作用下氧化为甲酸盐和二氧化碳。图 6-29 和图 6-30 为 Alvarez-Cohen 等提出的 MMO 对 TCE 和 CF 的催化氧化过程。

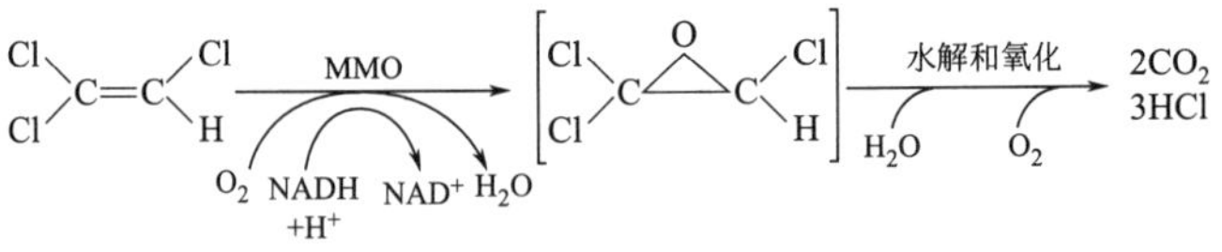

图 6-29 MMO 催化降解 TCE 过程

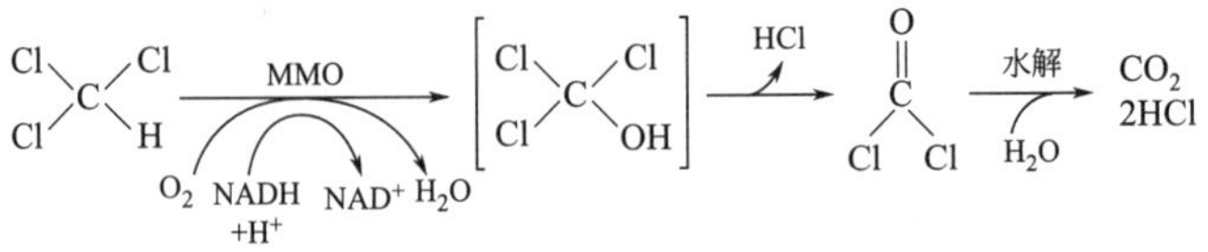

图 6-30 MMO 催化降解 CF 过程

pMMO 和 sMMO 不仅在细胞中的存在方式不同，而且它们对抑制剂的敏感程度也有差别。pMMO 包含更多敏感的酶，pMMO 的底物范围较 sMMO 的小，降解速度较缓慢，所以早期的研究主要针对表达 sMMO 的细胞且多数是只有一种甲烷氧化菌和单一污染物的简单系统。在复杂的原位自然环境下，表达 pMMO 的菌株在普遍化氯乙烯类污染物中更容易存活，并且能够氧化去除环状和芳香烃外长度高达 5 个碳原子以上的烷烃和烯烃，有研究显示 pMMO 对碳的利用率比 sMMO 高 38%，这表明在利用表达 pMMO 的兼性甲烷氧化菌降解氯代物时有了较为广泛的碳源，同时通过添加像乙醇类的多碳化合物来克服由于甲烷的微溶性对菌体生长的影响也成为可能，这使得越来越多的研究逐渐青睐于 pMMO。研究者们利用乙醇原位注入被 TCE 和四氯乙烯污染的水中强化甲烷氧化菌对污染物的降解，并验证了其可行性。Lee 等和 Yoon 等利用 "Δ 模型"［式（6-12）］预测了 sMMO 和 pMMO 的表达，结果显示表达 pMMO 的甲烷氧化菌选择的氯代烃浓度范围超过 sMMO 的细胞。所以能够利用多碳化合物的兼性甲烷氧化菌比专一甲烷氧化菌在降解氯代烃上有更强的优势。

$$\Delta = \frac{v_G - \sum_{i=1}^{n} v_{P_i}}{v_G} = \frac{\dfrac{v_{\max}^G s^G}{K_s^G + s^G} - \sum_{i=1}^{n} \dfrac{v_{\max}^{P_i} P_i}{K_s^{P_i} + P_i}}{\dfrac{v_{\max}^G s^G}{K_s^G + s^G}} \tag{6-12}$$

式中　$v_{\max}^G$，$v_{\max}^{P_i}$——生长底物和污染物转化的最大速度；

　　　$K_s^G$，$K_s^{P_i}$——生长底物和污染物结合的半饱和常数；

　　　$s^G$，$P_i$——生长底物和污染物的浓度，并且其值可以从小于 0 到 0。

# 第三节　甲烷氧化菌对氯代烃的共代谢降解的应用潜力

近 20 年来，利用甲烷氧化菌在氯代烃类污染物生物降解中的应用取得了许多实质性的进展，这主要包括反应器规模的氯代烃类污染物生物修复和原位实地污染物的生物移除。生物反应器分为基质、菌体生长及污染物的降解发生在同一空间的单级反应器和菌体生长与污染物降解发生在不同地点的多级反应器。多级反应器的最大优势是避免了生长基质和污染物之间对 MMO 的竞争性抑制，从而提高了污染物的降解能力。原位生物修复的关键步骤是通过添加安全廉价的碳源、氮源等对本土甲烷氧化菌的生物刺激从而增强其对污染物的共代谢降解能力。

尽管甲烷氧化菌在氯代污染物的生物降解方面展示了广泛的应用前景，但从生物工程角度来看仍存在一些问题，主要包括：发现的能够降解氯代污染物且较易控制生物活动的甲烷氧化菌菌株的数量较少；在分子水平上对一些已知的甲烷氧化菌的研究还并不完善。另外，还包括由于兼性甲烷氧化菌的丰度及分布不确定性和甲烷及氧气的低溶解性导致较低的菌体密度，生长底物和氯代污染物与氯代物和氯代物之间竞争性抑制的存在；污染物及共代谢产物的毒性引起菌体活性及转化效率的降低等。

由于专性甲烷氧化菌仅能以甲烷或甲基化合物为碳源，这就使得菌体富集和扩大培养手段难于在工程上应用。兼性甲烷氧化菌的研究可以实现以经济廉价的多碳碳源进行菌体增殖，这恰好弥补了这一不足。通过提高卤代烃的降解率，以多碳化合物为基质对兼性甲烷氧化菌快速富集，利用动力学研究选择最佳比生长速率，尽量避免 MMO 竞争性抑制等方式，将使兼性甲烷氧化菌在氯代烃的生物修复领域展现出广阔的工程应用前景。

未来在研究中，应该更广泛地确定兼性甲烷氧化菌在不同地域的丰度和分布，以及在异养生物同时存在时竞争底物的能力。在基因工程领域利用基因组测序等方法揭示更多的遗传信息，促进新型甲烷氧化菌株的发现；设计具有高气液传质效率的新型生物反应器，提高菌体的密度及其循环利用率；构建合理的菌体生长动力学、共代谢抑制动力学及底物消耗动力学，以确定合理的底物和污染物浓度比。

解决以上问题不仅能够促进甲烷氧化菌在污染物降解中的应用，而且还能指导其他降解氯代烃污染物的甲基营养菌研究。目前，兼性甲烷氧化菌的研究才刚刚起步，国内外公开的兼性甲烷氧化菌株还不超过 10 个，更多新菌的分离纯化和生物特性都亟待研究，氯代烃生物降解过程中菌体的底物亲和性、竞争性和共代谢条件下的降解机理机制信息也十分欠缺，在此基础上，开发新型生物反应器和菌株的扩培强化是保证其工程应用的关键。这些方面的研究也是决定甲烷氧化菌实际应用价值的重要理论和工艺基础。

# 第七章

# 甲烷氧化菌的其他应用与发展

## 第一节　甲烷氧化菌在生物转化中的应用

### 一、甲烷氧化菌制取甲醇

甲醇广泛应用于化学工业的各个领域，是重要的有机化工基础原料，甲醇可由甲烷、煤炭和重油等通过多步化学反应合成，迄今尚没有一种化学催化剂可一步直接氧化甲烷生成甲醇，已有的合成方法不仅需要多步反应，而且反应要在 900℃ 的高温下进行，而且反应的选择性和转化率都很低。虽然有的反应可以在 180℃ 下得到约 43% 回收率的甲醇，但汞催化体系对环境所造成的污染限制了其应用推广。

生物催化具有反应条件温和、选择性高等特点。由于甲烷氧化菌的主要特征酶——甲烷单加氧酶（MMO）具有催化氧化甲烷生成甲醇等羰基化合物的特性，因此，关于甲烷生物催化甲醇的研究引起了广泛关注。在工业应用方面，使得甲烷氧化菌催化甲烷部分氧化成甲醇成为可能。

（1）甲烷氧化菌制甲醇的方法　许多研究者利用甲烷氧化菌开展了生物转化制甲醇的研究。赵树杰等发现利用甲基弯菌 *Methylosinus trichosporium* IMV 3011 可以催化 $CO_2$ 生物转化生成甲醇，在休眠的悬浮细胞中充入 $CO_2$ 后，反应一段时间后在反应液中检测到了甲醇。$CO_2$ 转化成甲醇是一个需要能量推动的反应，为了补充反应所需的能量，反应一段时间后需用甲烷进行能量补充，以恢复细胞中的还原当量 NADH。甲烷首先被对 NADH 有依赖性的 MMO 氧化为甲醇，而甲醇在甲基弯菌脱氢酶系的作用下继续氧化，同时产生一定量的 NADH 以维持甲烷单加氧酶的活性，其代谢途径如图 7-1 所示。

利用金属螯合剂如 EDTA、邻二氮杂菲和双吡啶等可抑制甲烷氧化细菌 *Methylosinus trichosporium* 11131 中脱氢酶系的活性和甲醇的继续氧化，从而实现积累甲醇。但这种方法也存在弊端，即由于甲醇的深度氧化被抑制，为甲烷单加氧酶提供还原能量的 NADH 很快被耗尽，需要添加甲酸钠等外源电子给体来补充辅酶 NADH，但甲酸钠价格昂贵，使反应成本大大增加。崔俊儒等提出了一个利用末端反应产物抑制脱氢酶活性进行生物催化合成

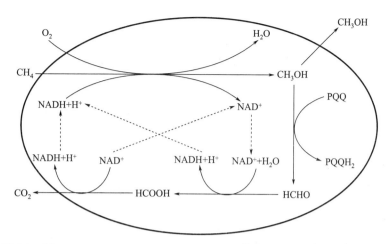

图 7-1  *Methylosinus trichosporium* IMV 3011 催化甲烷生物合成甲烷的途径

甲醇的方法，实现了辅酶 NADH 的原位再生，即在反应物中加入适量的 $CO_2$ 部分抑制脱氢酶系的活性，使得甲醇在细胞外得以积累，同时，部分甲醇仍可以继续氧化产生还原当量的 NADH 以维持甲烷单加氧酶的活性和稳定性。

（2）对甲醇积累量的影响因素  甲烷氧化菌制甲醇的影响因素有很多，如 $CO_2$ 浓度、细胞浓度、反应时间、温度和 pH 等，不同的反应条件对甲醇积累量的影响也不一样。本节主要从 $CO_2$ 浓度、细胞（菌液）浓度以及反应时间三个因素来分析其对甲醇收率的影响。

① $CO_2$ 浓度对甲醇积累量的影响。研究发现 $CO_2$ 可以抑制甲醇的继续氧化，从而造成甲醇积累。但是如果甲醇的继续氧化被完全抑制，则无法产生维持反应所必需的还原能量。因此，需要综合考虑 $CO_2$ 在甲烷氧化细菌催化甲烷制甲醇反应过程中的作用。崔俊儒等研究了在反应体系中加入 $CO_2$ 对甲醇积累的影响，实验结果如图 7-2 所示。

分析可得出以下几点：①在反应体系中加入 $CO_2$ 使甲醇得以积累；②随着 $CO_2$ 浓度的增大，甲醇积累量有一定程度的增大；③最佳的 $CO_2$ 浓度为 40％左右，超过此浓度时甲醇积累量有所下降，可能是 $CO_2$ 浓度的增加抑制了甲醇继续氧化产生还原能量 NADH，而 NADH 的减少降低了甲烷氧化的反应速率；④当反应体系中的 $O_2$ 超过 20％时，$CO_2$ 加入量的变化对反应不会产生明显影响，这可能是因为 $CO_2$ 在常压体系中已达到饱和状态。

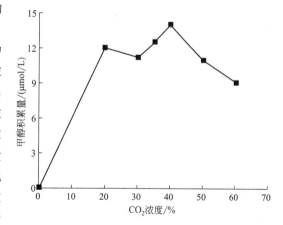

图 7-2  $CO_2$ 浓度对甲醇积累量的影响

② 细胞浓度对甲醇积累量的影响。甲烷氧化细菌的细胞浓度对甲醇积累量的影响见图 7-3。随着细胞浓度的增加，甲醇的积累量增大，最适的细胞浓度在 3mg/mL 左右。继续增加细胞浓度，甲醇积累量并没有明显地增大。这说明细胞浓度增加到一定程度时，反应液中气体底物的浓度就成了反应的限速步骤。

③ 反应时间对甲醇积累量的影响。如图 7-4 所示，反应进行到 30h 时，甲醇积累量达

到了 $18.8\mu mol/L$，而反应进行到 48h 时甲醇积累量却没有明显的增加。这可能是由于甲醇在反应体系中停留时间过长而被部分降解或者甲醇的积累引起动力学抑制。因此，应该不断地将体系中生成的甲醇转移出来。

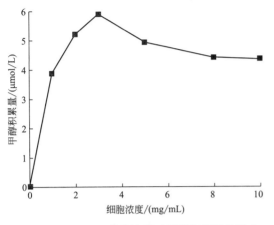 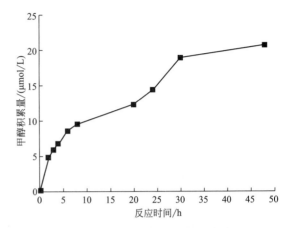

图 7-3　IMV 3011 菌体浓度对甲醇积累量的影响　　　　图 7-4　甲醇积累量随时间的变化

通过对甲烷氧化菌制甲醇的实验数据分析，得出反应最佳的 $CO_2$ 浓度为 40% 左右，最适的细胞浓度在 $3mg/mL$ 左右，反应时间控制在 48h 内积累的甲醇量最多。由于生物催化甲烷制甲醇的反应条件温和、选择性高，致使这方面的研究也越来越受到重视。只要调控合适的反应条件，使得生物催化甲烷氧化菌制甲醇的工艺量满足工业生产，那么，生物催化制甲醇的推广将会得到实现。

## 二、甲烷氧化菌制环氧乙烷

环氧乙烷（EO）是乙烯工业衍生物中仅次于聚乙烯和聚氯乙烯的重要有机化工产品，主要用于生产聚酯纤维、聚酯树脂和汽车用防冻剂的原料［如单乙二醇（MEG）、二乙二醇（DEG）、三乙二醇（TEG）和聚乙二醇（PEG）等多元醇类］。此外，环氧乙烷还可用于生产乙氧基化合物、乙醇胺、乙二醇醚以及聚醚多元醇等，在洗染、电子、医药、纺织、农药、造纸、汽车、石油开采与炼制等方面具有广泛的用途，开发利用前景广阔。

我国环氧乙烷主要用于生产乙二醇，一般为环氧乙烷和乙二醇联产，剩下的环氧乙烷用于生产乙氧基化合物、聚醚多元醇、乙醇胺、乙二醇醚等。2013 年的消费结构为：乙二醇约占总消费量的 65.5%，乙氧基化合的消费量约占 10.0%，乙醇胺的消费量约占 7.5%，聚醚多元醇的消费量约占 5.5%，聚乙二醇的消费量约占 3.7%，乙二醇醚的消费量约占 3.3%，其他方面的消费量约占 4.5%。近年来，世界环氧乙烷的生产能力与市场需求不断增加。2011 年，环氧乙烷世界总产能为 2130.1 万吨，主要分布在中东、亚洲、北美及东南亚等地；以乙二醇为主的环氧乙烷总消费量为 2080 万吨。2011 年，我国环氧乙烷产能和产量同样有了大幅提高，生产能力为 411.8 万吨，表观消费量为 347 万吨。2015 年，我国环氧乙烷产能达到 680 万吨左右。可见环氧乙烷的市场前景十分可观，但是市场竞争也十分激烈，所以提高产品的经济效益且可持续发展将是未来发展的主要方向。目前，工业上主要采用过酸、过氧化物或氯醇法生产环氧丙烷，这些方法不仅能耗高、污染环境，而且造成大量的副产品。自然界存在一种性能特殊的微生物——甲烷氧化菌，它们以甲烷作为唯一的碳源和能源进行生长，在常温常压下用空气作氧化剂，直接氧化丙烯，一步生成环氧丙烷。该过程不仅反应工序少，而且除了产物环氧丙烷外，仅有水产生。与目前化学工业中所使用的方法相比，甲烷氧化菌的催化方法转化率高，环境友好，具有很大的应用潜力。

### 1. 环氧乙烷的制备原理

MMO是甲烷氧化菌代谢途径中最重要的一种酶，可以催化烯烃环氧化，且具有较高的产物专一性和光学立体选择性。结合此，在MMO的催化下，氧原子插入至乙烯的C＝C双键中，生成环氧乙烷，此反应消耗辅酶NADH，为反应提供能量。乙烯的环氧化反应如图7-5所示。

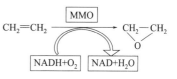

图7-5 生物法制备环氧乙烷

### 2. 环氧乙烷的催化反应过程

本节讨论以甲基弯菌（*Methylosinus trichosporium* IMV 3011）细胞为生物催化剂，催化乙烯环氧化制备环氧乙烷的过程，探索生物法制备环氧乙烷的新途径。

（1）游离生物催化剂的制备　将100mL的NMS液体培养基置于250mL锥形瓶中，灭菌冷却后接入甲基弯菌IMV 3011，接种量为10%（体积分数），密封后抽真空，置换甲烷与空气的混合气体（体积比例1∶1），间隔24h换一次气。在30℃、180r/min摇床中培养96h后，8000r/min离心15min收集细胞。用4℃、20mmol/L、pH值为7.0的磷酸盐缓冲液（含5mmol/L MgCl$_2$）洗涤2次，再悬浮于同样的缓冲液中，4℃下储存备用。

（2）固定化生物催化剂的制备　采用1 mol/L的HCl溶液浸泡活性炭颗粒，在50℃下搅拌1h，取出后再用去离子水反复洗涤，直至洗液的pH值为7.0，加热干燥备用。将活性炭置于甲基弯菌IMV 3011细胞悬液中，二者的体积比例为1∶10，室温（约20℃）下间歇搅拌20h，滤出活性炭，用4℃、20mmol/L、pH值为7.0的磷酸盐缓冲液（含5mmol/L MgCl$_2$）洗涤2次，自然晾干得到固定化形式的生物催化剂。

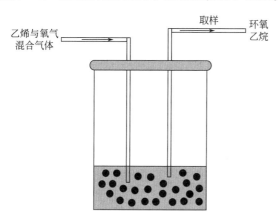

图7-6 乙烯环氧化的反应器示意

（3）环氧乙烷的制备　乙烯的环氧化反应在密封的反应器中进行（图7-6），用250mL磷酸盐缓冲液（20mmol/L，pH值7.0，含5mmol/L MgCl$_2$）将一定量的生物催化剂（固定化形式5g，吸附的干重细胞共12.5mg；游离形式12.5mL，其干重细胞为12.5mg）悬浮于3L反应器中，反应器密封后抽真空，置换一定比例的乙烯与氧气的混合气体，在30℃、150r/min下振荡反应，反应一段时间后取样，测定样品中环氧乙烷的含量。

### 3. 环氧乙烷产率的影响因素

（1）反应时间　采用游离形式和固定化形式的催化剂制备环氧乙烷，环氧乙烷的生成量与时间的关系如图7-7所示。反应初期（0～4.5h）环氧乙烷生成量不断增加，采用游离形式催化剂时环氧乙烷生成量大于固定化形式；4.5～6h采用两种形式催化剂时环氧乙烷生成量接近；6～9h采用游离形式催化剂时环氧乙烷生成量不再增加，采用固定化形式催化剂时环氧乙烷生成量继续增加直至9h达到稳定。

游离形式催化剂直接与反应器液相中的乙烯接触，反应初期（0～4.5h）环氧乙烷生成量大，可能是由于辅酶 NADH 的耗尽和产物的抑制作用，导致 6h 后环氧乙烷生成量不再增加。采用固定化形式的催化剂时，反应器液相中的乙烯先扩散至固定化催化剂周围的液膜，再扩散至固定化形式催化剂上的细胞表面，因此，反应初期（0～4.5h）环氧乙烷生成量小于采用游离形式的催化剂。固定化催化剂以活性炭为载体，活性炭对非极性的乙烯有良好的吸附作用，使得活性炭吸附的细胞周围微环境中聚集乙烯气体，因而 4.5h 后环氧乙烷生成量继续增加。分析上图可以得出，采用游离形式和固定化形式的催化剂制备环氧乙烷，适宜反应时间分别为 6h 和 8h，环氧乙烷生成量分别为 $23\mu mol/mg$ 和 $27\mu mol/mg$。

（2）乙烯初始浓度　为研究乙烯初始浓度对环氧乙烷生成量的影响，环氧乙烷反应器中充入的气体成分为氧气、乙烯、氮气，其中氧气体积分数 50%，通过氮气调整乙烯的初始体积分数为 0～30%，反应 8h 后测定样品中的环氧乙烷生成量，结果如图 7-8 所示。

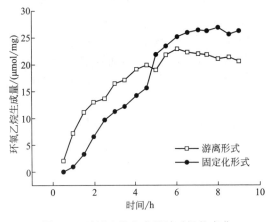

图 7-7　环氧乙烷生成量随时间的变化

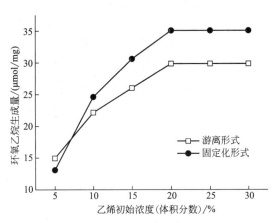

图 7-8　乙烯初始浓度对环氧乙烷生成量的影响

环氧乙烷生成量与乙烯在液相中的溶解度有关。乙烯初始浓度增大，产生的环氧乙烷量也增加；当液相中溶解的乙烯达到饱和时，虽然气相中乙烯的体积分数增大，但环氧乙烷生成量不会增加。由于活性炭对非极性气体乙烯有良好的吸附能力，且气体易扩散至细胞周围的微环境中，因此，固定化形式催化剂所在的液相能聚集更多的乙烯。从图 7-8 中可以看出，制备环氧乙烷，采用游离形式和固定化催化剂，乙烯适宜的初始浓度（体积分数）为 20%，环氧乙烷生成量为 $29\mu mol/mg$ 和 $34\mu mol/mg$。

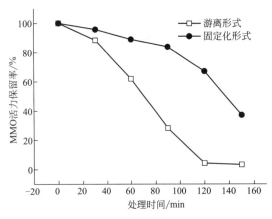

图 7-9　环氧乙烷对 MMO 活力的影响

（3）催化剂形式　甲烷氧化菌作为催化剂制备环氧乙烷，其参与反应分为游离形式和固定化形式两种形式。按前面所提及的实验方法，反应器中气相的组成为氧气 50%、乙烯 20%、氮气 30%，采用游离形式和固定化形式的催化剂，循环再生 8 次后，环氧乙烷物质的量为 2.2nmol 和 3.4nmol。图 7-9 反映了环氧乙烷对不同形式生物催化剂的产物抑制作用。

1.0nmol/L 环氧乙烷直接作用游离形

式和固定化形式催化剂 120 min，MMO 活力保留率分别为 2％、67％，可以看出，环氧乙烷对 MMO 活力有抑制作用。已有研究表明，环氧丙烷对 MMO 活力有抑制作用，它可以结合 MMO 的催化位点，特别是 MMOH。环氧乙烷与环氧丙烷的结构相似，环氧乙烷环状结构中氧的拉伸使碳原子更具有亲电性，更易与 MMO 活性部位中的亲核氨基酸残基结合，这可能是环氧乙烷对 MMO 活力有抑制作用的原因。

固定化形式催化剂的载体活性炭对环氧乙烷的吸附能力较弱，环氧乙烷可以远离固定化细胞周围的微环境，能降低环氧乙烷对细胞 MMO 活力的抑制作用，同时，结合环氧乙烷生成量确定制备环氧乙烷的生物催化剂采用固定化形式。

以 *Methylosinus trichosporium* IMV 3011 细胞为生物催化剂，催化乙烯环氧化反应制备环氧乙烷。基于生物催化法制备环氧乙烷的优化控制条件为：

① 反应器中气相的组成为氧气 50％、乙烯 20％、氮气 30％，在 30℃、150r/min 下振荡反应 8h，采用游离形式和固定化形式催化剂，环氧乙烷生成量分别为 $29\mu mol/mg$ 和 $34\mu mol/mg$。

② 生物催化剂的 MMO 活力需要再生，可采用甲烷培养实现循环再生，固定化形式催化剂再生 8 次 MMO 活力仍保留 89％，环氧乙烷物质的量为 3.4nmol。

③ 生物催化剂采用固定化形式，以活性炭为载体，通过对乙烯的吸附作用提高细胞周围的底物浓度，再生后可以持续催化环氧化反应，细胞的 MMO 活力稳定，具有良好的操作稳定性，不易吸附环氧乙烷，使环氧乙烷远离细胞进而降低产物对细胞活性的抑制作用。与传统的化学催化方法相比，本方法在常温常压下进行且反应条件温和，一步生成环氧乙烷，反应工序少，副产物仅有水，无污染，腐蚀性小，具有工业上实际应用的潜力。

由于纯 MMO 酶稳定性差、纯化过程复杂、成本高，催化反应需要辅酶的参与，所以利用甲烷氧化菌进行生物催化需要以整细胞的形式进行，而以整细胞进行催化时，必须有足够的细胞密度和催化活性。然而，甲烷氧化菌生长缓慢，培养难度大，难以获得足够高的细胞密度。Han 等为了提高环氧乙烷的浓度提出了甲烷传递体的概念，建立了一种快速高密度培养甲烷氧化菌的新方法，解决了甲烷氧化菌生长缓慢和细胞浓度低的瓶颈问题，使得甲烷氧化菌制环氧乙烷的工业发展更具有经济效益。

# 第二节　甲烷氧化菌在生物合成中的应用

## 一、甲烷氧化菌合成甲烷氧化菌素

### 1. 甲烷氧化菌素简介

甲烷氧化菌素（methanobactin，MB）来自甲烷氧化细菌，它既能够以分泌物的形式存在于细胞外，又可以颗粒型甲烷的加氧酶组成结构成分存在于细胞内膜上，是一种小分子的荧光肽。甲烷氧化菌素对铜具有较强的亲和性。Kim 等成功地研究出一套甲烷氧化菌素的纯化程序，并于 2004 年首次测定 *Methylosinus trichosporium* OB3b 菌株中具有结合铜能力的化合物的晶体结构。目前，已分析出了菌中的结构，其中每个分子通过带有氨基酸和非氨基酸残基的肽骨架结构组成的配位系统结合一个铜。与铜结合后的结构序列为：N-2-异丙基酯-(4-亚硫酰-5-羟基咪唑)-甘氨酸-丝氨酸-半胱氨酸-酪氨酸-四氢吡咯-(4-羟基-5-亚硫酰-咪唑)-丝氨酸-半胱氨酸-蛋氨酸。经验分子式为 $C_{45}H_{12}O_{14}H_{62}Cu$，分子量约为 1217，见图 7-10。

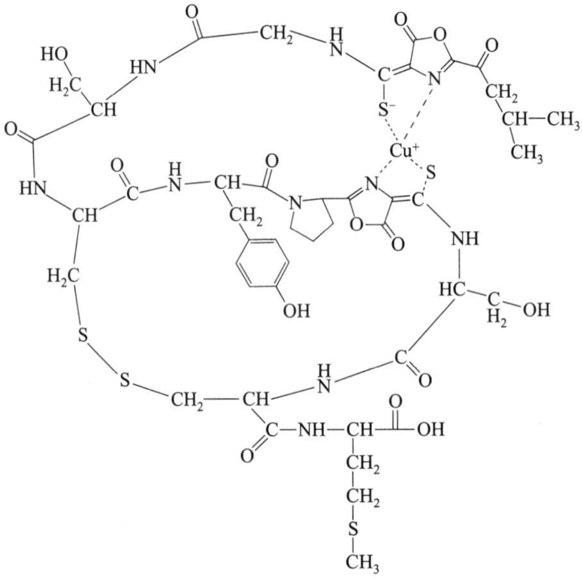

图 7-10 *Methylosinus trichosporium* OB3b 的 MB 结构

甲烷氧化菌素是由甲烷氧化菌产生的与铜捕获和吸收有关的生物螯合剂。采用 NMS/CAS-Cu 平板法检测发现甲基弯菌 *Methylosinus trichosporium* IMV3011 在以甲烷和甲醇为碳源时均具有向外界分泌 MB 的能力。*Methylosinus trichosporium* IMV3011 在铜胁迫下能够在培养介质中积累 MB，以甲醇为碳源时 MB 的积累量明显高于以甲烷为碳源时 MB 的积累量，推测 MB 的合成与细胞中 NADH 含量有关。MB 的专一性研究发现，从甲基弯菌 *Methylosinus trichosporium* IMV3011 发酵上清液中分离到的 MB 能够提高甲烷氧化菌由无铜培养基向含铜培养基转移时的 pMMO 活性的表达，并明显缩短它们由无铜培养基转移到含铜培养基时生长的延滞期，提高生长速度。

铜对甲烷氧化菌素的合成起着重要的作用。如图 7-11 所示，铜不仅对甲烷氧化菌表达何种类型的 MMO 起到调控作用，而且参与了 pMMO 活性中心和内膜系统的构建。只有当细胞内含有一定量的铜后，pMMO 基因才表达并表现活性，同时 sMMO 基因关闭。甲烷氧化细菌满足其高铜需求的一种方法是合成并向胞外释放对铜具有高亲和性的 MB。已有研究结果表明，MB 可能是运输铜离子给 pMMO 金属活性中心的化合物。进一步辨析甲烷氧化菌捕获并富集铜的机理，需要考察甲烷氧化菌整细胞 pMMO 活性、在含铜介质中的生长情况、介质中铜浓度和 MB 之间的相互关系。

**2. 甲烷氧化菌素的高效生产方法**

在以甲烷为碳源的条件下，由于甲烷在水中溶解度差，菌体生长相对缓慢，生成的 MB 产量很低，且培养过程中甲烷气体属于危险气体而不适合工业化生产，有些甲烷氧化菌也能够以甲醇、甲基胺、甲基化含硫化合物和卤代甲烷等一碳化合物作为碳源生长，因此，寻找合适的一碳营养物质是提高 MB 产量的可行方法。范洪臣等采用响应面法使用甲醇作为碳源用于甲烷氧化菌 3011 发酵生产 MB，该方法克服了甲烷生产 MB 的一些弊端，为发酵提高 MB 产量和实现工业化生产提供了借鉴。

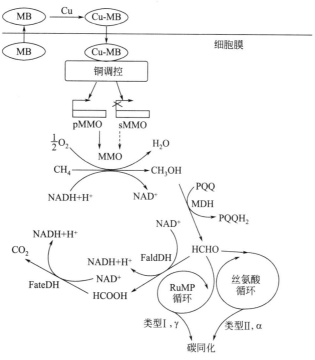

图 7-11　甲烷氧化菌中铜的功能和可能的吸收机理

FateDH—甲酸脱氢酶；FaldDH—甲醛脱氢酶

响应面法是一种快速、高密度的培养甲烷氧化细菌生产甲烷氧化菌素的方法。其特点是在常规培养甲烷氧化细菌的液体培养基中添加甲醇，在发酵液中获得甲烷氧化菌素。甲醇在液体培养基中的体积分数为 0.01%～1%。所使用的甲烷氧化细菌是以甲醇蒸气作为碳源首先对甲烷氧化细菌进行驯化培养，然后逐渐增加培养基液态甲醇浓度使其适应而得到能耐受1%体积分数甲醇的甲烷氧化细菌。在甲醇体积分数为 0.01%～1% 的液体培养基中培养甲烷氧化细菌的过程中，采用抽真空法置换入甲烷-氧气混合气，对其进行甲烷-甲醇共培养，其中，甲烷和氧气的体积比范围为（1∶1）～（1∶10）。该方法可以提高甲烷氧化细菌的生长细胞密度，且培养方法简单，发酵液中甲烷氧化菌素含量高，因此在工业应用中具有较高的可行性。

### 3. 甲烷氧化菌素的应用前景

目前，研究发现甲烷氧化菌素的生物活性主要包括抗氧化性、抗菌性及金属螯合性。这些特性表明甲烷氧化菌素在食品、医药以及工业等领域都有很好的应用前景。迄今为止，国内还没有关于甲烷氧化菌素生物活性方面的文献报道，国外的研究则主要集中于其抗氧化活性、抗菌性和金属螯合性方面。在食品上，甲烷氧化菌素可以作为食品添加剂；在医学上，甲烷氧化菌素可能成为一种新型抗生素，并且有可能拟合成新型的疾病螯合疗法药物，用于某些疾病的治疗；在工业上，甲烷氧化菌素可用于土壤和海洋中铜、镉、钴、锰、铀等甚至放射性金属的富集。

（1）甲烷氧化菌素在食品中的应用前景　　甲烷氧化菌素因具有超氧化物歧化酶（orgotein superoxide dismutase，SOD）的活性，可作为 SOD 替代品应用于食品领域，可以作为食品添加剂添加到罐头、果汁等食品中，防止过氧化酶引起的食品腐败现象。甲烷氧化菌素可以通过培养微生物获得，易大规模工业化生产，不受季节与自然条件限制，而且生产成本低，相较于 SOD 具有更好的应用前景。

SOD 是一种蛋白质，在溶液中很不稳定，在受到外界各种物理化学因素的影响时，也会像其他酶蛋白分子那样发生亚基的解聚、变性或其他方面的构象变化，进而导致甲烷氧化菌素的 SOD 活性下降或丧失。在作为抗氧化剂方面，甲烷氧化菌素不仅能清除超氧阴离子，而且因其具有过氧化氢还原酶（HPR）的活性，亦能够清除羟基自由基，可以应用于延缓衰老的功能性食品中。目前，可应用的抗氧化剂主要为维生素 C 和维生素 E。维生素 C 易溶于水，但也易被排出体外；维生素 E 为脂溶性，不溶于水，且高浓度时具有毒性。而甲烷氧化菌素较易溶于水，相较而言作为抗氧化剂可能也具有一定的应用前景。

（2）甲烷氧化菌素在药品中的应用前景　甲烷氧化菌素因具有抗菌特性，其可以作为抗生素类药物，治疗一些细菌性感染类疾病，如结肠炎、骨关节炎、败血症、痢疾、心内膜炎、肺炎、髓膜炎、医源性感染、牙周炎等。另外，治疗革兰氏阴性菌感染时需要结合其他螯合剂使用，如 EDTA，用药时 EDTA 和甲烷氧化菌素的比例宜控制在（1∶1）~（1∶5）。利用甲烷氧化菌素亲和金属的特性，可以合成新型螯合疗法药物，用以治疗一些因金属代谢异常引起的疾病。如 Wilson 病，由于铜代谢异常导致铜堆积在肝脏、脑、肾角膜等中，导致肝脑损坏。甲烷氧化菌素由于具有 SOD 活性，也可以替代 SOD 治疗一些疾病，在癌症、放射性疾病的治疗上也具有应用前景。

另外，考虑到食品、药品的安全性问题，还需要对不同种属的甲烷氧化细菌产生的甲烷氧化菌素进行全面的急性、亚急性和慢性毒性试验，以促进甲烷氧化菌素相关产品的开发。

## 二、甲烷氧化菌合成多聚化合物

化学合成塑料主要来自不可再生的化石能源，化学合成塑料的大量使用既消耗了大量能源物质，又带来了严重的环境问题。在塑料生产过程中，为了改善其物理性能，还会添加一些有毒有害的化学添加剂，这些物质在焚烧或降解过程中会产生大量其他有害或致癌的物质，对环境和人体健康造成威胁。利用生物生产的环境友好、可降解的新型生物塑料替代传统的合成塑料是解决上述问题的最佳方法。

甲烷氧化菌能以甲烷为唯一碳源和能源物质生长，并在细胞内合成高分子化合物聚羟基脂肪酸（polyhydroxyalkanoates，PHA）。利用甲烷氧化菌转化甲烷合成 PHA 不仅可以大幅降低生产成本，而且减少了温室气体的排放。通过生物合成的高分子化合物 PHA 具有与合成塑料相似的物理性质，生产原料具有可再生性，同时在环境中能快速降解，结构多样可以满足不同用途等，成为合成塑料最佳的替代品。

1926 年，在 *Bacillus megaterium* 中首次发现了 PHA，随后发现许多微生物都能合成 PHA。生物法合成 PHA 的优点是环境友好，不依赖化石能源，生产原料具有可再生性。尽管 PHA 已经工业化生产，但高昂的生产成本仍限制了其大规模推广。PHA 的生产成本受多种因素的影响，如发酵方式、生物质产量、培养基组成、发酵过程控制、PHA 含量、PHA 分离纯化的方法等。通过基因改造提高 PHA 合成效率，采取混合菌种培养方式，使用廉价的原料和先进的发酵工艺等，都能够在一定程度上降低生产成本，增加 PHA 的市场竞争力。

（1）PHA 的生理作用　PHA 是微生物中结构相对简单、可作为能源和碳源储备物的一种大分子化合物。PHA 的合成和积累受到细胞内 C/N 的正调控。当碳源供应充足而氮源缺乏时，细胞分裂受阻，微生物将过量的碳源物质储备起来；当微生物生长需要能源或缺乏碳源时，PHA又可被分解利用。另外，O、P、S、Ca、Mg、Fe等元素供应不足，导致营养供应不均衡时，也会促进细胞中PHA的积累。

PHA以不溶于水的包涵体形式存在于细胞中，具有较高的折射率，利用相差显微镜很容易观察到。PHA颗粒直径在$0.3\sim1\mu m$之间，含量可以达到细胞干重的90%。小分子脂肪酸聚合成不溶的大分子，可以保持细胞内渗透压的稳定，因此，PHA是一种理想的能源和碳源储备物。此外，合成PHA消耗的能量少，在逆境条件下能为细胞提供更多的能源和碳源，这也是微生物选择以PHA作为储备物质的主要原因。

（2）PHA的化学结构　　PHA分子是由3-羟基脂肪酸单体彼此通过酯键头尾相连形成的线性分子。聚羟基丁酸（PHB）是一种典型的短链PHA，这也是目前研究得最为清楚的一种PHA，它由3-羟基丁酸聚合而成。在许多微生物中都发现PHB以一种能源储存物质存在细胞中，当细胞生长缺乏能量和物质供应时，PHB又可以被分解以满足细胞生长的需要。

目前，已知合成PHA的单体有150多种，不同PHA分子间的差异主要来自R基团，R基团可以是饱和烷烃，也可以是不饱和烷烃、芳香族化合物、卤代化合物和环氧化合物等。通过基团的替换和位置的改变可以形成多种单体。

培养底物中碳源分子的结构和种类对细胞内PHA分子中单体的成分和比例会产生影响。例如当培养基中碳源为碳水化合物时，细胞中通常会合成短链PHA，而以脂肪酸为碳源时则合成中长链PHA，而利用不同的脂肪酸可以合成不同的PHA单体。因此，通过不同碳源组合可以合成不同的PHA，如*Cuprividusnecator*利用果糖和1,4-丁二醇两种碳源分别合成3HB和4HB，在细胞内形成P（3HB-co-4HB）共聚物。当1,4-丁二醇的含量分别为25%和75%时，共聚物中的4HB含量为30%和80%。合成PHA大分子的单体种类多，使得PHA分子的结构多样性非常丰富，不同结构的PHA其理化性质各不相同，因此可以满足不同应用的需要。

从自然界中还可以筛选得到能合成特殊结构PHA的微生物，如野生型的*Pseudomonas mendocina*细菌能合成聚羟基辛酸（PHO）。还可以通过对微生物进行遗传改良、添加抑制剂改变中间代谢产物的代谢途径、利用代谢工程的方法对PHA合成途径进行改造等多种途径来获得具有特殊结构的PHA。PHA分离纯化后还可以通过化学的方法对PHA分子中的侧链基团进行修饰，也可以改善其性质以满足某些特殊应用。在众多可生物降解的高分子聚合物中，PHA由于具有与合成塑料相似的热塑性和弹性，且无毒、不溶于水、生物相容性好及在自然环境中可生物降解等诸多优点，而成为传统合成塑料的理想替代品。

PHA分子中的单体组成和含量对其性质有显著影响。如P（3HB-co-3HV）性质比较柔软，适合用作包装材料。当共聚物中3HB的比例增加时，其熔点、玻璃化温度、抗拉强度和透水性都会增强，但抗冲强度降低。通过改变PHA分子中的单体组成和含量可以生产性能介于热塑性材料和弹性材料之间的物质，这些特殊结构的PHA可以满足不同应用的需要。尽管不同微生物合成的PHA分子大小不同，但其分子量一般在$10^5\sim10^7$之间。其中，利用重组大肠杆菌甚至可获得20MDa的PHB。

（3）PHA合成及分子量的影响因素　　当培养基中碳源物质供应充足，而其他元素（如氮）缺乏时，微生物开始积累PHA，细胞中PHA的含量随着C/N值的增大而增加。但当培养基中营养元素不均衡时，也不利于微生物的生长。虽然细胞内的PHA含量较高，但由于细菌生物产量小，导致PHA的产量仍然较低。为了解决细菌生长和PHA合成所需营养条件不一致这一矛盾，可以采用两段培养法来进行培养。第一阶段培养细菌快速大量地繁殖，然后转入适合PHA积累的条件下进行培养，这样可以获得相对较高的PHA产量。

如温度、溶氧量、pH值和碳源种类等因素对PHA的合成和分子量大小都会产生影响。分子量是影响PHA物理性质的重要参数，对其应用和加工属性也有重要影响。不同生长条件和生长阶段，如pH值、碳源种类和浓度等因素都会影响到PHB的分子量。PHA合酶的活性也会影响到分子量的大小，有研究表明PHA的分子量与PHA合酶的活性呈负相关，但是不同的研究结果差异很大。

（4）PHA的生物降解特性　PHA最重要的特性是可生物降解，PHA合成材料在环境中的降解周期一般为几个月到几年，相对于传统塑料降解需要上百年甚至更长的时间具有明显的优势。影响PHA降解速率的主要因素有环境条件（温度、湿度、pH值和营养物浓度等）、PHA的组成、PHA制品的大小和形状以及添加剂成分等。

利用甲烷为碳源生产PHA，可以实现碳物质循环利用及甲烷气体零排放。利用甲烷合成PHA的循环生产模式：甲烷氧化菌利用甲烷为碳源和能源物质进行生长繁殖，在控制营养条件下将甲烷转化成PHA；甲烷氧化菌和发酵液分离，从菌体中分离PHA；PHA用来生产各种终端产品，使用完后最理想的处理方式是进行回收新利用；废弃的PHA制品被送到垃圾填埋场，在厌氧环境中被分解产生沼气；沼气中40%～70%是甲烷，又可以重新被甲烷氧化菌利用来生产PHA。该生产模式的最大优点是能够有效地降低甲烷排放，通过微生物将难以被利用的碳源物质转化成有价值的产品。

（5）PHA的应用前景　PHA作为一种绿色环保的生物塑料，具有广阔的市场前景。PHA与传统化工合成塑料具有相似的物理性质，同时又有较好的生物相容性和可降解性等诸多优点，使其能应用于不同领域。PHA也成为最有发展前景、最有可能替代传统塑料的高分子材料。尽管全球对绿色环保的塑料需求旺盛，但由于PHA的生产成本过高，限制了其大规模生产和应用。目前虽然可以进行工业化生产，但是规模都较小。今后的研究重点是降低PHA的生产成本，使其与传统的化工塑料具有更强的竞争力。

PHA成本偏高的主要因素是培养基中的碳源支出，开发和利用廉价碳源是降低PHA生产成本的最有效的途径。从目前的研究报道来看，甲烷是一种理想的生产PHA的碳源物质。甲烷来源丰富，相对于其他碳源非常廉价。利用甲烷生产PHA的工艺流程简单，不需要严格的无菌操作，进一步降低了生产成本。筛选PHA合成效率高的甲烷氧化菌、对培养方法进行优化、借助遗传工程和代谢工程的方法手段对甲烷氧化菌进行改造提高PHA的底物转化效率、优化PHA分离纯化工艺等都是降低PHA生产成本的有效手段。利用甲烷生产PHA是一个非常有前景的研究领域，如果能在上述几个关键领域取得突破，有望实现生物塑料的可持续性的生产和大规模应用。

## 三、利用甲烷氧化菌生产单细胞蛋白

单细胞蛋白（single cell protein，SCP）又称微生物蛋白、菌体蛋白，是利用各种基质大规模培养细菌、酵母菌、霉菌、微型藻等而获得的微生物蛋白。作为现代食品工业和饲料工业重要的蛋白质来源，SCP并不是一种单纯的蛋白质，而是由蛋白质、碳水化合物、脂肪、核酸、维生素和无机物等混合组成的细胞质团。1966年，在麻省理工学院召开的会议上，第一次给单细胞蛋白下了定义，把单细胞蛋白叫作菌体蛋白、微生物蛋白。紧接着在次年召开的全世界单细胞蛋白会议上，又将微生物菌体蛋白统称为单细胞蛋白。

### 1. 单细胞蛋白的特点

SCP 与传统的动植物蛋白质相比有许多优点：①蛋白质含量高；②生产速率高；③由于微生物易于变异，因而较易获得优质高产的突变株；④由于微生物能在发酵反应器中大量培养连续生产，因而易于实现工业化生产；⑤原料广泛且廉价。虽然 SCP 与传统的动植物蛋白质相比有很多优点，但它也存在一些缺陷：①由于 SCP 中的核酸含量很高，因而食用过多 SCP 的动物和人会增加患痛风、尿道结石以及肝脏损伤的风险；②SCP 中可能存在毒性物质，危及动物健康；③由于微生物细胞在人体中消化较慢，还有些细胞壁组分不能被消化，可能会使一些食用者产生消化不良或过敏症状；④SCP 的价格较其他来源的蛋白质如鱼粉、大豆蛋白等高，尚难与之竞争。

### 2. 单细胞蛋白的生产现状

随着我国对高蛋白食物的需求量越来越大，传统饲料蛋白的价格不断上涨，生产蛋白的新方法成为当务之急，利用微生物的培养进行单细胞蛋白的工业化生产是解决这一问题的有效途径。微生物作为单细胞蛋白的来源，其繁殖速率快，易于培养，比禽畜、植物的生长要快得多，所以与动植物蛋白相比，单细胞蛋白的生产效率更高。

以天然气（甲烷含量 98% 以上）为原料生产的甲烷氧化菌单细胞蛋白即甲烷蛋白，干燥后的菌体蛋白含量达 50%～70%，单细胞蛋白具有极其丰富的营养价值，氨基酸的各种组成比较齐全，富含人体必需氨基酸，并且还含有多种维生素。在安全性方面，因是气态碳源，较少使人担心。经化学分析及动物试验表明，单细胞蛋白是较为理想的饲料。Skrede 等研究证明，甲烷蛋白可以提高单胃动物肉的品质，在甲烷蛋白取代鱼粉和豆粕添加到饲料中饲喂猪和肉鸡，可以提高和改善肉品在冷冻储藏下的稳定性和感官质量。同时也证实，甲烷蛋白加入肉鸡饲料中可以减少鸡肉储存过程中脂质的氧化，而添加到育肥猪日粮中可以改善猪肉的脂肪质量，降低冷冻储存中猪肉的脂质氧化速率并提高猪肉的感官质量。由此确定了甲烷氧化菌单细胞蛋白饲料在动物饲养中是安全无害的，并且在同类型饲料中有一定的竞争优势。

### 3. 单细胞蛋白的应用前景

甲烷蛋白和市场上已有的甲醇蛋白相比，化学成分几乎是相同的。但是，由于直接使用甲烷可以减少能耗转换，降低生产成本，甲烷比甲醇作为碳源更有优势。综合我国国情以及工业发展的现状，绿色环保和可持续的资源开发是今后工业生产的发展方向。以甲烷作为碳源和能源，利用甲烷氧化菌生产单细胞蛋白，在缓解蛋白质危机的同时又能使温室气体甲烷变废为宝，成为单细胞蛋白的生产原料。

目前，我国利用甲烷氧化菌制单细胞蛋白尚处于实验研究阶段，鲜有工业化生产的报道。因此，甲烷蛋白的工业化必将带来广阔的市场前景。


# 第三节　甲烷氧化菌在勘测油气藏方面的应用


随着社会的发展，人们对自然界中的石油和天然气等化石燃料资源的需求日益增加，而其中已探明的石油和天然气等储备资源将消耗殆尽，因此，高效有用的油气藏勘测方法及技术亟待探究。通过检测某个区域油气微生物的异常来分析轻烃的渗漏情况，并利用这些微生物作为指示来寻找石油气藏，成为近年油气勘探、环境科学、地球科学等领域的研究热点。

微生物油气勘测技术（microbial prospect of oil and gas，MPOG）是地表油气勘探方法中的一个重要分支，它因为具有快速、有效、经济、直接等优势，受到国内外油气界及油气勘测工作者的重视。微生物油气勘测技术主要是研究近地表土壤层中微生物异常与地下深部油气藏的相互关系。在现代勘探法中，MPOG 技术能为初期勘探提供廉价有效的方法，指示和预测有利勘探区块以降低勘探风险。在勘探成熟区，该技术能将地震勘探查明的地质构造划分成各种含烃级别，并指示油、气和水的分布位置，为油藏开发中的油藏表征服务。

1956 年，德国科学家 Wagner 博士独立开发了 MPOG 技术。该技术指出油气田上方土壤中渗透的最主要轻烃成分是甲烷，因此可以通过分析甲烷氧化菌的种群特征达到勘探油气的目的，油气藏的存在情况可通过探究发育异常的高丰度甲烷氧化菌来推测。MPOG 技术主要利用微生物计数、分离、富集培养及微生物代谢产物的生理、生化指标进行分析，进而研究土壤中甲烷氧化菌的异常发育，从而预测油气藏的存在。其主要理论原理是 $C_1 \sim C_4$ 轻烃气体（油气藏中）在地层压力的动力驱动作用下，连续不断地向地表做垂直方向的扩散和运动。$C_1 \sim C_4$ 等轻烃气体沿着微裂隙通过微泡上浮或连续不断的气相流等形式在土壤中沿着垂直方向向上运移，进而渗透到土壤表层沉积物中，为其中的专性烃氧化菌提供碳源，使得这些专性烃氧化菌富集而异常发育。因为 $C_1 \sim C_4$ 轻烃组分以甲烷为主，因此甲烷氧化菌通常被作为 MPOG 的指示菌，用于检测甲烷氧化菌种群组成等特点。

20 世纪 90 年代末期，MPOG 技术进入成熟阶段，形成了现代油气微生物勘探技术系统。微生物油气勘探技术同油气化探其他技术一样在我国的发展并不顺利，起步较晚，20 世纪 50 年代初我国才进行试验性研究，中间一度还停滞了几十年，近些年随着油气化探又重新受到重视，对此项技术又开展了进一步的研究工作。1992~1994 年，上海海洋地质调查局与美国飞利浦石油公司合作在东海西湖凹陷平湖地区和迎翠轩地区开展了油气微生物勘查工作，结果发现，未知的含油气构造附近一般都有不同程度的微生物异常，而钻探结果显示油气远景差的地区几乎没有微生物异常。2002 年，中国石油天然气集团公司与德国 Micropro 实验室合作，在二连盆地马尼特坳陷哈日嘎构造进行了微生物勘探。农业部沼气科研所发挥自己的专业优势，以已知的微生物油气勘查技术为基石，找到了一条适合中国地质条件的微生物取样方法及检测手段。从 20 世纪 90 年代初开始，先后受成都华川石油天然气勘探开发总公司、中国石化石油勘探开发研究院、青海油田分公司等单位委托，先后多次对川东地区、东北某地区、绵阳、东北长岭、安徽天长的土壤样品进行了微生物油气勘查工作，所取得的结果与物探、化探结果吻合，并在实际油气开采工作中取得了良好的效果。

在过去的几十年中，微生物勘探方法的精度随着实践运用已得到很大提高，现代微生物勘探方法的高精确性可以识别出以往未能检测出的微渗漏烃并确定油藏特性。但在实际油气勘探过程中，由于土壤环境是一个相对复杂的生境，微生物的生长情况同时受多个环境因子的影响，如土壤的湿度、土壤含水量、pH 值、盐度或其中的关键离子（如 $Cu^+$、$K^+$、$Fe^{3+}$）、营养物质等。若微生物发育的相对强弱是由环境因素所引起的，必定会造成油气富集或贫乏的假象。如柴达木盆地三湖地区地表沉积物盐碱化严重，虽然地表土壤中有高丰度渗漏轻烃，但甲烷氧化菌发育极少，使得微生物背景值几乎为零。

在土壤环境发生变化的同时，甲烷氧化菌的群落组成也可能会随之发生改变。因此，环境因素对甲烷氧化菌的影响不容忽视，其对于微生物的生长情况起着至关重要的作用。通过对大港油田石油气藏等土壤中甲烷氧化菌总数量的横向与纵向研究，纵向比较得出甲烷氧化菌数量在表层含量最高，然后随土壤深度增加甲烷氧化菌的数量逐渐减少，横向比较中甲烷氧化菌的数量随着土壤中石油气藏的水平含量增加而增加。杨旭等以胜利油田沾化凹陷某油田内油区、气区和背景区上方近地表为例，构建了甲烷氧化菌的 *pmoA* 的克隆文库，探讨甲烷氧化菌群落结构与地下油气藏的关系，结果表明，在持续轻烃供应条件下，长期的油气微渗漏环境可能会促使微生物群落结构产生差异，由Ⅱ型到Ⅰ型甲烷氧化菌缓慢地演替。因而将土壤的理化性质与分子生物学技术结合起来研究是不可或缺的一个部分，这对完善油气微生物勘探技术起着决定性作用。

## 一、甲烷氧化菌勘测石油气藏的原理

甲烷氧化菌是可用于勘测石油气藏的一种重要的微生物。油气藏存在富含天然气的土壤区域，在天然或人工气苗附近的甲烷氧化菌种类和数量比一般区域丰度大，通过该微生物探究并分析不同区域的石油气藏上方土壤中微生物的构成与群落数量之间的差别及关系，从而得出石油气藏上方土壤中甲烷氧化菌的生理生化反应及其群落结构特点。分析结果可指明石油气藏的下伏地理位置范围，也能给石油气藏的微生物勘探提供理论基础和技术支持。

烃氧化菌与其他所有类型的细菌一样，分布于全世界。只要下伏地层存在烃类聚集，在地表土壤中就会有此类专属微生物大量繁殖。但这种专属性有可能使细菌根据其自身的生物化学特性而以不同的群体分布出现，从微生物勘探的研究角度来看，有两类细菌是最基本的，即甲烷氧化菌和短链烃氧化菌。甲烷氧化菌也是烃氧化菌群体之一，但它是一个选择性地利用化合物的细菌群体。由于这种细菌的高度专属性，故可以将甲烷氧化菌从其他细菌中分离出来并加以分析。研究发现，甲烷氧化菌在油气田上方表现出明显的顶端异常特征。

油气微生物勘探技术以油气化探微渗漏为理论基础，其原理是：在油藏压力的驱动下，油气藏的轻烃组分（$C_1 \sim C_4$ 为主）持续地向地表做垂直扩散和运移，土壤中的专性微生物以轻烃气作为其唯一的能量来源，在油藏正上方的地表土壤中非常发育并形成微生物异常。采用该技术可以检测出这种微生物异常并进行预测下伏油气藏的存在。微生物勘探技术的发展完善使各油气公司认识到了其发展的价值，并纷纷将之应用到勘探实践中，取得了很好的勘探成果。由此可见，微生物油气勘探技术是一项科技含量高的新技术，是现代生物学技术在油气勘探领域开拓性的应用。根据美国地质微生物技术公司的总结，在全球 3000 多个勘探项目中，采用这种技术方法确定的 1100 油气探井，钻探的成功率平均高达 $80\%$，其钻探成果总结如表 7-1 所列。

表 7-1　微生物勘探后的钻井成果

| 区域 | 实钻井数/口 | 干井数/口 | 油气井数/口 |
| --- | --- | --- | --- |
| 无微生物异常区 | 480 | 419(87%) | 61(13%) |
| 微生物异常区 | 620 | 106(17%) | 514(83%) |

注：括号中的数值为各井数所占比例。

## 二、油气藏上方土壤中甲烷氧化菌群落特征的研究方法

对油气藏上方土壤中甲烷氧化菌群落特征研究时，首先取得适量的油气藏上方的土壤，

用液体培养基富集培养得到甲烷氧化菌群落，继续富集培养若干次后得到纯化菌株。将筛选出的甲烷氧化菌涂布到固体培养基上（平板涂布法），培养基要以甲烷为唯一碳源，继续接种分离后挑取单菌落划线分离，获得纯菌落后进行革兰氏染色，血球计数板计数菌落测生长曲线，检测菌体培养液的 $OD_{560nm}$ 值，用气相色谱检测气体组成。

培养后计数是传统的检测甲烷氧化菌含量的方法，其中的计数方法主要有最大或然数（most probable number，MPN）和菌落形成单位（Colony-forming units，CFU）法两种。然而该方法存在一些弊端：工作强度较大，培养法操作较烦琐复杂，耗费人力物力，培养时间较久等。还有一种方法是实时荧光定量 PCR 法，它通过 16S rRNA 基因或功能基因检测环境样品中的微生物含量。这是一种新的快速定性和定量环境微生物的方法，该方法融合了光谱技术的高准确定量和 PCR 的高灵敏性及 DNA 杂交的高特异性等优点，相对于传统方法具有自动化程度高、重复性好、特异性强和灵敏度高等优点，现在很多国内外学者利用该方法检测甲烷氧化菌的含量或性质。

### 1. 培养测定法

培养测定法操作流程：首先选取一定重量的土壤样品，按适当比例进行混合；然后在矿物介质中进行悬浮，并经过振动器加以冲洗；最后通过系列稀释法将每个样品用选择性的生长营养液稀释，并分别注入甲烷和丙烷/丁烷气体后再放入 30℃ 的生化培养箱中恒温培养 12～14d。只有那些能在短期内以提供的烃源为食料的专性甲烷氧化菌或烃氧化菌才能生长并消耗掉一定量的轻烃气。在上述流程的每一阶段，均可划分出 7 个不同的微生物活性判别参数，这些参数可用于在培养后测量甲烷及轻烃气的消耗量。生化活性参数可运用气相色谱和压力测量计算出加入烃类的消耗量（甲烷和丙烷/丁烷），或者确定甲烷氧化菌或烃氧化菌生成 $CO_2$ 的速率。综合生化活性参数和显微镜鉴定结果以及每克土壤样品中的细胞数目，可计算出甲烷（气指示）和轻烃（油指示）的测量单元，进而确定油气异常区域。

上述方法主要是由德国的 Wagner 博士所发明的。然而这种方法存在一些问题：细菌具有极强的环境适应能力，某些非烃氧化菌可能经过烃类气体的驯化而生长，从而导致检测的偏差。美国的 Hitzman 博士使用了对非烃氧化菌具有毒害作用的醇类作为碳源进行烃氧化菌的选择性培养，可以克服微生物被驯化生长的干扰，获得更为可靠的结果。

培养法面临的一个问题就是，目前人类可以用人工培养基培养的微生物仅占所有微生物的 10% 左右，因此很有可能具有油气资源指示作用的微生物无法被人工培养。然而随着分子生物学的发展，应用分子生物学技术来解决这项问题逐渐成为人们的研究热点，甲烷氧化菌是最常用的油气指示菌种。

### 2. 基于甲烷氧化菌 pmoA 基因检测油气藏

传统的 MPOG 技术是利用微生物计数，富集培养、分离以及微生物代谢产物的生理、生化分析来研究土壤中甲烷氧化菌的异常，从而预测油气藏的存在。而检测区域甲烷的浓度通常比较低，如果用传统的勘探方法，如高浓度底物培养技术进行微生物群落结构原位解析油气藏上方的微生物群落结构效益不高，而利用甲烷氧化菌 pmoA 基因的分子生物学方法可以快速识别微生物组成和油气储层的数量和背景区域之间的差异。而且，传统培养方法得到的甲烷氧化菌为混合菌，不能确定其种属，因此，仅通过研究可培养的甲烷氧化菌异常来预测下伏油气藏的存在是不全面的、不精确的。

分子生态学方法就是在未培养基础上，通过系统发育以及功能基因探针的方法来直接分析土壤样品中的甲烷氧化菌。甲烷氧化菌的功能基因常被用来检测甲烷氧化菌的存在和数量。甲烷氧化菌的功能基因包括 $pmoA$、$mmoX$ 和 $mxaF$，这些功能基因分别编码颗粒状甲烷单加氧酶基因、可溶性甲烷单加氧酶基因以及甲醇脱氢酶基因。在这些功能基因中，$pmoA$ 基因存在于除 $Methylocella$ 以外的所有已知的甲烷氧化菌中。因此，$pmoA$ 基因被广泛地运用于环境样品中甲烷氧化菌的检测与定量。

汤玉平等利用甲烷氧化菌中的 $pmoA$ 基因，采用限制性片段多样性分析（T-RLFP）、聚合酶链反应（PCR）等对胜利油田典型油气藏上方的指示微生物群落进行了精确的识别和解析，研究结果表明甲烷氧化菌的 $pmoA$ 基因的丰度在油气藏上方的异常可以用于预测下伏油气藏的存在。张凡利用基于甲烷氧化菌（MOB）功能基因 $pmoA$ 克隆建库以及变形梯度凝胶电泳（DGGE）分子生态学方法来研究油气藏上方土壤样品甲烷氧化菌群落多样性，构建了同一取样点不同深度土壤样品 5 个甲烷氧化菌功能基因 $pmoA$ 基因克隆建库，所有的克隆都属于甲烷氧化菌。通过上述两种方法研究了已知气库上方的土壤样品中的 $pmoA$ 基因，对样品中的甲烷氧化菌进行群落分析，从而确定不同深度土壤中优势菌群变化和天然气微渗漏特异性指示菌。通过对中石油大港油田研究得出以下结论：

① 甲烷氧化菌 $pmoA$ 基因克隆建库和 DGGE 图谱分析清晰地给出了大港气库不同深度（0.5～2.5 m）土壤样品中的甲烷氧化菌群落多样性，指出不同深度土壤样品中的优势菌和弱势菌，根据甲烷氧化菌菌群变化来确认该区域甲烷氧化菌的异常。

② 传统的 MPOG 方法中以培养方法来分析土壤中的甲烷氧化菌。大量的研究表明，目前大量的甲烷氧化菌在实验室厌氧管中是不能生长的。同时，随着土壤取样深度的增加，实验室模拟甲烷氧化菌生长环境的困难性也增加。

③ 通过克隆文库比对结果分析，大多数序列和已培养的甲烷氧化菌的相似性很低（90%～96%），分析结果进一步证明实验室环境下甲烷氧化菌是不易培养的。

④ 运用基于甲烷氧化菌 $pmoA$ 基因培养的分子生物学方法能快捷地揭示研究区块的甲烷氧化菌群落分布。这一结果能为 MPOG 提供更为准确、更为有效的数据。

## 三、国内外应用实例及分析

国内利用微生物油气勘探技术在部分盆地油气田都开展过试验性研究。在已开发的油气田中，袁志华等在大庆升平油田利用 MPOG 技术进行了油气勘探，通过结合当地的区域地质背景、测井、钻井等资料对微生物异常区进行了分析研究，部署了 2 口建议评价井，结果证实 2 口井的含油气性与微生物异常性均相吻合，验证了微生物勘探技术在油田区应用的可行性。

苗成浩等在大庆宋芳屯油气区进行的研究油异常值频率分布特征，结果：其微生物油气异常值大于 30 的样品数共 21 个，占总样品数的 17.4%；油气异常值在 25～30 的样品数为 23 个，占总样品数的 19%；而属于背景值区（小于 25）的样品数为 77 个，占样品总数的 63.6%。钻井验证结果表明，芳 23-1 井、芳 23-6 井及 F26 井均位于异常值较强烈的区域，其含油气情况与微生物异常相吻合，反证了该技术的实用性。通过这次宋芳屯地区的油气微生物勘探，其微生物异常是比较明显的，体现了 MPOG 的优点：可勘探规模相对较小的、非构造型油气藏。另外，袁志华等还研究了利用微生物油气勘探方法勘探气田，在阿拉新气田东部的汤池构造地区以微生物异常为基础，对异常区域进行了分析研究。

1991～1992 年，玻利维亚石油矿藏管理局和美国地质微生物技术公司合作，在玻利维亚安第斯子区进行了地表微生物勘探和地球物理测量综合研究，专门对近地表微生物的分布特征与地震探明构造分布区之间的空间关系进行的研究发现，在数个地震探明构造上方，存在微生物高值异常。根据构造的规模及其上方微生物异常强度，对地震探明构造进行了评价。开拉斯科与卡塔里两个构造微生物异常最为明显，因此被预测为含油气构造，后来在这两个构造中成功地钻获了油气。

Mohammed 等在印度 Bikaner Nagaur 盆地区应用了微生物勘探技术，通过富集在这一地区地表土壤中的以正戊烷和正己烷为能源供给的专性细菌为研究对象，通过计数这两种专性微生物的菌落数量对这一地区含油气性区域进行预测，研究结果显示在 Bikaner Nagaur 盆地地区有 4 块异常区，结果表明应用微生物油气勘探技术是一种简单而且廉价的油气勘探方法，能够在研究领域内起到积极的作用。

随着全球油气资源的逐渐消耗，微生物油气勘探技术受重视程度不言而喻。随着对微生物技术本身的剖析，在分子生物学水平上进行研究将是微生物与油气勘探相结合这方面技术的主要研究方向。通过基因片段特性来确定异常区，从而能够排除复杂环境介质及生物某些特性所带来的错误信息，为微生物油气勘探取得更准确的评价，提供坚实的理论基础。微生物勘探并不擅于对油气藏空间形态的描述，但是在岩性油气藏、地层油气藏和其他隐蔽油气藏的勘探中，微生物异常是下伏活跃的油气系统，特别是油气富集带存在与否的可靠标志，其他勘探方法无法取代。将油气微生物勘探技术的研究成果与由于地表和断层等的影响因素而导致的部分结果不相符的原因进行综合分析，这必将对复杂地下地质条件的油气勘探具有指导意义。目前，油气微生物勘探技术还存在一定的局限性，如该技术只能确定有无油气藏，并对油气藏定性判断，却不能预测油气藏深度、厚度和大小。同时，微生物生长周期较短也还需要进一步攻克。但我们可以利用微生物技术的优势来解决环境污染问题，如在石油污染土壤的快速处理、垃圾处理等方面发挥甲烷氧化菌的作用。总的来说，微生物勘探法是一种简单、高效的油气勘探方法，通过常规手段进行油气勘探的同时采用该方法，综合获得的资料信息能够进一步提高对含油气远景区的预测与评价。随着多样性测序、宏基因组测序、宏转录组测序等多组学测序技术的快速发展，快速、准确检测甲烷氧化菌实现矿藏的精确定位将成为可能。

# 参考文献

[1]  赵天涛，项锦欣，张丽杰，等.矿化垃圾中氧化甲烷兼性营养菌的筛选与生物特性研究.环境科学，2012，33（5）：1670-1675.

[2]  苏涛，韩冰，杨程，等.*Methylosinus trichosporium* OB3b 整细胞催化丙烯制备环氧丙烷的工艺条件.化工学报，2009，60（7）：1767-1772.

[3]  何若，姜晨竞，王静，等.甲烷胁迫下不同填埋场覆盖土的氧化活性及其菌群结构.环境科学，2008（12）：3574-3579.

[4]  逯非，王效科，韩冰，等.稻田秸秆还田：土壤固碳与甲烷增排.应用生态学报，2010，21（1）：99-108.

[5]  周生芳，陶秀祥，侯彤，等.矿井瓦斯微生物转化的研究进展.洁净煤技术，2009，15（3）：100-103.

[6]  黄耀，张稳，郑循华，等.基于模型和 GIS 技术的中国稻田甲烷排放估计.生态学报，2006，26（4）：980-988.

[7]  梅娟，赵由才，王莉，等.利用矿化垃圾富集和培养甲烷氧化菌的研究.有色冶金设计与研究，2009，30（6）：101-103.

[8]  余婷，何品晶，吕凡，等.生活垃圾填埋操作方式对覆土中 II 型甲烷氧化菌的影响研究.环境科学，2008，29（10）：2987-2992.

[9]  王云龙，郝永俊，吴伟祥，等.填埋覆土甲烷氧化微生物及甲烷氧化作用机理研究进展.应用生态学报，2007，18（1）：199-204.

[10]  胡国全，张辉，邓宇，等.微生物法在油气勘探中的应用研究.应用与环境生物学报，2006，12（6）：824-827.

[11]  刘晓宁，李珍，林国秀，等.一株甲烷氧化菌的分离鉴定与特性.微生物学通报，2010，37（9）：1265-1271.

[12]  向廷生，汪保卫.油田地表土壤甲烷氧化菌的分离鉴定及活性测定.石油天然气学报，2005，27（2）：62-64.

[13]  马强，陶秀祥，侯彤，等.油田土壤中甲烷氧化菌的筛选及鉴定.煤炭工程，2008（7）：84-85.

[14]  王峰，张相锋，董世魁.植物建植对垃圾填埋场生物覆盖层甲烷氧化及其微生物群落的影响.生态学杂志，2012，31（7）：1718-1723.

[15]  孔淑琼，黄晓武，李斌，等.天然气库土壤中细菌及甲烷氧化菌的数量分布特性研究.长江大学学报（自然科学版），2009，6（3）：56-59.

[16]  梅娟，赵由才.填埋场甲烷生物氧化过程及甲烷氧化菌的研究进展.生态学杂志，2014，33（9）：2567-2573.

[17]  蔡元锋，贾仲君.土壤大气甲烷氧化菌研究进展.微生物学报，2014，54（8）：841-853.

[18]  黄梦青，张金凤，杨玉盛，等.土壤甲烷氧化菌多样性研究方法进展.亚热带资源与环境学报，2013，8（2）：41-48.

[19]  曹淑贞，沈媛媛，王风芹，等.土壤甲烷氧化菌群落结构研究进展.生物学杂志，2017，34（6）：78-82.

[20]  秦江涛.微生物技术治理瓦斯可行性分析及应用研究.工业安全与环保，2017，43（7）：16-18.

[21]  侯彤，陶秀祥，马强，等.微生物降解瓦斯的可行性研究及展望.洁净煤技术，2008，14（2）：90-92.

[22]  赵忠义，王春霞，梁华杰.微生物应用于煤层消除瓦斯的安全性研究.煤炭技术，2017，36（3）：177-179.

[23]  刘肖，许天福，魏铭聪，等.微生物诱导下甲烷厌氧氧化及碳酸盐矿物生成实验.中南大学学报（自然科学版），2016，47（5）：1473-1479.

[24]  田坤云，张瑞林，崔学锋.微生物治理煤矿瓦斯的现状和问题.煤炭技术，2016，35（6）：135-137.

[25]  满鹏，齐鸿雁，呼庆，等.未开发油气田地表烃氧化菌空间定量分布.环境科学，2012，33（5）：1663-1669.

[26] 刘雅慈，何泽，张胜，等.现代微生物技术在油气勘探中的应用.内蒙古石油化工，2013，39（20）：79-84.

[27] 冯小平，王义东，王博祺，等.盐分对湿地甲烷排放影响的研究进展.生态学杂志，2015，34（1）：237-246.

[28] 华绍烽，李树本，辛嘉英，等.一个Ⅱ型甲烷氧化菌中甲烷单加氧酶羟基化酶的分离纯化和理化性质.生物工程学报，2006，22（6）：1007-1012.

[29] 华绍烽，李树本.一株Ⅱ型甲烷氧化菌中甲烷单加氧酶基因和16S rDNA的分析.微生物学报，2009，49（3）：294-301.

[30] 刘雅慈，何泽，张胜，等.油气田土壤甲烷氧化菌实时荧光定量PCR检测技术的建立与应用.微生物学通报，2014，41（6）：1071-1081.

[31] 汤玉平，顾磊，许科伟，等.油气微生物勘探机理及应用.微生物学通报，2016，43（11）：2386-2395.

[32] 员娟莉，王艳芬，张洪勋.好氧甲烷氧化菌生态学研究进展.生态学报，2013，33（21）：6774-6785.

[33] 王佳，宋永会，彭剑峰，等.浑河底泥反硝化厌氧甲烷氧化菌群落结构时空特征.环境科学研究，2015，28（11）：1670-1676.

[34] 任占冬，陈檫，杨天宇.甲烷单加氧酶催化反应机理和化学模拟研究进展.化工时刊，2003，17（9）：8-12.

[35] 沈李东，胡宝兰，郑平.甲烷厌氧氧化微生物的研究进展.土壤学报，2011，48（3）：619-628.

[36] 韩冰，苏涛，李信，等.甲烷氧化菌及甲烷单加氧酶的研究进展.生物工程学报，2008，24（9）：1511-1519.

[37] 梁战备，史奕，岳进.甲烷氧化菌研究进展.生态学杂志，2004，23（5）：198-205.

[38] 秦德谛，张培玉，贺行良.甲烷氧化菌在勘测油气藏方面的应用.生物技术通讯，2016，27（3）：459-462.

[39] 龙於洋，方圆，廖燕，等.甲烷氧化菌在填埋场覆盖层的工程应用：分离与筛选.环境科学学报，2015，35（7）：2210-2216.

[40] 崔俊儒，辛嘉英，牛建中，等.甲烷氧化细菌催化二氧化碳生物合成甲醇的研究.分子催化，2004，18（3）：214-218.

[41] 赵天涛，邢志林，张丽杰.兼性甲烷氧化菌的发现历程.微生物学报，2013，53（8）：781-789.

[42] 韩冰，苏涛，杨程，等.颗粒状甲烷单加氧酶异源表达方法.生物工程学报，2009，25（8）：1151-1159.

[43] 王晓琳，曹爱新，周传斌，等.垃圾填埋场甲烷氧化菌及甲烷减排的研究进展.生物技术通报，2016，32（5）：16-25.

[44] 王静，夏芳芳，王闻伟，等.土壤甲烷单加氧酶活性测定的研究.土壤通报，2011，42（3）：589-592.

[45] 王敬敬，李新宇，徐明恺，等.保护性耕作对土壤光合细菌和Ⅱ型甲烷氧化菌的影响.生态学杂志，2012，31（9）：2289-2298.

[46] 陈中云，闵航，陈美慈，等.不同水稻土甲烷氧化菌和产甲烷菌数量与甲烷排放量之间相关性的研究.生态学报，2001，21（9）：1498-1505.

[47] 贾仲君，蔡元锋，员娟莉，等.单细胞、显微计数和高通量测序典型水稻土微生物组的技术比较.微生物学报，2017，57（6）：899-919.

[48] 汤玉平，高俊阳，赵克斌，等.典型油气藏上方甲烷氧化菌群的分子生物学解析.石油实验地质，2014（5）：605-611.

[49] 邓永翠，车荣晓，吴伊波，等.好氧甲烷氧化菌生理生态特征及其在自然湿地中的群落多样性研究进展.生态学报，2015，35（14）：4579-4591.

[50] 刘洋荧，王尚，厉舒祯，等.基于功能基因的微生物碳循环分子生态学研究进展.微生物学通报，2017，44（7）：1676-1689.

[51] 江皓，缑仲轩，韩冰，等.甲烷氧化混合菌的保藏方法研究.微生物学通报，2014，41（7）：1463-1469.

［52］ 何芝，赵天涛，邢志林，等.典型生活垃圾填埋场覆盖土微生物群落分析.中国环境科学，2015，35（12）：3744-3753.

［53］ 赵玲，王丹，尹平河，等.垃圾填埋场生物覆盖材料筛选及甲烷减排.环境工程学报，2012，6（10）：3719-3724.

［54］ 魏素珍.甲烷氧化菌及其在环境治理中的应用.应用生态学报，2012，23（8）：2309-2318.

［55］ 韩亚涛，唐俊，何环，等.甲烷氧化菌降解煤吸附瓦斯条件的优化.煤炭技术，2017，36（6）：164-165.

［56］ 杨帆，沈忠民，梅泽.甲烷氧化菌培养基特异性分析.应用与环境生物学报，2016，22（6）：1127-1133.

［57］ 张丽杰，胡庆梅，邢志林，等.甲烷氧化菌群共代谢降解 TCE 的动力学研究.重庆理工大学学报，2013，27（10）：39-43.

［58］ 张云茹，陈华清，高艳辉，等.可降解 TCE 的甲烷氧化菌 16S rDNA 与 pmoCAB 基因簇序列分析.生物工程学报，2014，30（12）：1912-1923.

［59］ 郭敏，何品晶，吕凡，等.垃圾填埋场覆土层Ⅰ型甲烷氧化菌的群落结构.中国环境科学，2008，28（6）：536-541.

［60］ 赵长炜，梁英梅，张立秋，等.垃圾填埋场甲烷氧化菌及甲烷通量的研究.环境工程学报，2012，6（2）：599-604.

［61］ 杨文静，董世魁，张相锋，等.不同生物覆盖层厚度对甲烷氧化的影响研究.环境污染与防治，2010，32（7）：20-24.

［62］ 张仁健，王明星，王跃思.大气甲烷浓度长期变化及未来趋势.气候与环境研究，2001，6（1）：53-57.

［63］ 周蓉，祝贵兵，周磊榴，等.稻田土壤反硝化厌氧甲烷氧化菌的时空分布与群落结构分析.环境科学学报，2015，35（3）：729-737.

［64］ 梅昌铽，贺玉龙，苏凯，等.含水率和温度对生物覆盖层甲烷氧化的影响.环境科学学报，2014，34（10）：2580-2585.

［65］ 邓湘雯，杨晶晶，陈槐，等.森林土壤氧化（吸收）甲烷研究进展.生态环境学报，2012，21（3）：577-583.

［66］ 陆吉学，王世珍，方柏山.生物分子机器——酶的研究进展.生物工程学报，2015，31（7）：1015-1023.

［67］ 邢志林，张丽杰，赵天涛.专一营养与兼性甲烷氧化菌降解氯代烃的研究现状、动力学分析及展望.生物工程学报，2014，30（4）：531-544.

［68］ 赵由才，赵天涛，韩丹，等.生活垃圾卫生填埋场甲烷减排与控制技术研究.环境污染与防治，2009，31（12）：48-52.

［69］ 王莉.矿化垃圾作为生活垃圾填埋场甲烷氧化覆盖材料的技术研究.上海：同济大学，2009.

［70］ 张维，岳波，黄启飞，等.准好氧填埋场垃圾样品中甲烷氧化菌的群落多样性分析.生态环境学报，2012（8）：1462-1467.

［71］ 佘晨兴，仝川.自然湿地土壤产甲烷菌和甲烷氧化菌多样性的分子检测.生态学报，2011，31（14）：4126-4135.

［72］ 邢志林，赵天涛，何芝，等.覆盖土催化甲烷生物氧化的材料优选与动力学模型.环境工程学报，2017，11（4）：2575-2583.

［73］ 苏瑶.甲苯胁迫对填埋场覆盖土中 $CH_4$ 氧化的影响及机理研究.杭州：浙江大学，2016.

［74］ 苏瑶，孔娇艳，张萱，等.甲烷氧化过程中铜的作用研究进展.应用生态学报，2014，25（4）：1221-1230.

［75］ 朱磊，张相锋，董世魁，等.垃圾填埋场新型覆盖层材料厚度对甲烷氧化行为的影响.生态环境学报，2009，18（6）：2122-2126.

［76］ 张坚超，徐镱钦，陆雅海.陆地生态系统甲烷产生和氧化过程的微生物机理.生态学报，2015，35（20）：6592-6603.

［77］ 张相锋，杨文静，董世魁，等.生物覆盖层基质对垃圾填埋场甲烷氧化的影响.生态环境学报，2010，

19（1）：72-76.

[78]　费平安，王琦.填埋场覆盖层甲烷氧化机理及影响因素分析.可再生能源，2008，26（1）：97-101.

[79]　王旭.填埋场甲烷厌氧氧化过程研究.长春：吉林大学，2016.

[80]　辛丹慧，赵由才，柴晓利.填埋场甲烷氧化传输与释放预测模型研究进展.中国环境科学，2016，36（3）：819-826.

[81]　何品晶，瞿贤，杨琦，等.土壤因素对填埋场终场覆盖层甲烷氧化的影响.同济大学学报（自然科学版），2007，35（6）：755-759.

[82]　杨铭德.外源盐对不同盐碱程度土壤 $CH_4$ 吸收潜力的影响.环境科学学报，2017 37（2）：737-746.

[83]　王国建，邓平，夏响华.微生物方法在油气勘探中的试验研究——以松辽盆地十屋断陷为例.天然气工业，2006，26（4）：8-14.

[84]　崔学锋，张瑞林.微生物在矿井瓦斯治理中的应用及展望.煤炭技术，2016，35（4）：190-191.

[85]　张梦竹，李琳，刘俊新.硝酸盐和硫酸盐厌氧氧化甲烷途径及氧化菌群.微生物学通报，2012，39（5）：702-710.

[86]　张铁男，辛嘉英，张秀凤，等.甲烷氧化菌素催化纳米金合成.分子催化，2013，27（2）：192-197.

[87]　董文艺，赵志军，李继.甲烷作为反硝化气体碳源的研究进展.安全与环境工程，2011，18（4）：64-69.

[88]　朱红威.利用生物过滤器处理煤矿乏风瓦斯的研究进展.环境污染与防治，2014，36（6）：65-72.

[89]　李超男，李家宝，李香真.贡嘎山海拔梯度上不同植被类型土壤甲烷氧化菌群落结构及多样性.应用生态学报，2017，28（3）：805-814.

[90]　徐宁，辛嘉英，王艳，等.固定化甲烷氧化菌细胞催化乙烯环氧化反应动力学研究.东北农业大学学报，2017，48（2）：52-58.

[91]　郑聚锋，张平究，潘根兴，等.长期不同施肥下水稻土甲烷氧化能力及甲烷氧化菌多样性的变化.生态学报，2008，28（10）：4864-4872.

[92]　赵天涛，杨旭，邢志林，等.填埋场覆盖土对典型氯代烃的吸附特性.中国环境科学，2018，38（4）：1403-1410.

[93]　赵天涛，邢志林，张丽杰，等.氯代烯烃胁迫下菌群 SWA1 的降解活性及群落结构.中国环境科学，2017，37（12）：4637-4648.

[94]　邢志林，赵天涛，陈新安，等.覆盖层氧气消耗通量模型及甲烷氧化能力预测，化工学报，2015，66（3）：1117-1125.

[95]　邢志林，赵天涛，高艳辉，等.覆盖层甲烷氧化动力学和甲烷氧化菌群落结构.环境科学，2017，36（11）：4302-4310.

[96]　邢志林，张云茹，张丽杰.氯代烃存在下覆盖层微生物甲烷氧化动力学.重庆理工大学学报（自然科学版），2016，30（6）：83-90.

[97]　杨旭，邢志林，张丽杰.填埋场氯代烃生物降解过程的机制转化与调控研究及展望.微生物学报，2017，57（4）：468-479.

[98]　高艳辉，赵天涛，邢志林，等.铜离子对混合菌群降解三氯乙烯的影响与机制分析.生物工程学报，2016，32（7）：1-14.

[99]　赵天涛，何芝，张丽杰，等.甲烷及三氯乙烯驯化对不同垃圾填埋场覆盖土细菌群落结构的影响.应用生态学报，2017，28（5）：1707-1715.

[100]　赵天涛，张云茹，张丽杰，等.矿化垃圾中兼性营养菌原位强化甲烷氧化.化工学报，2012，63（1）：266-271.

[101]　赵天涛，何成明，张丽杰，等.矿化垃圾中金黄杆菌甲烷亲和氧化动力学.化工学报，2011，62（7）：1915-1921.

[102]　Amils R. Methanotroph. Springer Berlin Heidelberg, 2015.

[103]　John Bowman. The Methanotrophs——The Families Methylococcaceae and Methylocystaceae. Spring-

er New York，2006.

[104] Higgins I J，Best D J，Scott D. Generation of Products by Methanotrophs// Genetic Engineering of Microorganisms for Chemicals. Springer US，1982：383-402.

[105] Dalton H. Methane Oxidation by Methanotrophs// Methane and Methanol Utilizers. Springer US，1992：85-114.

[106] Dedysh S N，Dunfield P F. Cultivation of Methanotrophs// Hydrocarbon and Lipid Microbiology Protocols. Springer，2014：1-17.

[107] Udell E C，Lidstrom M E. Coupling Transport and Consumption of Methane by Methanotrophs// Environmental Biotechnology. Springer Netherlands，1995.

[108] Dedysh S N，Knief C. Diversity and Phylogeny of Described Aerobic Methanotrophs// Methane Biocatalysis：Paving the Way to Sustainability. Springer，2018.

[109] Dedysh S N，Dunfield P F. Facultative Methane Oxidizers. Springer Berlin Heidelberg，2010.

[110] Nazaries L，Murrell J C，Millard P，et al. Methane，microbes and models：fundamental understanding of the soil methane cycle for future predictions. Environmental Microbiology，2013，15（9）：2395-2417.

[111] Surhone L M，Tennoe M T，Henssonow S F. Methanotroph. Betascript Publishing，2011.

[112] Strong P J，Karthikeyan O P，Zhu J，et al. Methanotrophs：Methane Mitigation，Denitrification and Bioremediation// Agro-Environmental Sustainability. Springer International Publishing，2017.

[113] Murrell J C. The Aerobic Methane Oxidizing Bacteria（Methanotrophs）. Handbook of Hydrocarbon and Lipid Microbiology，2009：1953-1966.

[114] Kamachi T，Okura I. Methanol Biosynthesis Using Methanotrophs// Methane Biocatalysis：Paving the Way to Sustainability. Springer，2018.

[115] Chen Y，Murrell J C. Ecology of Aerobic Methanotrophs and their Role in Methane Cycling. Springer Berlin Heidelberg，2010.

[116] Murrell J C，Stafford G，Mcdonald I R. The Role of Copper Ions in Regulating Methane Monooxygenases in Methanotrophs// Handbook of Copper Pharmacology and Toxicology. Humana Press，2002：559-569.

[117] Staszewska E，Pawłowska M. Methanotrophs and their role in mitigating methane emissions from landfill sites. Environmental Engineering III，2010：351-364.

[118] Semrau J D. Bioremediation via Methanotrophy：Overview of Recent Findings and Suggestions for Future Research. Frontiers in Microbiology，2011，2（1）：1-7.

[119] Colin M J，Mcdonald I R，Bourne D G. Molecular methods for the study of methanotroph ecology. FEMS Microbiology Ecology，2010，27（2）：103-114.

[120] Murrell J C，Radajewski S. Cultivation-independent techniques for studying methanotroph ecology. Research in Microbiology，2000，151（10）：807-814.

[121] Huang B，Lei C，Wei C，et al. Chlorinated volatile organic compounds（Cl-VOCs）in environment- sources，potential human health impacts，and current remediation technologies. Environment International，2014，71（4）：118-138.

[122] Wendlandt K D，Stottmeister U，Helm J，et al. The potential of methane oxidizing bacteria for applications in environmental biotechnology. Engineering in Life Sciences，2010，10（2）：87-102.

[123] Brigmon R L. Methanotrophic bacteria：use in bioremediation. Encyclopedia of Environmental Microbiology，2002.

[124] Semrau J D，DiSpirito A A，Vuilleumier S. Facultative methanotrophy：false leads，true results，and suggestions for future research. FEMS Microbiology Letters，2011，323（1）：1-12.

[125] Lee S W, Keeney D R, Lim D H, et al. Mixed pollutant degradation by *Methylosinus trichosporium* OB3b expressing either soluble or particulate methane monooxygenase: can the tortoise beat the hare? Appl Environ Microbiol, 2006, 72 (12): 7503-7509.

[126] Arvin E. Biodegradation kinetics of chlorinated aliphatic hydrocarbons with methane oxidizing bacteria in an aerobic fixed biofilm reactor. Water research, 1991, 25 (7): 873-881.

[127] Kim J, Lee W B. The Development of a prediction model for the kinetic constant of chlorinated aliphatic hydrocarbons. Environmental Modeling & Assessment, 2007, 14 (1): 93-100.

[128] Yoon S, Im J, Bandow N, et al. Constitutive expression of pMMO by *Methylocystis* strain SB2 when grown on multi-carbon substrates: implications for biodegradation of chlorinated ethenes. Environmental Microbiology Reports, 2011, 3 (2): 182-188.

[129] Jagadevan S, Semrau J D. Priority pollutant degradation by the facultative methanotroph, *Methylocystis* strain SB2. Appl Microbiol Biotechnol, 2013, 97 (11): 5089-5096.

[130] Lontoh S, Zahn J A, DiSpirito A A, et al. Identification of intermediates of in vivo trichloroethylene oxidation by the membrane-associated methane monooxygenase. FEMS microbiology letters, 2000, 186 (1): 109-113.

[131] Zhao T, Zhang L, Zhang Y, et al. Characterization of *Methylocystis* strain JTA1 isolated from aged refuse and its tolerance to chloroform. Journal of Environmental Sciences, 2013, 25 (4): 770-775.

[132] Yoon S, Semrau J D. Measurement and modeling of multiple substrate oxidation by methanotrophs at 20℃. FEMS microbiology letters, 2008, 287 (2): 156-162.

[133] Yu Y. Application of a methanotrophic immobilized soil bioreactor to trichloroethylene degradation. Queen's University, 2008.

[134] Dedysh S N, Dunfield P F. Facultative and obligate methanotrophs how to identify and differentiate them. Methods in Enzymology, 2011, 495: 31-44.

[135] Theisen A R, Murrell J C. Facultative methanotrophs revisited. Journal of Bacteriology, 2005, 187 (13): 4303-4305.

[136] Dunfield P F, Khmelenina V N, Suzina N E, et al. *Methylocella silvestris* sp Nov, a novel methanotroph isolated from an acidic forest cambisol. International Journal of Systematic and Evolutionary Microbiology, 2003, 53 (5): 1231-1239.

[137] Dedysh S N, Berestovskaya Y Y, Vasylieva L V, et al. *Methylocella tundrae* sp Nov, a novel methanotrophic bacterium from acidic tundra peatlands. International Journal of Systematic and Evolutionary Microbiology, 2004, 54 (1): 151-156.

[138] Dedysh S N, Knief C, Dunfield P F. *Methylocella* species are facultatively methanotrophic. Journal of Bacteriology, 2005, 187 (13): 4665-4670.

[139] Zhao Tiantao, Xing Zhilin, Zhang Lijie, et al. Biodegradation of chlorinated hydrocarbons by facultative methanotrophs. Asian Journal of cheimistry, 2015, 27 (1): 9-18.

[140] Belova S E, Baani M, Suzina N E, et al. Acetate utilization as a survival strategy of peat-inhabiting *Methylocystis* spp. Environmental Microbiology Reports, 2011, 3 (1): 36-46.

[141] Dedysh S N, Liesack W, Khmelenina V N, et al. *Methylocella palustris* gen Nov, sp Nov, a new methane-oxidizing acidophilic bacterium from peat bogs, representing a novel subtype of serine-pathway methanotrophs. International Journal of Systematic & Evolutionary Microbiology, 2000, 50 (3): 955-969.

[142] Zhao Tiantao, Zhang Lijie, Chen Haoquan, et al. Co-inhibition of methanogens for methane mitigation in biodegradable wastes. Journal of Environmental Sciences, 2009, 21 (6): 827-833.

[143] Zhao Tiantao, Zhang Lijie, Zhao Youcai. Study on the inhibition of methane production from anaerobic

digestion of biodegradable solid waste. Waste Management & Research，2010，28（4）：347-354.

[144]  Zhao Tiantao，He Chengming，Zhang Lijie，et al. Kinetics of affinity methane oxidation by *Chryseobacterium* sp from aged-refuse. Ciesc Journal，2011，62（7）：1915-1921.

[145]  Xing Z，Zhao T，Gao Y，et al. Real-time monitoring of methane oxidation in a simulated landfill cover soil and MiSeq pyrosequencing analysis of the related bacterial community structure. Waste Management，2017，68：369-377.

[146]  Xing Z，Zhao T，Zhang L，et al. Effects of copper on expression of methane monooxygenases，trichloroethylene degradation，and community structure in methanotrophic consortia. Engineering in Life Sciences，2018.

[147]  Xing Z L，Zhao T T，Gao Y H，et al. Methane oxidation in a landfill cover soil reactor：Changing of kinetic parameters and microorganism community structure. Environmental Letters，2017，52（3）：254-264.

[148]  Wood A P，Aurikko J P，Kelly D P. A challenge for 21st century molecular biology and biochemistry：What are the causes of obligate autotrophy and methanotrophy? FEMS Microbiology Reviews，2004，28（3）：335-352.

[149]  Trotsenko Y A，Murrell J C. Metabolic aspects of aerobic obligate methanotrophy. Advances in Applied Microbiology，2008，63：183-229.

[150]  Semrau J D，Dispirito A A，Yoon S H. Methanotrophs and copper. Fems Microbiology Reviews，2010，34（4）：496-531.